價值

我對投資的思考

張磊

著

商務印書館

中文繁體字版由 CHEERS PUBLISHING COMPANY 授權商務印書館(香港)有限公司獨家於香港、澳門地區出版發行,非經書面同意,不得以任何形式任意複製轉載。

價值

作　　者	張　磊
責任編輯	甄梓祺
裝幀設計	陳玉珠
插圖設計	臧賢凱　章　劍
出　　版	商務印書館 (香港) 有限公司 香港筲箕灣耀興道 3 號東滙廣場 8 樓 http://www.commercialpress.com.hk
發　　行	香港聯合書刊物流有限公司 香港新界荃灣德士古道 220-248 號荃灣工業中心 16 樓
印　　刷	美雅印刷製本有限公司 九龍觀塘榮業街 6 號海濱工業大廈 4 樓 A 室
版　　次	2023 年 6 月第 1 版第 2 次印刷 © 2021 商務印書館 (香港) 有限公司 (平裝) ISBN 978 962 07 6659 6 (精裝) ISBN 978 962 07 6662 6 Printed in Hong Kong

在長期主義之路上，

與偉大格局觀者同行，

做時間的朋友。

目　錄

這是一條長期主義之路

在紛繁複雜的世界中，變化可能是唯一永恆的主題。我時常思考：究竟怎樣才能在這樣的世界中保持心靈的寧靜？作為一名投資人，究竟怎樣才能找到穿越週期和迷霧的指南針？作為一名創業者，究竟怎樣才能持續不斷地創造價值？

當這些問題交織在一起時，有一個非常清晰的答案閃耀在那裏，那就是「長期主義」——把時間和信念投入能夠長期產生價值的事情中，盡力學習最有效率的思維方式和行為標準，遵循第一性原理，永遠探求真理。

在多年投資實踐中，我逐漸理解，長期主義的勝利，不僅關乎投資的結果，更關鍵的是在投資的旅途中發現創造價值的門徑，與一羣志同道合的人，與擁有偉大格局觀的創業者，戮力同心，披荊斬棘，為社會、為他人創造最有益的價值。更讓人欣喜的是，這條長期主義之路，因為志同道合，因為創造價值，而變得妙趣橫生。

這是一條越走越不孤獨的道路。

　　長期主義不僅僅是投資人應該遵循的內心法則，而且可以成為重新看待這個世界的絕佳視角。因為，於個人而言，長期主義是一種清醒，幫助人們建立理性的認知框架，不受短期誘惑和繁雜噪聲的影響。於企業和企業家而言，長期主義是一種格局，幫助企業拒絕狹隘的零和遊戲，在不斷創新、不斷創造價值的歷程中，重塑企業的動態護城河。企業家精神在時間維度上的沉澱，不是大浪淘沙的沉錨，而是隨風起航的揚帆。於社會而言，長期主義是一種熱忱，意味着無數力量匯聚到支撐人類長期發展的基礎領域，關注教育、科學和人文，形成一個生生不息、持續發展的正向循環。無論是個人、企業還是社會，只要在長期的維度上，把事情看清楚、想透徹，把價值創造出來，就能走在一條康莊大道上。

　　這是一條越走越行穩致遠的道路。

　　其實，人生的每一次選擇都是一次重要的價值判斷，而每一次判斷都來源於人們的底層信念。在社會、經濟、科技、人文迅速發展變化的當下，對機會主義和風口主義尤要警惕。長期主義不僅僅是一種方法論，更是一種價值觀。流水不爭先，爭的是滔滔不絕。從事任何工作和事業，只要着眼於長遠，躬耕於價值，就一定能夠經受時間的考驗，找到迎接挑戰的端緒。

　　這是一條越走越坦然寧靜的道路。

　　在堅持長期主義的歷程中，無數難忘的經歷構成了我的人生體認。書中介紹了我的個人歷程、我所堅持的投資理念和方法，

以及我對價值投資者自我修養的思考。只要保持理性的好奇、誠實與獨立，堅持做正和遊戲，選擇讓你有幸福感的投資方式，就能夠從更長期、更可持續的視角理解投資的意義。

真正的投資，有且只有一條標準，那就是是否在創造真正的價值，這個價值是否有益於社會的整體繁榮。堅持了這個標準，時間和社會一定會給予獎勵，而且往往是持續、巨大的獎勵。

書中也談到我對具有偉大格局觀的創業者、創業組織以及對人才、教育、科學觀的理解，這些恰恰是投資工作中最難得的際遇。今天的價值投資，在科技創新、商業進化的歷程中，不僅可以扮演催生創新發展動能的孵化器，也可以消弭傳統經濟與科技創新之間的數字鴻溝。這也是資本服務於實體經濟、參與資源最優化配置的最好方式。

為此，我需要感謝所有的師長。得益於良好的教育，我可以永遠走在探索真理的路上，這也是投資的最大樂趣。我也無法忘記在歷次關鍵時刻始終信任我們的出資人、投資人，他們專業審慎的態度和堅持長期主義的眼光始終令我敬仰。我尤其需要感謝與我們擁有同樣價值觀、矢志不渝地創造價值的創業者、企業家和科學家，與他們共同創造價值，是人生最快意的事情。

感謝香港商務印書館推進本書繁體版的發行工作。在新冠肺炎疫情陰霾仍未散去，全球面臨着諸如氣候變化、經濟格局重塑等重大議題的時刻，我們依然堅持長期主義，是因為我們相信，每

一次困難和危機都提供了一次難得的壓力測試和復盤機會，而最終是價值觀決定了你如何應對和自處。越是在充滿挑戰的特殊時期裏，越需要我們既看到當下，關注短期的利潤、現金流，努力做足準備以擺脫暫時的困境，挺過「眼前的苟且」；又看到長遠，對於創造價值的事情從不懷疑，堅持追求長期結構性的機會，找到價值的「詩和遠方」。

最後，我想和大家分享的是，每個人都可以成為自己的價值投資人，時間、精力、追求和信念，這無數種選擇，都是對自己人生的投資。價值創造無關高下，康莊大道盡是通途。以赤子之心，不被嘈雜澆鑄；出走半生，歸來仍是少年。希望在堅持長期主義的旅途中，與你們同行，做時間的朋友。

尋找價值的
歷程

BE A
FRIEND
OF
TIME

第二章

價值的底色

一個人的
知識、能力和價值觀，
才是深藏於內心
並真正屬於
自己的「三把火」。

每年冬季，我最熱愛的運動就是滑雪。在前往雪場的車上，我會迫不及待地換上裝備，到了雪場之後就立刻扛着雪板開始我的滑雪之旅。滑雪於我而言是極佳的放鬆運動，幫助我從忙碌、複雜的工作中超脱出來，求得一種「入定」的感覺。當我憑藉地勢和角度，在重心變換間快速滑行時，便可對朔風天籟、最好的雪景盡賞無餘。

從事投資工作多年以後，我逐漸意識到滑雪和投資竟有許多相似之處，都需要時刻把握平衡，既要盯着腳下，又要看到遠方，在一張一弛間把握節奏，並憑藉某種趨勢求得加速度，而最關鍵的是都要保持內心的從容。

我在與孩子們一起玩耍時愛上了這項運動，孩子們的身姿比我的靈活飄逸得多。我帶着孩子們滑雪，就是希望他們能夠在很小的時候就學會經受寒冷、控制平衡、歷練心志。每個人都會受到自己兒時的影響，我也不例外，兒時的熱愛、難得的際遇、堅定的選擇，塑造了現在的我。

我的知識大樹

從事投資多年以後，我深刻意識到，投資所需要的知識是無止境的。構建屬於自己的知識體系和思維框架，是塑造投資能力的起點，而這與我的兒時際遇不無關係。

5

獨立思考的種子

1972 年，我出生在河南省駐馬店市的一個雙職工家庭。作為雙職工家庭的孩子，有個「最大的好處」就是沒有人管，可以趁父母上班時偷跑出去。我經常和一羣小夥伴集體出遊、四處玩耍。那時我不愛上學，滿腦子都是對「仗劍走天涯」的憧憬，想做一名遊俠縱橫江湖。記得當時看完一部很火的電影《少林寺》，我還真的「投奔」嵩山，想學蓋世神功。小學時我的成績很差（唯獨體育還好），整天和一羣小夥伴踢球、打球、在河裏游泳，差點沒考上初中。說「差點」，是因為那時候小學考初中的最低錄取分是 140 分，而我考了 141 分，剛好就多了 1 分。進入初中以後，當時的班主任游仙菊老師還時常鼓勵我，讓我把分散的精力集中起來，好好用於功課。

雖然不喜歡學校裏的功課，但我從小就喜歡讀各種各樣的書。那時我覺得，別人能告訴我的，書裏可能都有；但書裏有的，別人未必知道。我從書中看到的世界，要比四處閒逛看到的大得多。當時家裏有一位親戚在市圖書館工作，父母就經常把我「扔」到這位親戚那裏，親戚怕我亂跑，就把我「鎖」在圖書館裏。我雖然天生好動，卻能夠安靜下來，一個人在圖書館裏看一整天的書。當時，我對讀書特別痴迷，讀了很多不同種類的書：武俠小說、散文詩歌、人物傳記……包括很多東歐國家和蘇聯作者的書。我印象最深的一本書是蘇聯作家米哈伊爾・蕭洛霍夫（Mikhail Sholokhov）創作的長篇小說《靜靜的頓河》，裏面有一句話對我影響很大：「人們正在那裏決定着自己的和別人的命運，我卻在這兒牧馬。怎麼

能這樣呢？應該逃走，不然我就會越陷越深，不能自拔。」現在回想，這些書不僅僅讓我對知識的涉獵更加豐富，也給了我人生智慧的啟迪。

當幾乎讀完所有我感興趣的「文藝」書後，有一些學術書籍引起了我的注意：一方面，這些邏輯性極強的書提供了嚴謹的問題分析框架；另一方面，這些分析的背後還有許多關於人類正義感和社會道德判斷的內容，令人深思。伴隨着閱讀的深入，我不斷意識到，原來深入思考、邏輯推理和縝密決策是這樣有趣的事情。可能正是從那時起，我突然在功課上認真起來，開始努力提高文化課成績，渴望能考上最好的大學，去更大的城市，接受最好的教育。那時我讀高中二年級，幸虧覺醒得還不晚。

中國的 20 世紀 80 年代是一個讀書和啟蒙的年代，激情、浪漫和理想主義是那個年代特有的標籤，而我尤為幸運：從小閱讀的大量書籍無疑成為我最好的夥伴，通覽閒書「走南闖北」，領略山川自然、歷史長河和人文掌故；研讀經典「醍醐灌頂」，在潛移默化中養成邏輯分析的習慣。南宋著名詩人、藏書家尤袤説：「飢讀之以當肉，寒讀之以當裘，孤寂而讀之以當友朋，幽憂而讀之以當金石琴瑟也。」查理・芒格（Charlie Munger）也曾説：「學習讓你每天晚上睡覺的時候都比那天早上醒來時聰明一點點。」儘管當時讀書只在我的腦海中埋下了獨立思考的懵懂種子，但後來在東西方接受的教育，以及東西方文化的融合，讓我能夠以更加開放的心態，從外在的原理和內在的感悟出發重新提煉這些經典的智慧。

時至今日，我依然享受閱讀的樂趣，家裏的書架上全是好書，對一些重要讀本反覆閱讀，仍能常讀常新。

記得在上學時，我受文化課上天天背誦的「三個有利於」啟發，總結出自己的「三把火」理論，即凡是能被火燒掉的東西都不重要，比如金錢、房子或者其他物質財富，而無法燒掉的東西才重要，總結起來有三樣，那就是**一個人的知識、能力和價值觀，這也是深藏於內心並真正屬於自己的「三把火」**。在我看來，求知、思考和實踐最能讓人保持一顆「少年心」。如果把人類掌握的所有科學知識、技術、經驗和想像力比喻成一棵知識大樹，每當不同領域的學者、不同行業的實踐者有重要著作出版，就好比這棵大樹生出新的枝丫，而我有幸能在小的時候就在這棵大樹旁採擷一二，現在依然守候着這棵大樹，通過海量的跨學科閱讀，掌握各個學科最重要的智慧，構建屬於自己的思維體系。我深刻意識到，要作出正確的決策，價值投資所需要的知識是無止境的。在快速變化的市場中尋得洞見，不僅需要掌握金融理論和商業規律，還要全面回顧歷史的曲折演進，通曉時事的來龍去脈，更要洞悉人們的內心訴求。我所堅持的和小時候熱愛的並沒有改變，全出於內心的好奇和對真理的渴望。

「小小獨角獸」

我不僅喜歡看書，還做過跟書有關的生意，嚴格來講這算是

我的第一次創業。

駐馬店位於河南省中南部，有山有湖有寺，古往今來出過不少名人，我的中學校友、師兄施一公，是現在名氣最大的駐馬店人之一。他擔任過清華大學副校長，現在擔任由社會力量舉辦、國家重點支持，聚焦基礎研究和前沿技術原始創新的新型高等學校——西湖大學的首任校長。他說：「駐馬店之於河南，就像河南之於中國，亦像中國之於世界。從地理、從經濟、從科技、從文化看都是這樣，我們一直在奮力追趕。」這座中原小城與火車站也有很大的關係，中國有句老話叫「靠路吃飯」，駐馬店曾是外出務工人口大市，京廣線上的火車每到駐馬店站，停的時間常常比較長。這座城市的發展曲線、許多駐馬店人的生活軌跡，可能正是靠鐵路來改變的。百年前的驛路不在，如今鐵路已成尋常交通方式，運送着物資、上大學的學生和無數外出打工者，成為某種資源分配的方式，也成為人們謀生和改變命運的軌道。勤勞的品質、通過教育改變命運的努力以及走出去闖一闖的勇氣，是這座火車站給我的啟蒙。

我家住在火車站旁，常能看到人們背着行囊搭乘火車的場景。別人可能會從中看到遠方的詩意，那時的我卻看到了眼前的生意。當時最主要的交通工具——綠皮火車常常晚點，總是超載，等車的老鄉們在候車室或者廣場上不是打盹，就是發呆。所謂商機就是解決痛點，對於候車的乘客們來說，消解無聊、製造快樂的東西就是最好的產品。於是「創業」開始了：我發動同學們從家裏拿

來各式各樣的小人書，有單行本，還有連環畫，到後來還有各種雜誌，在火車站「擺地攤」，搞「流動借書站」，供老鄉們有償借閱。我們甚至還做起了「捆綁銷售」「套餐服務」——租五本書就送水、送零食。起初只有我一個人在火車站經營，後來高三暑假時，我還把租書、賣書的生意發展到了火車上，拉起了一個五六人的小團隊，在京廣線上「流動服務」。其實拓展「賣書場景」的另一個目的是借此機會四處遊玩。那個時候，租小人書算是比較流行的，孩子們喜歡看，大人們也愛看。用現在互聯網圈的話說，也算是「共享經濟」。小人書、連環畫是那個年代最有意思的文化產品，火車站候車場景提供了巨大的流量入口和充足的用戶時間，用戶有強烈的觸發機制，而且那時還沒有手機和各種電子產品可以用來打發時間，所以形成了租小人書、連環畫的剛需。現在想想，要是當時有風險投資，沒準兒這個小生意還能拉到融資，成為「獨角獸」。這當然是笑談。

每個人都會受到幼時經歷的影響，我也不例外。我在這座城市讀書上學、踢球游泳、擺書攤，接受中國傳統文化的熏陶和傳承，很多人生閱歷、社會感觸、未來憧憬都是這座城市帶給我的。記得上高中時，我擔任班長，班主任孟發志老師告訴我，要想當好班長，就一定要學會換位思考，設身處地地理解他人的感受。上大學前，為了體驗生活，我還跑到一個建築工地幹過一個月的磚瓦工。砌磚時，有人在一樓扔磚，我在二樓徒手接磚，練就了一手「硬本領」。幹完活最大的體會就是，勞動是幸福的，因為幹完活吃甚麼食物都很香。這些兒時的想法在今天仍然沒有改變，我始

終希望去感同身受地了解他人的生活、處境，理解不一樣的人生際遇，認識這個豐富而變化着的世界。在今天的投資實踐中，我仍然受惠於這些難得的成長經歷，因為價值投資不是數學或推理，不能紙上談兵，必須像社會學的田野調查一樣，理解真實的生產生活場景，才能真正掌握甚麼樣的產品是消費者所需要的、甚麼樣的服務真正有意義。

人生第一次「操盤」

第一次接觸投資是在大學，當時我在中國人民大學（簡稱「人大」）財政金融系（現在是財政金融學院）讀國際金融專業。那時金融專業遠不像現在這樣家喻戶曉，我在報考時完全搞不清楚在國際金融專業究竟能夠學到甚麼，只聽說這個專業錄取分數高，還有外教教授外語。於是和大多數高考生一樣，哪個專業分數高我就報了哪個。

當時，人大財政金融系有三個專業，除了國際金融專業以外，還有財政專業和金融專業。當時的系黨總支書記關偉老師戲稱，這三個專業的學生各有特色：國際金融專業的學生天馬行空，獨來獨往；財政專業的學生穩健謹慎，一板一眼；金融專業的學生則介於二者之間。

習得一手調研的方法

20 世紀 90 年代的人大依然充滿人文氣息，關注社會發展和時代進步，特別是在經濟、法學、哲學等領域頗有建樹，培養了一大批秉承「經世致用」學術風格的經濟學、法學和哲學學者。那時，中國正處於快速變化、新舊交替的非凡時期。六七十年代漸漸遠去，八九十年代滾滾而來，中國從改革開放初期廣泛地引進西方思想，逐漸轉為有系統地思考社會發展。人大的老師和學生則更多地立足於中國實際，在參考國際經驗的基礎上，紛紛研究同時期中國社會迫切需要解決的重大問題。經世濟國的治學理想和日新月異的社會變化，讓我每天都有一種時不我待的興奮感，我慶幸青年時代在這樣的大學和這樣的年代裏度過。

正是源於實事求是的治學風氣，我在大學時一直熱衷於參加各種實踐活動，希望參與調查研究，把學習到的理論知識與時下的社會脈搏緊密結合，提出解決實際問題的可行方案。我參加的第一個實踐活動是為當時的北京牡丹電視機廠做市場調研。

北京牡丹電視機廠成立於 1973 年，最早生產 9 英吋（約 22.86 厘米）尺寸的黑白電視。20 世紀 80 年代初，日本松下電器創始人松下幸之助老先生還來到廠裏參觀訪問，促使牡丹電視機廠引進了松下的彩電生產線。在憑票供應的時代，牡丹牌電視機佔據了驚人的 50% 以上的市場份額，「牡丹雖好，還要愛人喜歡」這句廣告語深入人心。當時有一個非常有意思的小故事。1984 年 8 月 25 日，《北京日報》報道：一台牡丹牌電視機沉入長江一個月之久，

打撈上來像個「泥蛋」，維修人員對電視機進行了檢修，僅換了一下揚聲器的紙盆和音圈，電視機依然圖像清晰，收視效果與出廠產品相差無幾。在那時，牡丹牌電視機一度是北京電子工業的象徵，擁有一台牡丹牌彩電是眾多普通家庭的夢想，就好比史蒂夫・喬布斯（Steve Jobs）時代的蘋果產品，被排隊搶購，紅極一時。然而，20 世紀 90 年代以後，隨着市場競爭的加劇，牡丹牌電視機的市場份額不斷縮小，企業面臨發展轉型的嚴峻挑戰。

這次市場調研就在這樣的背景下展開了。與其他研究小組高舉高打的「理論研究」和大城市調研不同，我們研究小組的「幾個臭皮匠」選擇了更易於開展調研的農村、鄉鎮和三四線城市。事後回想，這不僅僅是獨闢蹊徑，更是經過深思熟慮的選擇，因為只有選對了目標市場才能總結出符合實際的商業規律。當時我們還沒有掌握特別系統的調研方法，一切邊學邊幹，包括制訂調研計劃、拆解工作目標、製作問卷、做訪談等，然後小組成員分頭行動。我的任務就是回到老家，到社區、集鎮和鄉村收集、了解普通市民和農民的購買決策信息。用現在的話說，就是進行消費者購買決策過程研究，包括購買渠道、價格敏感度、品牌知名度和美譽度、產品喜好、售後服務滿意度等內容，分析影響消費者購買決策的主要因素。我們戲稱，當時在農村做市場調研，就要學習當年毛主席在湖南做農民運動考察的方式，深入農村和農民羣眾，才能了解真實的中國。最後，憑藉「有特色」的深入研究，這份實踐報告獲得了特等獎，獎品是當時市場上最大屏幕尺寸的牡丹牌彩電，老百姓結婚的「三大件」之一。

在大學裏開展實踐調研現已成為大學生的「必修課」，但對於當時的大學生來說，圍繞這樣的現實課題來做一場扎實的調研，委實深受啟發。商業中的洞見不僅來源於前人的總結，更有效的是一手調研，通過對原始數據的挖掘積累，發現一手的市場規律。現在看來，可能正是這次得了大獎的市場調研，才為我們此後從事價值投資依舊重視一手調研的方法論奠定了基礎。

模擬炒股，理解基本面

我真正開始接觸資本市場是在 1992 年，那時我讀大二。當同學們還在圍繞資本市場的理論進行探討時，在南方的人們已經明顯展現出了對「炒股」的狂熱。1992 年盛夏，當時天氣是否炎熱我已經不記得了，但人們的熱情確實被激發了出來，人們揣着四處借來的身份證湧入深圳福田，搶購新股認購抽籤表。憑藉這種表，人們可以獲得不菲的上市溢價，這種輕鬆的賺錢方法刺激着那個年代許多人的神經。抽籤表 8 月 9 日正式發售，7 日晚上人們就開始排隊。在人擠人的廣場上，每個人都做着相同的發財夢，但發財以後的夢卻各有各的不同。這場震驚中國的「8·10」事件 ① 使得「股票」「股市」這些概念自此真正進入中國人的視野。但事實上，人

① 由於售賣中的舞弊行為和截留私買現象，成千上萬沒有購買到抽籤表的投資者既悲且憤，甚至釀成暴力事件。此次事件讓政府管理者第一次真切又深刻地意識到「股票」帶來的風險，也直接促成了中國證券市場的最高機構——證監會的成立。從此，全國統一的證券市場體系開始構建，政府逐漸成為證券市場發展的主導力量。——編者註

們離真正理解它還差得很遠。

中國的資本市場在 20 世紀 80 年代末才真正產生，隨着上海證券交易所、深圳證券交易所相繼在 1990 年底和 1991 年 7 月成立，全國各地湧現了五花八門的炒股熱潮。當時流行一句話：「專家不如炒家，炒家不如坐在家。」專家還會看一看市盈率等指標，不會盲目追漲，但一些專門的「炒家」就管不了那麼多，他們精於投機冒險，把股價推高後出手。更有意思的是一些深圳漁民，他們不看盤、不研究股票，股票壓在箱子裏不去問，也不去「炒」，最後一看股價還挺高，結果就賣在了最高點。

這也許是坊間流傳的笑談，但對於甚麼是股票、甚麼是投資，可能那時誰也説不清楚。即使有人説了，也未必按説的那樣做。這是 20 世紀 90 年代初，「改革開放」「市場經濟」「資本市場」，這些現在再熟悉不過的詞，在當時還都只處於探索和初試階段。

那個時候，人大校園裏有很多同學對股票產生了濃厚的興趣，各個院系的同學紛紛加入「證券協會」社團，研究證券市場，翻譯證券書籍。然而，「證券協會」社團裏唯獨沒有學金融的同學。財政金融系的老師知道後，覺得證券市場的研究最應該讓學金融的同學來參與。於是，在老師的建議下，我和幾位同學就開始籌劃開展證券研究的課題和活動，當時沒有計劃組織新的社團，而是覺得應該在實踐中理解證券市場。那時，人大還沒有專門開設關於證券市場的課程，很多剛剛接觸股市的同學迷戀犬牙交錯的 K 線圖，但很少有同學研究股票的基本面。當時我們就在想，脱離公司

基本面研究的炒股毫無規律可言，不就是一場賭博？股市的短期波動能真正反映企業的內在價值，還是只反映盲目的炒作心理？

正是基於這些想法，我和系裏的同學一起在人大校園內組織了一場股市模擬大賽。組織這個股市模擬大賽的出發點是引導同學們關注股票的基本面，探究公司業績和股票漲跌的關係。比賽中，主辦方向選手提供企業運營的基本情況，包括財務數據、管理策略、管理層變動以及外部市場環境變化等信息，其中許多都是當時的真實信息。選手基於這些信息進行分析判斷，預測股價漲跌，從而作出買入或賣出股票的決策。當時這個賺了能被封為「股神」、輸了不虧錢的股市模擬大賽一時成為學校的風雲話題，同學們像職業投資人一樣整天討論，甚至爭論得面紅耳赤。

更有意思的是，這個校園比賽吸引了中央電視台節目製作人的注意。我們作為青年學生代表被邀請上了中央電視台，演員李玲玉作為節目主持人，與我們一起策劃股市模擬大賽。我們在電視上講了一回大學生眼中的證券知識，全是基於基本面的證券分析，這也算給全國觀眾上了一堂價值投資的普及課。

這個電視節目對大眾投資者的教育效果無從得知，但對我自己的教育意義卻十分深遠，埋下了我對投資的基礎理解，那就是回歸投資的本質，把許多簡單的概念還原到它本來的含義，始終抱有一種樸素的追求真理的精神，堅持常識。

在人大接受的教育，不僅僅帶給我專業理論知識和實踐鍛煉，

更讓我意識到，人生中很重要的一件事是，找一幫你喜歡的、真正
靠譜的人，一起做有意思的事。當年一起「煮酒論英雄」的同學，
成為我後來工作和生活的良師益友。

那個時候，理想主義和啟蒙精神構築了年輕人的內心世界，
而人大最有特色的正是人文精神和人文關懷。在緊張的學習、實
踐活動之餘，作為人大第一屆試點的學生班主任（1993 級國際金
融專業的學生班主任）和學生會主席，我投入許多時間和同學們一
起組織各種各樣的學術比賽、文體活動，為低年級的同學們「傳經
送寶」，自己也樂在其中。直到今天，人大仍保留有「薪火相傳」的
傳統，師兄師姐和師弟師妹之間坦誠溝通，互相學習。老師曾告誡
我們，人大的畢業生將來不僅僅要做一個高級白領，而且要做一個
有格局、有願景、有激情、有家國情懷的人。這些大學時期形成
的世界觀和人生觀，在後來的生活中不斷豐富，讓我始終能夠以實
事求是的誠實姿態，投入自己所熱愛的事業之中。

從五礦到五湖四海

我天生是一個樂觀主義者，這決定了我看待世界的方式、觀
察他人的角度。躊躇慨既往，滿志盼將來。人生所有的際遇和挑
戰，可能都會幫助人們走向大江大海。

正像許多同學畢業求職一樣，大學畢業後我也面臨着如何選

擇第一份工作的問題。當時，國內金融市場還不發達，證券公司、投資公司寥寥無幾。國際金融專業的同學們畢業去銀行工作是一條康莊大道。然而，當時的我卻另闢蹊徑，沒有選擇金融機構，而是選擇了中國五礦集團，投身實體經濟。我希望能夠從實體企業的視角感受中國經濟的內在邏輯和巨大潛力。恰恰是在五礦集團的工作，讓我獲益匪淺。

深入礦區，了解真實的社會

五礦集團的前身是中國礦產公司和中國五金電工進口公司，成立於 1950 年，此後逐漸發展壯大，在金屬、礦產品的開發、生產、貿易和綜合服務以及金融、房地產、物流等領域均有涉獵。在當時，五礦集團廣泛經營礦產金屬的外貿進出口業務，並有多家二級子公司。那個時候，五礦集團是頗具市場化導向的國企，吸引了許多有想法、有闖勁兒的年輕人。在市場經濟的轉型過程中，這羣年輕人一邊指點江山、討論經濟改革該何去何從，一邊俯下身子投入具體工作。正是在這裏，我結識了許多擁有不同教育背景的同事和朋友，他們的觀點、見解和工作態度讓我時時刻刻受到鼓舞和感動。

最為難得的是，五礦集團的工作讓我真正體會到了中國社會的縱深度。眾所周知，礦產資源多分佈在貴州、雲南、四川、青海、寧夏等西（南）部省份，因此我當時經常需要去很遠的地方出差，

而我對外貿、礦產這些事物特別感興趣，尤其喜歡出遠差，同事們不方便去的時候我都搶着去。走遍五湖四海本就是一件很好的事，更何況去的還都是風景不錯的地方。

我工作第一年就跑了十幾個省份，幾乎走遍了所有的「窮鄉僻壤」，與礦產、金屬資源為伍，滿腦子都是銅、鋁、鉛、鋅、鎳、鎢、銻、錫這些詞。典型的出差路徑是這樣的：早上從北京坐火車出發，經過十幾二十個小時到達某一個縣城，然後輾轉換乘中巴車，在鄉間路上顛簸幾個小時後來到鎮上；有時還要換乘更小的小巴車，當我覺得差不多餓過了頭的時候，就到了廠區或者礦區。

我的主要工作就是去收當地的礦產品，儼然一個從事收購工作的工頭。這些出差經歷令我至今難忘，倒不是因為有多辛苦，而是可以在路上和同事或者當地朋友聊天，從稀有金屬聊到風土人情，通過他們了解更廣闊、更鮮活的社會。

這些深入礦區、邊區的出差經歷，讓我看到，中國不是簡單的一、二線城市，三、四線城市和農村地區的分層疊加，也不是東、中、西部地區的簡單區隔。中國實在太大了，在交通不發達的年代，橫跨東西需要坐幾天幾夜的火車，南北風俗各異。每個地區、每個省份都有着各自獨特的自然資源、人口特點和社會特徵，因此，任何一種簡單概括都無法還原中國經濟社會的全貌。尤其是中國的基層社會，那裏有最多的人口、最豐富的人文生態、最複雜的社會結構。我逐漸意識到中國有太多可供分析的剖面，太多可供觀察的視角，太多可供總結的規律。中國的消費社會形成、

工業化進展是在多版本同步迭代中完成的。要真正理解這些，必須走基層、看社會、知風土、懂人情。「人生沒有白走的路，每一步都算數。」或許正是這樣的閱歷，讓我始終對中國的發展，尤其是三、四線城市的崛起充滿期待。所以一直以來，我們非常關注三、四線城市的投資機會，並且在做研究時，仍然花大量時間去市場一線觀察普通百姓的生活，思考各種場景下消費者的真實心理訴求，從而形成投資決策。

漂洋過海，開啟探險之旅

五礦集團的工作一方面讓我看到了基層的中國社會，另一方面也讓我能夠更早地接觸西方世界，拓展了國際視野。大學畢業後我本沒有出國計劃，正因為在五礦集團工作時接觸到國外客戶，後來又看到周圍有不少同學、朋友都出國留學，在和他們的交流中，我覺得還是應該去外面見識一番，增長閱歷，就像小的時候想去更遠的地方看看一樣。就這樣，我有了出國留學的想法。那是20世紀90年代後期，中國沿海省份正在如火如荼地搞開發、搞建設，外貿企業每天都能收到大量訂單，中國正在掀起新一輪的發展浪潮。但我對國外的了解僅限於與客戶、朋友的交流中談起的和讀過的書中講到的內容，其他全憑想像。我很渴望能夠親自去看一看，但在90年代，留學遠不如今天普遍，漂洋過海之後完全是陌生的世界，更加令人窘迫的是高昂的學費、生活費。所以，留學還是不留學？這絕不是一個小問題。

最終，我選擇了留學，像從小城市來到北京追求最好的大學教育一樣，我希望通過海外歷練加深對世界的認知。那是在 1998 年，那時的我，對世界各國的經濟、政治、人文都充滿了好奇，希望可以像人類發現新大陸一樣，不斷拓展自己的可及範圍，在東西方文化的碰撞中思考更多更深層次的問題。

從五礦集團到五湖四海是我人生中的重要際遇。尋求獨立或者與世隔絕從來不是我的目標，生活在世外桃源，對真正的社會就缺乏了解，這只能讓一個人失去理解力和判斷力。我所設想的永遠是融入生活，去中國的廣大腹地和世界各處去看最真實的商業場景，在紐約時代廣場的糖果店，在上海東湖路的咖啡廳，在深圳華強北的購物中心，在香港的維多利亞港灣，在東京的便利店，在駐馬店的菜市場，看穿梭不停的外賣服務電動車，看安裝整齊的空調外機，看閃爍的樓宇廣告，看手機短視頻，通過房屋租賃平台住進舊金山的公寓，通過按需雜貨店遞送服務訂水⋯⋯在繁華鬧市體會最豐富的人間百態，我所感受到的是人、生意、環境和生活，就像當時下礦山一樣，在不同的社會剖面，探究和理解商業，這一直是最讓我心動的事情。

讀書、思考、實踐，對這個世界的好奇和探索，使我在很小的時候就明白，追求事業和夢想，必須對自己有所承諾，着眼於長遠，全神貫注並全力以赴。在不同的際遇中，學習所有能學習到的最高標準，從而獲得理解與洞察的能力，這是我一直以來堅持的長期主義。

我對投資的思考

- 構建屬於自己的知識體系和思維框架，是塑造投資能力的起點。

- 在快速變化的市場中尋得洞見，不僅需要掌握金融理論和商業規律，還要全面回顧歷史的曲折演進，通曉時事的來龍去脈，更要洞悉人們的內心訴求。

- 價值投資不是數學或推理，不能紙上談兵，必須像社會學的田野調查一樣，理解真實的生產生活場景，才能真正掌握甚麼樣的產品是消費者所需要的、甚麼樣的服務真正有意義。

- 人生中很重要的一件事是，找一幫你喜歡的、真正靠譜的人，一起做有意思的事。

價值投資啟蒙

擁有極高的道德標準，
把受託義務置於首位，
是投資人
崇高的精神氣質。

如果說少年讀書是對通識修養的啟蒙，大學實踐是對社會認知的啟蒙，那麼求學耶魯則是對我專業投資生涯的啟蒙。

在我去留學的那個年代，東西方的交流遠不如今天密切，但恰恰是那個年代，給了我更好的視角去審視東西方的發展和變化，近距離地觀察西方資本市場的運作方式，接觸並思考現代投資模式，了解金融是如何促進實體經濟發展的，以及創新創業、資本市場、企業家精神是怎樣相互影響的。在這其中，創業者和投資家的冒險精神是推動科技創新、激發經濟動力的主要源泉。我努力通過學習和實踐去挖掘這種運行機制的內生動力，一定程度上，希望激活自己身上發現並理解這種經濟規律的本能。

所以，時刻讓自己保持開放是最重要的學習心態。無論是普世的智慧、基礎的原理，還是獨到的見解，我都甘之如飴。對創新的擁抱而不是抗拒，成為我今後投資的重要主題。

現代歷史交集之地紐黑文

耶魯大學位於美國東北部的紐黑文市，這座古老的小城有着很豐富的現代意義。它在 18 世紀後期與 19 世紀初期為興旺的海港，當時的工業生產以槍炮、五金工具和馬車聞名，因為廣植榆樹，又有「榆樹城」之稱。當然，它最享譽世界的還是耶魯大學。

容閎往事

耶魯大學創辦於 1701 年 10 月 9 日，至今逾 300 年，比美國建國的歷史還要久。耶魯大學與中國淵源頗深，近代中國教育與西方文明的早期接觸就曾發生在耶魯大學。更有意思的是，這次「接觸」是以融入西方體育文化的方式發生在中國人身上的。 1850年，在耶魯大學例行舉辦的新老生橄欖球對抗賽上，一位留着長辮子的中國留學生在關鍵時刻觸底得分，從而成就了耶魯大學建校歷史上新生隊的首次勝利。此人就是中國「海外留學第一人」容閎，耶魯大學乃至所有美國大學裏的第一個中國畢業生，其畫像至今仍懸掛在耶魯大學的校園中。長期研究中美歷史關係的以色列學者利爾・萊博維茨（Liel Leibovitz）如此感慨：「中國如今的現代化，實際從容閎在耶魯大學橄欖球比賽中觸底得分的那一刻就已經開始。」

容閎的傳奇之處不止於此。有文獻記載：「他曾探太平天國首都天京，訪曾國藩幕府，向李鴻章、張之洞諫言，與康有為、梁啟超、孫中山結忘年交⋯⋯近代史教科書上出現的關鍵人物，大多曾與他風雲際會。容閎接受過完整的西方高等教育，且出身平民家庭，沒有傳統士大夫的精神包袱，因此他具有同時代精英所缺乏的自我變革勇氣。從農民起義、洋務運動、維新變法到武裝革命，容閎始終站在時代潮流最前沿。」[1] 還有人講述，在美國南北戰爭後期，容閎曾以公

---

[1] 引自《文史參考》2012 年第 7 期《容閎，睜眼看世界的「草根」第一人》，作者李響。 ——編者註

民身份申請做戰爭志願者，但被勸回；容閎還曾與馬克‧吐溫成為好友，兩人有頗多交流。根據耶魯大學介紹，容閎後來將其大部分藏書捐贈給了耶魯大學，構成了耶魯大學東亞圖書館中文藏書的基礎，該館也成為美國主要的中文圖書館之一。事實上，耶魯大學還於清末接收了清政府派出的多名赴美留學生，包括詹天佑、歐陽庚等。這些人從耶魯大學學成回國後，成為各自領域的佼佼者。在 2011 年清華大學百年校慶大會上，耶魯大學前校長理查德‧萊文（Richard Levin）先生在致辭中就特別提到：「令耶魯引以為榮的是，清華的前五位校長中有四位都在耶魯學習過。」

其實，無論容閎對於當時的中國或日後的留學生來說意味着甚麼，對我來說，在耶魯大學學習並理解投資，同時運用跨越東西方的思維模式，就像打開自己的左右腦一樣，在不同的「觸點」間建立關聯，尋找某種超越時間和空間的共鳴，成為我在海外學習和實踐的努力方向。

理解金融市場

我與耶魯大學結緣是得益於它的「慷慨」，儘管我申請了多所大學並得到七所學校的入學機會，但耶魯大學研究生院是唯一為我提供獎學金的。對當時的我來說，這種優待無法拒絕。而且耶魯大學設立了雙碩士學位，我可以同時讀 MBA 和國際關係兩個研究生課程，這對於一個囊中羞澀，卻又對管理、經濟、國際政治與

關係都很感興趣的中國留學生來説無疑是最佳選擇。

在耶魯大學求學的過程中，最大的感受就是一旦掌握了嚴謹的分析體系、深入的歷史考證方法和完整的思維框架，分析和解決問題就是一件特別有意思的事情。以金融市場為例，就像從地球早期的單細胞生物進化到如今複雜的生態系統一樣，美國的金融市場也是經歷了弱肉強食的「原始社會」階段，又經歷了多次經濟和金融危機，才終於發展成一個高度分工、高度現代化的金融生態系統的。而所謂生態系統，最大的特點在於看似無序實則有條不紊的自我調節功能，為金融市場同時構築了內生的免疫系統和外部的戰略防線，比如買賣雙方力量的平衡制約，特別是做空機制及指數投資的運用，以及金融危機本身的調節性；再比如資本市場的行業自律、政府的有效監管、媒體與公眾的監督以及健全統一的法律體系等。這些共同構成了金融市場的核心要素，每一條都值得反覆研究。再比如對於「風險」這個在金融學中被談到令人麻木的概念，大多數人的評估標準是看投資收益的波動方差，而我從入行第一天起就被要求看出數字背後的本質並忽略那些從「後視鏡」中觀測到的標準方差：到底是甚麼樣的自上而下／自下而上的基本面在驅動收益的產生及波動？又有哪些因素會使預期的資本收益發生偏差？而這些基本面因素在本質上有哪些相關性及聯動性？

從資本市場的經濟學原理到現代金融理論和金融工具創新，從金融市場的融資功能到投資人的利益保護，從金融法規的不斷完善到金融機構的設置和運營，我努力學習豐富的現代金融理論，

並在汗牛充棟的金融著述中挖掘理論出現背後的時代原因。在探究的同時，我亦在思考，究竟應該如何將理論運用於實踐，實現金融體系促進經濟發展的作用。這些為我今後的投資工作奠定了最堅實的基礎。

偏執帶來的不斷碰壁

在耶魯大學的求學實踐，讓我認識到了與以往認知完全不同的思維模式：誠實地面對自己的內心想法，比正確的答案更加重要。經濟學家約翰・梅納德・凱恩斯（John Maynard Keynes）有句名言：「處世的智慧教導人們寧可依循傳統而失敗，也不願意打破傳統而成功。」（Worldly Wisdom teaches that it is better for reputation to fail conventionally than to succeed unconventionally.）很多人喜歡循規蹈矩，按照既定的思維方式、他人希望呈現的樣子、傳統的表達習慣來為人處事，這在很多時候能夠幫助人們獲得符合預期的回報，但無法幫助人們獲得內心的自由。堅守自己的內心想法，表達真實的自我，按正確的思路思考和闡述問題，始終是我的堅持。

「為甚麼要有加油站？」

海外求學對於當時的大多數中國留學生來說都是令人無比興奮的旅程，然而，經濟拮据是不小的挑戰。到了耶魯大學之後我才

發現，MBA 項目只提供第一年的獎學金，第二年的學費、生活費全無着落。學業總得完成，我只好在求學之餘勤工儉學，比如當本科生助教、教老外學中文等，秉承了中國留學生特有的勤勞和熱忱。雖然有這些「小工」，但我深知找到一份有保障的正式工作才是正途。因此，我在第一學年就開始尋找暑期實習的機會，以求獲得全職工作。

美國的金融機構、管理諮詢公司多聚集於紐約，這座發源於北美殖民地的貿易前站，依靠其獨一無二的地理優勢，在當地荷蘭裔移民商業精神的催化下，成為世界金融中心。從紐黑文前往紐約，是我在求職時經常穿梭的路線。早上，我從耶魯大學步行 25 分鐘去紐黑文聯合車站，乘火車到達紐約中央車站之後換乘地鐵。這條火車線路異常繁忙，上下班高峰時期都是半小時一班。我想過是不是也可以在這裏的火車上賣「小人書」，最終還是選擇打上一個小盹兒，為上午的面試積蓄精力。每次前往我都是意氣風發、信心滿滿，然而面試完總是垂頭喪氣、鎩羽而歸。由於不懂面試的習慣做法，也沒有特別準備，與同學們七八個「一面」機會、四五個「終面」機會、三個以上 offer（錄取通知書）相比，我只拿到非常少的「一面」機會、兩次「二面」機會，最終與華爾街投行、管理諮詢公司的職位無緣。

在不多的面試中，我始終聽從內心的聲音。在獲得波士頓一家管理諮詢公司的面試機會時，苦於囊中羞澀，我只好向對方申請預支往返路費，而不是按照通行做法先墊付後報銷。不僅如此，

在回答對方關於「在某一設定區域內應該有多少家加油站」的問題時，來面試的學生大多都會按照基本的諮詢公司邏輯用公式計算，比如先用人口數量除以平均家庭人數得出家庭數，再用家庭數乘以 1.2 輛車得出總車輛數，最後用總車輛數對應算出相應的加油站數量等；相反，我並沒有直接回答這個問題，而是在想「加油站」到底意味着甚麼。為甚麼要有加油站？第一，人們去加油站，可能不全是為了加油，有可能是去那裏的便利店，如果跟便利店有關係，那跟車的關聯度就降低了，不單要算車的數量，還要關注人口密度。第二，所有的車輛都需要加油嗎？未來是不是有些交通工具根本不需要加油？或者，是否會出現新的交通方式？第三，⋯⋯面試官聽到我的反問和分析時一臉茫然，我無法得知她當時有怎樣的心理活動，但結果是我被拒之門外。當我把這個故事分享給現在的學生時，他們會哄堂大笑。誰讓我當時就是不會面試呢？

我事後總結，求職可能不僅僅是為了找到工作，更是為了找到真正的自我，展現自己的獨特性。儘管沒有能夠走上許多 MBA 學生典型的職業道路，但我依然堅持我所相信的，探究我所好奇的，因為好玩的故事都來自有挑戰的生活。

「這些錢一定要還」

由於暑期實習求職未果，我只好另謀他路。當時是 20 世紀 90 年代末，互聯網作為新經濟浪潮已經在美國資本市場風起雲湧，以

矽谷高科技企業為代表的新興企業掀起了電力革命之後最偉大的技術革命——信息技術革命。1998 年，矽谷創造了 2,400 億美元產值，相當於中國當年 GDP 的四分之一，這是多麼讓人憧憬的繁榮場景。當時美國金融監管大幅放鬆，創造了長達 10 年的低利率流動性充裕期，人們開始四處尋找「錢生錢」的渠道，而互聯網企業剛好滿足了人們對完美投資標的的所有想像。風險投資的強烈追逐加上納斯達克市場的天然「溫牀」，使美國上演了一幕幕的「經濟繁榮」景象。

與此同時，中國的互聯網創業大幕也在徐徐拉開，在這樣的時代機遇面前，我選擇了休學一年並回國創業。當時來到美國的留學生多數都是理工科背景，商學院的學生非常少。許多理工科同學回國後紛紛創業，開發自己的網站、做各種科技發明，產品都特別好，但沒有能力做出符合投資人要求的商業計劃書，難以獲得融資。而國外的投資人對中國的互聯網和高科技發展越來越看好，正是在這樣的背景下，我和幾位老同學創辦了一個網站，搭建投融資交流平台、分析研討商業模式、制定商業行動方案，核心目的就是搭建資金需求者和供給者的溝通橋樑，提供資金、人才、技術、供應鏈等專業服務，充當創業的催化劑，讓科技創業者能夠更好地實現融資，把有限的精力放在公司業務發展上。我們沒有絞盡腦汁去想甚麼新奇的網站名稱，只希望這就是為中國創業者服務的網站，因此就叫它「中華創業網」（SinoBIT）。在當時互聯網創業的熱潮中，憑藉另闢蹊徑的商業洞見和平台優勢，我們在半年以後就開始盈利，並很快拿到了融資。如果擺「書攤」不算真正創

業的話，這次是我的第一次創業。

隨着市場環境的變化，2000 年開始，從納斯達克股票市場退市的企業數量連續三年超過新上市企業。「千帆競渡，百舸爭流」，許多初創企業無法獲得新一輪融資，在勉力維持之後紛紛折戟沉沙。由於互聯網泡沫的破滅，我們的業務量也不斷縮小，只好偃旗息鼓，再做打算。儘管投資人沒有要求歸還投資款，我們仍然堅持「這些錢一定要還」。我們希望用這樣的方式來感謝他們的信任和支持。一個人的職業生涯很長，不能做任何對幫助過你的人有損害的事情，否則那可能會困擾你的一生。正是在那個時候，我不僅親身感受到了商業世界的殘酷，也看到了互聯網企業蘊藏的無窮潛能。親身實踐之後的深思讓我獲益匪淺，我反覆自問：互聯網經濟究竟是怎樣的經濟？能否從中誕生跨越時間週期的偉大企業？風險投資應該選擇怎樣的創新企業？資本市場又該發揮怎樣的作用來孕育創新企業？「繁榮」背後哪些是泡沫，哪些能夠創造真正的價值？現在想來，如果當時只是隔岸觀火，恐怕我永遠無法理解這其中的邏輯和深意。

初識大衛・史文森

創業未果後我繼續回到耶魯大學讀書，在「山重水複」之際，一個偶然的機會讓我路過了一幢維多利亞風格的小樓，找到了在耶魯投資辦公室的實習機會，並結識了大衛・史文森（David

Swensen) [1]，自此與投資結下不解之緣。許多時候的人生際遇，是上天無意間給你打開了一扇窗子，而你恰好在那裏。某種意義上，是耶魯投資辦公室定位了我今後事業的坐標系，讓我決定進入投資行業。

珍貴的耶魯投資辦公室實習機會

與大衛·史文森的初次相見是在課堂上，但近距離的會面卻是在耶魯投資辦公室的面試室。他是一個不苟言笑、略顯嚴肅的人，面對一名來自中國的留學生，他沒有絲毫驚訝之情。他問了我許多關於投資的問題，當我對多數問題誠實地回答「我不知道」時，他反而有些驚訝於我的坦誠。可能正因如此，我獲得了這份彌足珍貴的實習機會，因為在他看來，誠實格外重要。

耶魯投資辦公室向來以嚴謹和專業著稱，在這裏，工作人員不僅面臨智力上的挑戰，更需要有責任感和使命感。所有工作人員互相尊重和認可，為共同的長遠目標而努力。在實習期間，我的主要工作是研究森林資源。當耶魯投資辦公室派我出去研究木材、礦業等行業時，我以「上窮碧落下黃泉」的精神，一點一點地收集信息，整理材料，深度調研，最後帶着厚厚的報告回來。這種自下而上的研究傳統後來也被引入我創立的高瓴。

---

[1] 大衛·史文森（David Swensen）於 2021 年 5 月 5 日因癌症去世，享年 67 歲。

在耶魯投資辦公室實習期間，我從投資的角度真正理解了金融體系最本質的功能。金融不僅包括資金供求配置（包括時間配置和空間配置）、風險管理、支付清算、發現與提供信息，更重要的是，它還能夠真正改善公司的治理結構。為此，我專門做了一個關於公司治理定量分析的報告。報告引入痕跡學及定量分析的研究視角，在一個完整的研究框架下對公司治理的眾多要素進行評價打分，並且以動態的視角，揭示出動態指標相比於靜態指標更能反映出公司治理的質量。換言之，就是不看公司說的，而看公司做的，具體包括上市公司有沒有增發新股，有沒有分紅，小股東有沒有真實的投票權，獨立董事是不是真的獨立，高管薪酬與淨資產收益率（ROE）回報之間是不是真的掛鈎。這樣的獨立研究，讓我掌握了尋找獨特視角觀察和判斷問題的能力。

做有良知的人，而不是服務於賺錢

與鼎鼎大名的「股神」華倫‧巴菲特（Warren Buffett）相比，耶魯捐贈基金的首席投資官大衛‧史文森在中國並非聲名顯赫，但是，他對機構投資的發展產生了十分深遠的影響。

史文森有着傳奇的經歷，他早年在耶魯大學獲得經濟學博士學位，師從諾貝爾獎獲得者、經濟學家詹姆斯‧托賓（James Tobin）。托賓是資產選擇理論的開創者，史文森直接從他的身上汲取了很多營養，這也是史文森後來提出創新性多樣化投資組合理論的基礎。博士畢業後，27 歲的史文森開始在華爾街嶄露頭角，

在雷曼兄弟公司工作三年，在所羅門兄弟公司工作三年，當時他的主要工作是開發新的金融技術。在所羅門兄弟公司工作期間，他構建了第一個掉期交易。1985 年，史文森應恩師之邀毅然放棄薪資優厚的華爾街投行工作而返回母校，在紐黑文這座平靜的小城幾十年如一日，兢兢業業地負擔起耶魯大學的金融理財重任，並兼職耶魯管理學院教授，把自己多年的投資管理心得傳授給學生。在他看來，生活中有很多重要的事情不能用金錢來衡量。

在此後的 30 多年裏，史文森一手將耶魯捐贈基金打造成一個「常青基金帝國」，歷經美國 1987 年的「黑色星期一」，20 世紀 80 年代末的經濟滯脹，90 年代的「克林頓繁榮」、高科技浪潮，2000 年前後的互聯網高潮及泡沫，以及最近的全球經濟疲軟和市場連續下跌，耶魯捐贈基金的資產規模卻不斷擴大，從他上任之初的 13 億美元，增長到 2019 年 6 月的 303 億美元，增長了 22 倍多，過去 10 年的年化收益率為 11.1%，過去 20 年的年化收益率為 11.4%，是世界上長期業績最好的機構投資者之一，獲得了基金管理界和華爾街的高度關注。領航集團（Vanguard）創始人約翰・博格（John Bogle）[1] 評價説：「大衛・史文森是這個星球上僅有的幾個投資天才之一。」耶魯捐贈基金的強勁競爭對手哈佛捐贈基金管理公司的總裁傑克・邁耶（Jack Meyer）曾毫不掩飾其無奈並打趣地説：「我們哈佛希望史文森最好趕緊換工作。」在我看來，史文

---

[1] 約翰・博格是基金業的先驅，第一隻指數型共同基金的建立者，領航集團創始人。《共同基金常識》（*Common Sense of Mutual Fund*）是他的心血之作，用翔實的數據詮釋了簡單和常識必然勝過複雜的投資方法。——編者註

森最重要的貢獻不僅僅在於將創新的耶魯投資模式與各大機構投資者分享，更在於他培養了無數秉承價值投資信念的投資人。他真正履行了高等教育的崇高使命——幫助他人成就更好的自己。

史文森的投資策略的神奇之處在於能夠穿越不同的市場環境和經濟週期，在激烈的競爭中，實現投資業績的穩定增長。他認為，在投資行業，如果採取非主流的投資策略，或許會面臨許多挑戰。人性會驅使投資人採用最獲認可的投資策略，當自己的投資跟多數人趨同時，會強化自己與主流的一致性，以防出錯後獨面尷尬。不幸的是，這種心理上的慰藉很少能創造出成功的投資結果。史文森的「不走尋常路」，體現在通過對市場的深刻洞察，大舉進軍定價機制相對薄弱的另類資產市場，創造性地應用風險投資、房地產投資和絕對收益投資等各類投資工具，為機構投資者重新定義了幾個大類的資產類別。

作為機構投資領域的先驅和佼佼者，史文森的教學和著述講述了機構投資的決策運作方式、組織管理和投資理念，進而幫助人們更充分地理解金融市場結構和運行規律。2002 年，我和幾個朋友把史文森所著的《機構投資的創新之路》(*Pioneering Portfolio Management: An Unconventional Approach to Institutional Investment*) [①] 一書翻譯並引入中國。這是一部側重於闡述投資組合

[①]《機構投資的創新之路》在西方被譽為「機構投資者的聖經」，2002 年由張磊先生及其好友翻譯並引進中國。在這本書中，史文森詳述了耶魯捐贈基金的投資過程，及其以股權投資為導向、組合分散化、大膽投資另類資產的「耶魯模式」，用清晰、敏銳的筆觸對機構基金管理進行了透徹的分析。——編者註

構建、投資邏輯、資產類別分析與選擇，以及風險控制的經典之作，已成為全球機構投資者的「聖經」。

史文森習慣了以儉為德的生活，只想做一個有良知的人，而非服務於賺錢。在他看來，**投資的目標是盈利還是實現某種社會理想，其間的平衡必須把握**，耶魯大學只會把錢交給有極高道德標準，同時遵守投資人的職業操守，把受託義務置於首位的人。他給耶魯大學帶來的不僅僅是物質財富，更是一種崇高的精神氣質。

走近耶魯捐贈基金

耶魯捐贈基金最初的資金來自一個名叫伊萊休·耶魯（Elihu Yale）的人，1718 年，他把自己的 417 本書和一些家當捐贈給康涅狄格州一所新建的大學學院。為了紀念他，這所學院就以他的名字重新命名為耶魯大學。說到耶魯捐贈基金，需要先從美國的機構投資歷史談起。

從機構投資的歷史談起

19 世紀末，美國投資市場混亂無序，因為當時英國國內產業發展日趨飽和，剩餘資本大量增加，加之美國經濟發展的需要，大量資金湧入美國。由於金融市場尚不完善，大部分投資者都是

散戶和投機商，市場上充滿非常規乃至非法的交易和運作。針對這種情況，英國政府專門成立海外投資公司，運用集合資金的方式，委託專業管理人員進行投資管理。就這樣，海外投資公司成為美國市場上第一批機構投資者，此模式而後被各國倣仿。1892年，美國老摩根財團憑藉雄厚的資本優勢，廣泛投資、兼併工業企業，這標誌着以銀行等金融機構為主的機構投資者的新時代逐漸到來。1921 年，美國成立了第一家國際證券信託基金；1924 年，馬薩諸塞州成立了第一家開放式基金，原始資產是由哈佛大學 200名教授出資的 5 萬美元，其宗旨是為出資人提供專業化投資管理，管理機構叫作「馬薩諸塞金融服務公司」(Massachusetts Financial Services)。由於當時機構投資者所佔市場份額不大，大量中小投資者過度追求短期利潤，導致市場大幅波動，部分機構投資者一時難以為繼，紛紛破產倒閉，這一點在 1929 年的股市崩盤和 20 世紀30 年代的大蕭條中尤為突顯。

20 世紀 30 年代以後，在經濟緩慢復蘇的過程中，美國開始出現多種類型的機構投資者，聯邦政府也適時頒佈了一系列法律法規，如《美國 1933 年證券法》(Securities Act of 1933)、《美國 1934年證券交易法》(Securities Exchange Act of 1934)、《美國 1940 年投資公司法》(Investment Company Act of 1940) 和《美國 1940 年投資顧問法》(Investment Advisors Act of 1940) 等。隨着金融立法的充分完善、市場機制的逐步建立以及機構投資的有力發展，美國金融市場逐步進入了穩定健全的發展軌道。從 20 世紀五六十年代開始，各種專業化的投資管理公司開始了規模化、現代化的

經營，開始在市場上貫徹長期穩定的投資策略，並逐步獲得出資人的信任。在發展歷程中，各種特定功能的機構投資者，包括洛克菲勒基金會（The Rockefeller Foundation）、福特基金會（Ford Foundation）等信託基金、保險基金、養老基金和諸多學校及慈善機構捐贈基金，開始在金融市場發揮越來越重要的作用。耶魯捐贈基金就是典型的大學捐贈基金。由於這些機構投資者有近乎固定的資金來源和特定的支出原則，所以它們的投資需要在確保基金支出目標、側重長期回報、強調風險管理之間尋求較好的平衡。為了更好地實現管理目標，它們或者由自己的專業分析師和基金專家管理，或者僱用專業投資公司來管理。

在某種程度上可以說，耶魯捐贈基金以一種更加長期、穩健、靈活的方式詮釋了美國機構投資的核心要旨，它繼承了這些傳統，而更加令人激動的是，它作為超長期基金的標桿，推動了機構投資的創新。

機構投資的創新之路

耶魯大學走過了 300 多個年頭，耶魯捐贈基金的規模也從當初的幾十萬美元發展到現在的 300 多億美元，其價值投資理念、資產配置策略以及長期投資業績均獨樹一幟且引領潮流，成為美國機構投資行業中一個非常重要的投資力量。這個投資力量並不僅僅源於它的規模，更是來自它的影響力。

首先，耶魯捐贈基金是耶魯大學的重要收入來源，並發揮着愈加突出的作用。1987 財年，耶魯大學來自捐贈基金的收入貢獻約為 1,700 萬美元，約佔學校總運營收入的 11%；2019 財年，耶魯大學總運營收入約為 41 億美元，其中來自耶魯捐贈基金的收入貢獻約為 14 億美元，佔比約為 34%，是學校當年度總運營收入的最大來源。截至 2019 財年，耶魯捐贈基金總額約為 303 億美元。耶魯捐贈基金延續了其一以貫之的資產配置模式，在 2020 年度投資組合配置目標中，超過 50% 的部分為另類資產，包括 21.5% 的風險投資、16.5% 的槓桿收購基金、10% 的房地產投資和 5.5% 的自然資源資產；約 30% 為與市場低相關的資產，包括 23% 的絕對收益和 7% 的債券和現金；另有 13.75% 的海外股權投資和 2.75% 的美國國內股權投資。

其次，耶魯捐贈基金獨特的機構投資理念奠定了機構投資的基礎框架。具體來看，史文森領導的耶魯捐贈基金有以下四個顯著特點。

第一，獨立嚴謹的投資分析框架。機構投資者的最大特點在於有能力構建一套系統的投資分析框架，首先充分考量投資目的、資產負債均衡、資產類別劃分及配置、資金預測、投資品種及金融工具選擇、風險控制等要素，然後進行基金管理人選擇，最後才做具體的個別投資標的的選擇。在構建投資組合時，非常注重壓力測試，所有預期收益都要經過各種噩夢般的情景假設。更為重要的是，這套完整的投資框架不受市場情緒左右，它是客觀、理性的選擇。

第二，清晰的資產分類及目標配置體系。資產配置是耶魯捐贈基金管理的核心要素，但如何理解資產類別特點，在符合目標的前提下實現靈活配置卻是其中關鍵。當股市過熱時，股票的大幅升值使實際的股票配置佔比遠高於長期目標，從而使系統自動產生賣出的信號，且這一信號隨着股市屢破新高而越來越強烈，此時及時賣出促使資產配置比率恢復到長期投資所設定的目標，也使基金避免因貪婪所帶來的風險；同樣，市場狂跌使股票投資比率遠低於當時的長期目標，從而使系統產生強烈的買進信號。這種「資產再平衡」理論在史文森的投資實踐中得到了充分的體現，即抓住投資的本質，避免擇時操作，從而實現合理的回報。

第三，充分運用另類投資，尤其是那些市場定價效率不高的資產類別，如風險投資、對沖基金等。在歷史上，美國大多數機構投資者會把資產集中於流通股投資和債券投資這樣的傳統資產類別，但耶魯捐贈基金喜歡並鼓勵逆向思維。相對於流動性高的資產來說，流動性低的資產存在價值折扣，越是市場定價機制相對薄弱的資產類別，越有成功的機會。正是由於耶魯捐贈基金認識到每一種資產類別都有其獨特的功能特徵和收益屬性，與傳統資產類別的收益驅動因素及內生風險有所不同，所以另類投資對投資組合的貢獻也體現在不同的維度。基於對市場的深刻理解，耶魯捐贈基金大膽創新，先於絕大多數機構投資者進入私募股權市場，1973 年開始投資槓桿收購業務，1976 年開始投資風險投資基金，20 世紀 80 年代創立絕對收益資產類別。另類投資為先覺者耶魯捐贈基金帶來了碩果纍纍的回報，也因此越來越為機構投資者所重視。

耶魯捐贈基金對資產類別的深刻理解也體現在其對股權資產的大量配置上。從本質上看，股權資產，不管是上市公司股票還是非上市公司股權，其價值都取決於公司的剩餘現金流，而債券則只基於固定收益的獲得。耶魯捐贈基金的投資目的是保存和增加購買力，從而為耶魯大學「百年樹人」的教育大業服務，而耶魯大學的開支主要集中於對通貨膨脹非常敏感的教職員工工資福利。債權投資往往在通貨膨脹嚴重時期表現較差，而且長期回報率遠低於股權投資，因此，耶魯捐贈基金在債券市場的目標配置比率大大低於同行。

第四，近乎信仰的投資信念和極致的受託人精神。耶魯捐贈基金保持了一貫的理性思維，始終保持對金融市場的前瞻性洞察，一旦形成信仰，就會無比堅定。這份堅持來源於它對金融市場規律的領悟、對現代金融理論的掌握和對人類本性的洞察。在選擇基金管理人上，耶魯捐贈基金把品格作為第一位的篩選標準，防止投資管理機構與最終受益人的利益背離。在此基礎上，它注重投資管理公司的利益結構，並通過適當的激勵機制來激發投資管理公司和投資專家的能動性和效率，使之與耶魯大學的長期發展目標結合起來，敢於選用事業剛剛起步的投資經理。

對於像耶魯捐贈基金這樣大型的、具有特定目標和責任的基金來說，關鍵不在於一時的得失成敗，而在於建立行之有效的制度體系，這是對機構投資者的重要啟示。在耶魯大學的求學和工作經歷，讓我看到了常青基金（Evergreen Fund）的實踐指南。至此，

我開始思考，如何建立一家真正踐行長期投資理念、穿越週期、不唯階段、創造價值的投資機構。建立一家這樣的投資機構，成了我的夙願。

美國機構投資的「耶魯派」

更為神奇的是，在史文森的領導下，耶魯投資辦公室成為機構投資者人才的誕生地，從這裏走出了眾多大學捐贈基金管理人和投資機構首席投資官，其中許多還是我當時的良師益友。

以耶魯捐贈基金高級主任迪安・高橋（Dean Takahashi）為例，他是耶魯管理學院 1983 屆校友，畢業兩年半後，於 1986 年進入耶魯投資辦公室，僅比史文森晚了一年。在此後的 32 年間，他和史文森一起，與同事們創造了 12.8% 的年回報率，在機構投資史上創下了最高紀錄。

當年我進耶魯投資辦公室時，還有一位面試官塞思・亞歷山大（Seth Alexander），他是耶魯大學 1995 屆校友，在耶魯投資辦公室工作 10 年後，於 2006 年接手管理麻省理工學院捐贈基金，其管理的基金規模由 84 億美元增至 2019 年的 174 億美元，增幅高達 107%，目前在大學捐贈基金規模中全球排名第六，且 2018 財年投資收益率達到 13.5%，再次跑贏自己的「恩師」耶魯捐贈基金（12.3%）和哈佛捐贈基金（10%）。亞歷山大運用的依然是師出耶魯捐贈基金的非傳統型策略，其在諸如股票和債券這些傳統資產

上的配置比例顯著低於平均水平，並大量配置對沖基金和私募股權基金。他的投資理念是，要尋找那些符合宏觀經濟趨勢或同類宏觀因素的基金。

耶魯大學 1997 屆校友，現任鮑登學院（Bowdoin College）捐贈基金首席投資官的葆拉・華倫特（Paula Volent）在 2017−2018 財年獲得了 15.7% 的投資收益，問鼎全美大學捐贈基金。在其任職 18 年間，鮑登學院捐贈基金獲得了 9.2% 的年化收益率，規模從 4.65 億美元增至 16 億美元。她有個觀點：「捐贈基金改變了基金投資市場過去那副昏昏欲睡的樣子，以前投資經理只投股票和債券，比如鐵路股票，也許還有一些教師住房。但現在不一樣了，鮑登學院捐贈基金的投資組合非常全球化 —— 我們在尋找中國、拉美和其他新興市場國家的各種機會，而且鮑登學院捐贈基金也大量投資風險資本、私募基金和對沖基金等另類投資領域。」

耶魯大學 2002 屆校友，現任史丹福捐贈基金首席投資官的羅伯特・華萊士（Robert Wallace）是我的多年老友。他對資產配置、資產類別以及新興市場國家的理解，尤其讓人印象深刻。在他領導下的史丹福捐贈基金，廣泛配置私募股權、絕對收益以及新興市場國家股權投資等另類資產類別，為史丹福大學創造了長期穩健的收益來源。

耶魯大學 1989 屆校友、普林斯頓捐贈基金首席投資官安迪・戈爾登（Andy Golden）在那裏負責投資工作 24 年，在他任職期間，12.6% 的年化收益率讓普林斯頓捐贈基金規模從 35 億美元增

至 260 億美元，該基金也是高瓴的早期出資方之一。

很難想像，耶魯投資辦公室能夠培養出如此多成功的投資人。或許，正是史文森的榜樣作用，讓人們看到將受託人責任（Fiduciary Duty）與理性誠實（Intellectual Honesty）結合到極致會產生多麼偉大的結果。正是這樣的道德標尺，讓這裏走出的每一位投資人都將自律、洞見、進化與學習作為不斷追求的最核心能力。

從機構投資的歷史，到機構投資的未來，我都有幸能夠近距離地學習和理解；從互聯網經濟的誕生，到互聯網泡沫的消解，我都有幸能夠親身地感受和反思；從近乎信仰的投資理念，到抱樸守拙的受託人責任，我有幸能夠理解其中一二。實踐告訴人們，方法和策略能夠戰勝市場，但對長期主義的信仰卻能夠贏得未來。

我對投資的思考

- 對於「風險」這個在金融學中被談到令人麻木的概念，大多數人的評估標準是看投資收益的波動方差，而我從入行第一天起就被要求看出數字背後的本質並忽略那些從「後視鏡」中觀測到的標準方差：到底是甚麼樣的自上而下／自下而上的基本面在驅動收益的產生及波動？又有哪些因素會使預期的資本收益發生偏差？而這些基本面因素在本質上有哪些相關性及聯動性？

- 儘管投資人沒有要求歸還投資款，我們仍然堅持「這些錢一定要還」。我們希望用這樣的方式來感謝他們的信任和支持。一個人的職業生涯很長，不能做任何對幫助過你的人有損害的事情，否則那可能會困擾你的一生。

- 投資的目標是盈利還是實現某種社會理想，其間的平衡必須把握。

- 方法和策略能夠戰勝市場，但對長期主義的信仰卻能夠贏得未來。

價值投資
初試煉

我們是創業者，
恰巧是投資人。

　　在中國和美國同時看到和感受到互聯網浪潮的風起雲湧，是一種非常奇特的經歷。2000 年以後，國內創業浪潮此起彼伏，我深深感受到產業界萬物生長的狀態，特別是在中國加入 WTO 以後，我有一種明顯的預感：中國的能量將伴隨着企業家精神的覺醒一躍而起。

　　許多人問我為甚麼一直在創業，其實我倒沒想到自己非要創業成功不可，只是覺得一定要做點事，做點有意義的事。歸根到底，可能是「愛折騰，不滿足現狀，愛挑戰自己」的性格特質幫我作出了選擇，心潮澎湃不如說幹就幹。在美國的校園裏遙望中國時，我已經明顯感覺到中國快速發展的強勁勢頭，大家越來越推崇企業家精神。值得一提的是，在那個年代，不少有着海外求學、工作經歷的「海歸」們能夠發揮很大的作用，他們不僅僅是知識、技術和商業模式的傳承者，還結合對中國實際的理解，將成熟的現代風險投資理念和資本市場運作引進中國。

　　更加幸運的是，中國的市場環境，包括資源、人才、政策、資金、技術等始終在不斷進化，各種有利的條件匯聚在彼時的中國，各方好漢就像拿到了英雄帖，紛紛御風而行。中國的商業史上第一次出現了互聯網和風險投資，創業、創新在前所未有的偉大變革中形成閃爍的磁場，吸引着有志之士實現自己的人生價值。這種嶄新的商業力量，在東方和西方同時出現，中國的創業者們終於不用追趕，就可以與西方的創業者們同場較量。每每想到這些，我的內心就無比興奮，我覺得不能錯過這個機會。

孕育和新生

對於投資人而言，理解所處時代的商業演進甚至商業史，是開展投資研究的第一步。在真正創辦高瓴之前，我一直在思考中國的商業發展歷程。在中國的商業史中，有許多偉大的制度變革、許多嶄新的思潮觀念、許多傳統或者非傳統的商業模式，其中的互聯網商業史尤其令人激情澎湃。

神奇的 1994

把時間再次拉回到 1994 年，那年我 22 歲，剛從人大畢業。1994 年 4 月 20 日，一條 64Kbps 的國際專線從中關村地區教育與科研示範網絡[①]聯入世界互聯網，實現了中國與國際互聯網的全功能接入。事後回看，這是中國互聯網歷史上非常傳奇的一筆，也就是從這一刻開始，中國互聯網浪潮開始孕育。許多人思考，到底是中國互聯網企業的巨大成功助推了中國的崛起，還是中國崛起的巨大勢能成就了中國互聯網企業，這恐怕難以分說。但是，**對於一名投資人而言，理解潛藏在巨大勢能中的關鍵行業和企業，是非常重要的能力**。

---

① 中關村地區教育與科研示範網絡（NCFC）由國家發展計劃委員會（2003 年改組為國家發展和改革委員會）立項，是世界銀行貸款「重點學科發展項目」。其目標是將中國科學院眾多研究機構、北京大學校園區、清華大學校園區互聯起來，構建一個規模較大的以光纖通訊為主的計算機網絡，促進計算機資源與信息共享。—— 編者註

　　1994 年，互聯網行業遠沒有出現像今天這樣叱咤風雲的大佬人物，那些弄潮兒都還在各自的軌跡上蓄勢待發，一羣行業拓荒者面對着一片從未有人涉足，甚至無人理解的領域。但相似的是，他們都對互聯網抱有本能的、敏銳的、富有想像力的好奇心。他們或者身處國內，因獨特機緣接觸互聯網技術；或者遠赴大洋彼岸，在美國互聯網發展中經受洗禮。此後數年，門戶網站、電子郵箱、電子商務、在線搜索、即時通訊這些互聯網模式紛紛破土而出，呈井噴之勢，走上歷史舞台。

　　1995 年，張樹新創立了首家互聯網服務供應商瀛海威，清華大學推出了水木清華 BBS，馬雲成立了「中國黃頁」並於 1999 年創立了阿里巴巴。1996 年，張朝陽成立了愛特信，兩年後創立了搜狐。1997 年，丁磊創辦了網易。1998 年，王志東創辦了新浪；馬化騰創辦了騰訊，此後依靠 QQ 用戶數持續增長和 QQ 秀付費模式，騰訊於六年後在港交所上市，估值突破 6 億美元。2000 年，搜狐、網易、新浪三大門戶網站在納斯達克上市。2003 年 5 月，淘寶網成立，只用了兩年時間，在 2005 年，淘寶網就接連超越了 eBay 和日本雅虎，成為亞洲最大的網絡購物平台。2005 年 8 月 5 日，憑藉市場競價排名模式，全球最大的中文搜索引擎百度在納斯達克成功上市，首日股價漲幅達 354%，創造了中國概念股的美國神話，一舉成為中國互聯網市值最高的公司，這距離李彥宏 1999 年底回國創辦百度，不到六年時間。至此，從早期新浪、搜狐和網易三家門戶網站叱咤江湖，到百度、阿里巴巴和騰訊分別依靠搜索、電商和社交三種商業模式各掀潮頭，中國互聯網江湖初定，但

時代潮流滾滾向前，技術創新仍在繼續。

在 1994 年之後的 10 多年裏，中國互聯網經歷了從孕育誕生到澎湃爆發的快速發展時期。我有幸能夠在剛踏入社會參加工作的年紀趕上這樣一個無與倫比的時代。無論是在國內工作，還是在海外求學，甚至是自己創業，我的所念所想以及與同仁們探討的話題都離不開這些嶄新的創業模式。或許，正是因為與中國互聯網創業浪潮同步，甚至差點成為其中的一員，我能夠見證並感受這種基於變化的創新經濟。**一旦善於理解變化，投資人將極大拓展其可理解的範疇**，這也為後來高瓴投資互聯網創新企業奠定了基礎能力。

不平凡的 2005

在創辦高瓴之前，我還有過兩段難忘的工作經歷。我先是在全球新興市場投資基金（Emerging Markets Management）工作，其間出差前往南非研究礦產資源。此後，我擔任紐約證券交易所首任中國首席代表，創辦了紐約證券交易所駐香港和北京辦事處。當時是 2002 年，美國安然公司財務造假醜聞爆出後，人們普遍對上市公司財務報表的真實性產生強烈質疑，《薩班斯——奧克斯利法案》（*The Sarbanes-Oxley Act*）快速獲得通過。這則法案又叫《2002 年上市公司會計改革與投資者保護法案》，對公司治理、信息披露、會計職業監管、證券監管等方面作出了更多規定。我當

時的主要工作是為在美國上市的中國公司講解美國法律、公司治
理原則，並與港交所、深交所、上交所開展交流與合作。這些經
歷為我創造了觀察新興市場國家的獨特機會與視角。

2005 年本是一個平凡的年份，但就是在這一年，出現了許多
影響中國商業格局甚至經濟領域的重要事件。就像回顧科學史、
藝術史或者商業史時我們會發現的一樣，某些特殊的年份總會集
中出現一批重要的人物或者事件，比如王石、張瑞敏、柳傳志、
潘寧在 1984 年集中創業，這一年成為講述中國企業史時不可缺少
的重要年份。人們難以從理性的邏輯中找到可能的緣由，或許唯
一可以解釋的理由在於，歷史總是由一些精彩的瞬間所推動，而這
些創業者總能以敏銳的知覺捕捉到時代的轉機。作為投資人，更
要有敏銳的知覺捕捉到這些創業者們。

把 2005 年展開來看，非常值得回味。2005 年被稱為「博客
元年」，以博客為代表的 Web2.0 推動了互聯網內容的縱深發展，
RSS、SNS 概念[1] 不斷湧現。2 月，盛大突襲收購新浪 19.5% 的股
份，成為新浪最大股東，互聯網產業硝煙瀰漫。3 月，騰訊收購張
小龍的郵件客戶端軟件 Foxmail，幾年後，正是張小龍團隊研發的
微信改變了幾億人的社交和生活方式。5 月，MSN 進入中國。7
月，谷歌宣佈進入中國。8 月，百度登陸美股，中國互聯網企業第

[1] RSS 是簡易信息聚合（Really Simple Syndication）的簡稱，它搭建了信息迅速
傳播的技術平台，使得每個人都成為潛在的信息提供者；SNS 是社交網絡服
務（Social Networking Services）的簡稱，包括了社交軟件、社交網站，也指
現在已成熟普及的社交信息載體。—— 編者註

二輪赴美上市潮風起雲湧。同月，雅虎以 6.4 億美元現金、雅虎中國業務以及從軟銀購得的淘寶股份換購阿里巴巴 40% 股份的交易落鎚，這次交易開創了國際互聯網巨頭的中國業務交由中國本土公司主導經營的先例，這一年淘寶也與 eBay 正式交戰。

就在這一年，更多互聯網公司在中國默默扎根：劉強東全力拓展電商業務；王興創辦了人人網，這與他日後創辦美團相隔五年；周鴻禕辭掉雅虎中國總裁職務，創辦奇虎 360；莊辰超創辦去哪兒網；姚勁波創辦 58 同城；楊浩湧創辦趕集網；王微創辦土豆網；阿北（楊勃）創辦豆瓣網；李想創辦汽車之家。這些新生的公司與當時的互聯網巨頭相映成趣，引領着那個充滿生機的年代。悄然間，中國「網民」數量超過 1 億[1]，中國成為僅次於美國的互聯網大國。許多攪動日後互聯網江湖波瀾的細節，讓我們察覺到，這就是創新的年代。

2005 年不僅是中國互聯網歷史上江湖初定的特殊時點，也是中國風險投資歷史上的重要年份。最先嗅到行業機會的，除了誤打誤撞的我們，還有眾多海內外機構。儘管遠在大洋彼岸的美國創投機構還未從互聯網泡沫的黑色風暴中恢復過來，但部分有先見之明的美元創投基金們已經將眼光投向中國。這一年，美元創投基金的管理團隊開始快速在中國進行本土化運作，中國的投資

---

[1] 2005 年 7 月 21 日，中國互聯網絡信息中心（CNNIC）在北京發佈《第 16 次中國互聯網絡發展狀況統計報告》。報告顯示，截至 2005 年 6 月 30 日，我國上網用戶總數突破 1 億，為 1.03 億人。—— 編者註

人羣體也開始快速入場，一批日後聲名顯赫的機構相繼成立，中國風險投資正式步入快速發展時代。就是在這樣的時代背景中，我和幾位老朋友開啟了一場價值投資的探索之旅。

「老友記」開張

2005 年，對於我的投資生涯來說是一個特殊的年份。當我 22 歲大學畢業時，遠沒有明確自己的職業目標，正是這之後 11 年間的變化，讓我在 33 歲時有了巨大的勇氣創辦屬於自己的投資機構。把握住中國經濟增長和投資環境的歷史機遇，成為「不安分者」的重要選項。**這是一個無比沸騰的時代，無法失去，不能錯過，即使舒適也切莫沉寂，寧願艱巨也不要無趣。**

踏上這條美麗的小路

2005 年 6 月 1 日，我們創辦的投資機構正式開張了。那天正好是兒童節，這個日子可以說非常應景，因為當時的我們除了像孩子一樣無懼和快樂，幾乎甚麼都沒有。我們憧憬着在中國實踐價值投資，對未來充滿了發自內心的好奇和堅定。

創辦投資機構的第一件事是給公司起名字。我們先想到了中文名「高瓴」，取自「高屋建瓴」，意指對事物全面、透徹和長遠

的了解。為了拓展海外業務，又起了一個英文名叫「Hillhouse」，字義與中文名暗合，靈感則來自耶魯大學一條叫作「Hillhouse Avenue」的街道，這是我在耶魯大學學習投資時，時常走過、時常在其上思考的一條路。因為秋天道路兩旁時常鋪滿金色落葉，簌簌作響，這條街道被狄更斯和馬克・吐溫稱作「全美國最美的小路」。在那時的中國，創業的原因被戲稱為兩個：一個叫「走投無路」，還有一個叫「無路可走」。我終究選擇了這條「美麗的小路」，這對我此生，意義非凡。

高瓴成立時，並不是一帆風順的。在真正開始投資前，我需要組建合適的創業團隊，尋找便宜的辦公場地。我喜歡找長期信任的、熟悉的人一起工作，於是就開始在當年人大的同學、曾經的同事裏尋找創業夥伴。「如果沒有想好做甚麼工作，幹甚麼職業，那就先和你最喜歡的人一起工作吧，錯不了。」對面的同學略沉思了一下，然後回答說：「好，那我加入你們。」這段對話最早出現在哪一天，我已經忘記了，但我時常想起邀請優秀的人加入我們時的激動和歡喜。**與靠譜的人做有意思的事，是我一直以來非常享受工作的原因之一。**

這裏有一個很多人都知道的小故事。當時我給一個老同學打電話，請他加入。他竟然拒絕了，但推薦了自己的妻子。我問：「你是當真的嗎？你不理我，把老婆『扔』過來？」他當時的回答很是客觀誠懇：「我已經是一個大型律師事務所的合伙人了！」沒錯，他肯定是覺得我做的這些事不太靠譜，又很想幫我。現在，這位朋

友的妻子，一個當時從沒做過投資的女生，從做我的秘書幹起，先後做過投研、風控、財務、基金運營等各個崗位，一路成長為高瓴的合伙人。

開啟「烏合之眾」的學習之旅

經過四處物色，公司總算有了幾位創業夥伴。當時選擇創業夥伴，我確立了三條標準：第一是人品好，第二是愛學習，第三是能吃苦。但問題又來了，除了我是半路出家學投資以外，其他四位都不是科班出身。當時就有好朋友「調侃」道：「人都是看着很好的人，但是有點烏合之眾的感覺。」

「烏合之眾」也能從頭開始學。就像當年申請耶魯投資辦公室實習職位一樣，我對投資的理解源自真摯的思考。與許多科班出身的投資人不同，他們可能還需要「洗盡鉛華」，而我們卻得天獨厚地「一塵不染」。更幸運的是，我們面對的本來就是一個嶄新的市場，一個急速變化的時代，並無一定之規可循。最開始，我們是在朋友的辦公室裏「借宿蝸居」，與一張大桌子、幾台電腦、一些破舊傢具為伍。好在這個辦公室有一個天然的好處，就是旁邊有一個開放的健身中心，這使得我們的「實際」辦公面積其實很大很奢侈。

像許多「夫妻老婆店」[①] 一樣，創業之初，我的妻子經常來公

---

① 夫妻老婆店這種傳統的商業形態通常採用「前店後工廠」的模式，丈夫在後方製作，妻子在店堂待客，店舖雖為夫妻共同經營，但客人更多接觸到的是老闆娘，所以稱之為「夫妻老婆店」。——編者註

司，我做投資業務，她做中後台支持，甚至當起勤務員、保潔，幫我們收發信件、預訂差旅、端茶倒水。這還不夠，我還邀請同事的家屬們來公司參觀，感受我們的奮鬥歷程。其實這裏面有個私心，就是希望這些早期員工們能夠贏得家屬的理解，以便安心加班。當時最大的感受就是理解了「苦中作樂」的含義。由於辦公室下午 6 點就會關掉空調，我們不得不開窗通風，又因為樓層不高，所以蚊子不少，大家都會笑着數自己身上被叮了多少包，還要互相比一比。

我們幾個創業夥伴還有一些共同的特點：第一，從來都不知道怎麼賺錢，但擅長學習；第二，從來都不覺得有甚麼東西是學不會的，在學習上非常願意花時間，不斷吐故納新；第三，在實踐中學習，邊學邊幹，邊幹邊學；第四，熱衷於開誠佈公地分享，發表自己真實的想法和意見，不去爭論誰是對的，而是去爭論甚麼是對的；第五，酷愛讀書，遇到一本好書便彼此分享讀書心得，舉辦圍爐夜話和讀書沙龍。

正是這樣的創業夥伴，用這些創業之初的招招式式，將高瓴打造成了一個不斷求知、探索真理的學習型組織，絕非刻意，全憑天然。公司創立時專門裝修了一個小型的圖書館，書架上堆滿了各種年鑒和專業書籍，時至今日，學習氛圍仍不減當年。高瓴創業初期只有五個人，當擁有 30 名員工的時候，終於感覺像一家公司了。但直到現在，規模已達幾百人了，我們還是覺得自己是一家創業公司，從最初發現價值，到之後增加價值，現在則創造價值。「我

們是創業者，恰巧是投資人。」這是我們創業之初的自我定位，也是至今不變的選擇。

「中國號快車」，請立即上車

對於一家投資機構來說，如何贏得出資人的信任，事關生存。在剛創立高瓴時，由於國內私募基金行業尚不成熟，如何募得第一筆錢，成為創業初期的嚴峻挑戰。在中國快速發展的氛圍中，我和幾位創業夥伴決定：就是要靠中國的故事，打動海外出資人。然而，大洋彼岸的外國人對中國的認知並沒有與時俱進，他們中不同的人對這片東方土地的理解似乎停留在不同的年代，很少有人看到當下和未來。同時，他們對價值投資在中國的命運也未敢確信，在這樣一個快速發展的新興市場，價值投資或許只是一家投資機構的嘗試。嘗試可能只是意氣，但堅持卻是勇氣。

在海外出資人面前展現中國

在美國，你能想像走在大街上，同時看到鋼鐵大亨安德魯・卡耐基（Andrew Carnegie）、金融大亨 J. P. 摩根（J. P. Morgan Sr.）、「石油大王」約翰・洛克菲勒（John Rockefeller），還有谷歌創始人之一拉里・佩奇（Larry Page）、亞馬遜創始人傑夫・貝佐

斯（Jeff Bezos）走在一起嗎？在中國，「這些人」就在同一個時間，登上了同一個歷史舞台。

　　這背後的原因正是中國的快速發展和多層次轉型：中國同時面臨從計劃經濟到市場經濟的體制轉型、從農業社會到工業社會的發展轉型，改革帶來的紅利爆發出許多內生動力，而且這種動力是全面性的、不可逆的。此外，中國處在與西方共同推動信息科技革命的時代浪潮中，同為技術創新的發源地，在一些領域還在引領新的產業革命。短短幾十年間，工業發展、城鎮升級、互聯網普及、科技創新……一波接一波的浪潮湧現，這對投資人來說，彷彿展開了一張「清明上河圖」。特別是中國在加入 WTO 以後，進入了城鎮化、工業化和信息化「三化合一」的時代。在西方國家，這「三化」是在不同年代漸次出現、逐步發展演進的。100 年前先是城鎮化、工業化，近幾十年是信息化、智能化，而在中國這些現代化進程卻同時迸發。一、二線城市在前，三、四線城市緊隨，還有鄉鎮、農村，這是一種無比複雜卻讓人歡欣鼓舞的奇特場景，我們這一代人可以同時感受到西方好幾個時代的變化，就像一家幾代人一起學開車一樣。這不得不令人感慨：人尚未奔跑，時代卻已策馬揚鞭。

　　邁克爾・波特（Michael Porter）[1] 在《國家競爭優勢》（*The*

---

[1] 邁克爾・波特開創了企業競爭戰略理論並引發了美國乃至世界範圍內對競爭力的討論，在世界管理思想界被稱為「活着的傳奇」。他擁有八個名譽博士學位，32 歲即獲哈佛商學院終身教授之職，因提出「五力模型」和「三種競爭戰略」而備受推崇，是商界公認的「競爭戰略之父」。——編者註

Competitive Advantage of Nations) 裏提出國家競爭力的四階段論：一是生產要素導向階段（依靠資源、廉價勞動力）；二是投資導向階段（依靠政府主導的投資）；三是創新導向階段（依靠科技創新）；四是財富導向階段（依靠金融資本運作）。在中國，由於產業和區域發展的多樣性，這些階段同時上演。比如說城鎮化，在中國不僅是工業化的載體，更是市場化的平台和國際化的舞台。大量農村剩餘勞動力湧入城鎮轉為市民，一方面為城鎮提供了充足的勞動供給，另一方面也釋放了大量的消費需求。城鎮化派生的投資和消費需求拉動經濟快速增長。同時，城鎮化的發展逐漸緩解城鄉二元結構帶來的經濟發展上的扭曲，進一步提升產品市場、生產要素市場的市場化水平。在這個基礎上，中國通過增加出口、引進外資和技術，迅速融入國際貿易和產業分工；擴大開放力度，以開放促改革，通過市場化競爭，加速促進國內技術、產品和服務的轉型升級，實現結構性調整。

從更長期看，21 世紀很有可能是屬於中國的世紀，這十幾年只是整個歷史大週期中很早期的階段，冰山才剛剛露出一角，還有很大的機會往前推進。尤其是在信息科技時代，中國是一個極佳的創新實驗場。中國的創新驅動戰略為創業者們構建了很好的政策環境，中國不缺乏擁有卓越賞識力和戰略思維的投資人，中國的消費者有着天然的「互聯網基因」，中國的創業者有太多的可以試錯的機會。這些因素將促使中國的創新以持續迭代的方式，不斷積蓄能量，從而創造重大突破。一個大國的崛起，往往需要制度、環境的改善，這其中也需要一些人站出來，在歷史潮流中劈波斬

浪。創業者、企業家羣體有可能成為改變中國的力量,他們善於學習、勤奮努力,有着從「死亡之組」[①]突圍的拼搏精神,敢於白手起家,探索競爭中取勝的可能;同時,他們又在實踐的歷練下更加富有理性,在複雜混沌中有着清醒的眼光。

奔走在美國東西海岸以及世界各地,在海外出資人面前展示中國,是充滿使命感的事情。在當時的潛在出資人看來,我們是一支沒有太多投資背景和經驗的中國團隊,在賣一個他們沒有怎麼投資過的國家的故事。我們在海外募資打出的第一個口號叫:「中國正在崛起,高速列車正在離站,請立即上車。」然而,現場90%的出資人沒有立即「上車」,10%的出資人在一個星期以後也沒有「上車」。現在再說起來可能是笑談,當時的局面卻是非常困難的。儘管應者寥寥,但我們始終堅持自己的理念,「中國要開放,機會在創新」,「不搞存量搞增量」,中國崛起的故事,真的只寫到了序章。

在過去的一段時間,人們會覺得中國離世界很遠,但當中國離世界很近時,可能要假以時日人們才能真正察覺。在西方人的眼中,過去的中國是一個封閉自守的經濟體,與世界經濟體系基本「絕緣」,像處於完全平行的時空中,無論是話語體系、思維方式還是發展脈絡,都與外界格格不入。中國的現代化進程,似乎有太多

---

① 「死亡之組」(Group of Death)一般用於世界級的大型比賽中,尤其是足球小組賽中,多用於表示「該小組實力雄厚,難以應付」,突出兩大特點:強隊「扎堆」,弱隊「必死」;實力平均。——編者註

障礙需要逾越。我要告訴他們的，是兩者之間已經產生出太多奇妙的連接點，中國正在不斷學習、借鑒和融合於世界，世界也需要中國的到場、推動和引領。如今，中國與世界再難分彼此。

2,000 萬美元，第一筆投資

西方投資人經常說這樣的一句話：在過去的 100 年裏，是樂觀主義者帶領着美國的股市走到了今天。我想這句話同樣適用於中國，悲觀主義者可能猜對了當下，但樂觀主義者卻能夠贏得未來。

我們是幸運的，或許正是源於長期樂觀主義，2005 年 7 月，在借來的局促的辦公室裏，我們接待了耶魯捐贈基金投資團隊。他們圍坐在辦公桌周圍，面對剛剛開始在中國做投資的青澀團隊，既像老師又像法官，疾風驟雨般地向我們提出大大小小的問題，包括投資計劃、管理及退出策略、各項費用、研究方法等。儘管對此次拜訪早有準備並胸有成竹，但對於回答不了的問題，我們仍然坦誠回應並記下應該關注的投資要點。

毋庸置疑，與耶魯投資辦公室的會面讓我們大為激動，原因有兩點：其一，在耶魯投資辦公室的實習經歷讓我對其挑選基金管理人的嚴謹風格十分熟悉，他們不僅僅對基金管理人的投資理念、管理能力有着獨特的篩選標準，並且對其道德品質有着近乎嚴苛的要求，儘管無論怎樣的結果對我們而言都是非常難得的自省機會，

但我們仍然對能否贏得他們的最終信任感到緊張；其二，我們太想得到耶魯捐贈基金的投資，因為他們絕不是簡單的出資人，他們的信任是對我們的投資理念和方向的極大肯定。最終，經過嚴格的考察，耶魯捐贈基金決定向我們投資 2,000 萬美元，這是我們創業後募得的第一筆資金。事後回想，他們竟如此重視：大衞‧史文森親自帶隊，迪安‧高橋等耶魯投資辦公室高管團隊全體出動，遠赴中國進行實地考察。此後不久，由於我們扎實的團隊表現，耶魯捐贈基金又追加投資 1,000 萬美元。如今，耶魯捐贈基金已然獲得了早期投入帶來的豐厚回報，並持續追加投資，截至 2020 年 4 月，高瓴已讓耶魯大學累計獲得了 24 億美元的投資收益。

當耶魯大學錄取一個中國普通年輕人時，他們大概沒有想像到這場教育的未來；當耶魯捐贈基金認真考察一支剛剛起步的團隊，並將 2,000 萬美元交託給一羣剛開始做投資的中國人時，他們大概沒有預料到這筆投資的未來。就像詩人北島所述：「新的轉機和閃閃的星斗，正在綴滿沒有遮攔的天空，那是五千年的象形文字，那是未來人們凝視的眼睛。」[1] 在海外介紹中國時，我的內心時常湧現這樣的詩句。今天，在「互聯網女皇」瑪麗‧米克爾（Mary Meeker）《2019 年互聯網趨勢報告》（*Internet Trend 2019*）列出的 30 家全球上市互聯網公司市值領導者中，美國公司共 18 家，中國公司共七家（阿里巴巴、騰訊、美團、京東、百度、網易、小米），中國仍有大量未上市的科技及創新企業。每當我走在去拜訪出資

---

[1] 引自詩人北島於 1976 年創作的朦朧詩《回答》。——編者註

人的路上時，與第一次一樣，我心中所要講述的故事從未改變：
「重倉中國」，看好中國企業和企業家的卓越不凡。

大行情中的「特立獨行」

在高瓴成立初期，我們就堅持自己的投資理念，一方面希望
「think big, think long」[1] —— 謀大局，思長遠，架起「望遠鏡」去觀
察變化、捕捉機遇；另一方面用「顯微鏡」研究生意的本質，看清
它的「基因」「細胞」，還有「能量」。在創業的一招一式中，我們不
斷反思和總結，逐漸明確應該做甚麼，不應該做甚麼。

有些事情不能做，從一開始就不做

在中國，由於制度、文化、歷史慣性、發展階段等因素，投
資領域曾不可避免地存在一些草莽的江湖氣息。有人依靠超強的
資本嗅覺和運作能力，在複雜的社會脈絡中輾轉奔波，有人「辭官
歸故里」，也有人「漏夜趕科場」。許多人迷戀掙快錢的刺激感，因
為從短期回報率來看，掙快錢能夠很快證明自己創造財富的能力，
但這無疑是危險的。所有的快錢，它產生的理由無外乎這樣幾點：
信息不對稱下的博弈、熱點追逐中的投機，甚至是權力尋租。某

---

[1] 意為「謀大局，思長遠」，全書同，下不另注。—— 編者註

種程度上來說，人類天生好奇，有着本能的求知慾和探索慾。然而，快錢帶來強烈歡愉感的同時，卻極易麻痺人們的神經。投資人一旦懶惰，一旦失去追求真理的精神和理解事物的能力，就可能失去了某種正向生長的本能。那些賺快錢的人會發現路越走越窄。我們也有一些掙快錢的機會，但我們敢於說「不」，敢於不掙不屬於我們的錢。

有些事情不能做，從一開始就不做。有些錢不能要，如果出資人不理解我們的堅持，我們從一開始就無法與之磨合。對於一家從零開始做投資的機構來說，沒有資源，沒有名氣，我們只能一步步尋找屬於自己的投資方法。我們沒有所謂的「頓悟時刻」，而是在不斷試錯中付出能夠帶來長遠回報的努力。

在高瓴成立的頭幾年，國內市場面臨着日新月異的局面。2005 年，經濟學家吳敬璉在全國「兩會」中提出了「中國改革進入深水區」的觀點。那一年，中國 GDP 達到 18.2 萬億元，GDP 增速處於 11.4% 上下的高速增長區間。資本市場改革悄然啟動，股權分置改革打破了非流通股和流通股的制度差異，實現了證券市場真實的供求關係和定價機制；國有商業銀行穩步推進股份制改革，金融風險得到妥善處置；金融業對外開放按照加入 WTO 的條款要求逐步發展，過渡期結束後金融業競爭進一步加劇。中國啟動人民幣匯率形成機制改革，不再盯住單一美元，開始實行以市場供求為基礎、參考一籃子貨幣進行調節、有管理的浮動匯率制度，人民幣進入長期漸進升值軌道。房地產市場也在需求釋放和政策

調控中呈穩步上揚趨勢。這些事件無法直接開啟之後數十年中國浩瀚發展的偉大歷程，但我們時常可以感知到未來的噴湧之勢。

面對外界的環境，選擇適應環境的方式成為影響未來的關鍵所在。正所謂「知足不辱，知止不殆」，在短期與長期、風險與收益、有所為與有所不為之間，我們修煉自身的內核，堅持做正確的事情。

重倉騰訊

「噓寒問暖，不如打筆巨款。」當我們擁有「巨款」時，第一筆投資就是重倉騰訊，在單筆限額內，把最大的一筆投資都押注在了騰訊。那時，騰訊公司剛上市一年多，主打產品之一是 QQ，一款在互聯網上即時通訊的軟件，以一隻閃爍的企鵝為形象。

到 2020 年 2 月，騰訊公司的估值從 2005 年的不到 20 億美元增長到約 5,000 億美元，看來我們真的是「賭」贏了。是的，我們無法否認賭的成份，在那個節點，誰也無法判斷即時通訊這門生意有怎樣的影響力，誰也無法判斷騰訊這家創業公司能否殺出重圍，誰也無法判斷互聯網的未來究竟是甚麼。

但我們又不全是賭。在投資前，我們按照一貫做法進行了大量的基礎調研。當時，互聯網業態相對簡單，即時通訊構成了一個非常重要的市場。曾經有分析員這樣概括：即時通訊使親友的溝通突破時空界限，使陌生人的溝通突破環境界限，使自我與外界的溝

通突破心理界限。而作為溝通軟件，即時聊天應用突破了作為技術工具的界限，人們將感受現代交流方式，並構建起一種新的社會關係。正是這些構成了投資的亮點：騰訊真正打破了親疏關係的局限、社交階層的局限、溝通場景的局限，特別是幫助人們在虛擬世界中實現了沒有束縛的溝通，打破了現實中的疏離感。儘管初步調研的結果比較樂觀，我們仍然有很多顧慮，最突出的有兩點。

首先，即時通訊軟件的本質是甚麼？是從無到有創造新的溝通渠道，還是提升現有溝通的效率？是解決人們的不安全感，還是創造了一種更高級的娛樂空間？一旦形成了連接，能否出現更多的「同心圓」，發展更多的業務？

其次，我們更大的顧慮是，用戶基礎到底有多大？能否形成網絡效應，實現用戶黏性？當時我身邊的人很少用 QQ，許多人以用 MSN 為榮，而騰訊的用戶乍看上去多是「三低」用戶——低年齡、低學歷、低收入。

一次去義烏小商品城的調研之行讓我們有了意外發現。那次並不是專門去調研 QQ，而是為了調研別的事情，順便看看大家都在用甚麼交流。我們驚奇地發現每一個攤主的名片上除了店名、姓名、手機號以外，還有一個 QQ 號。後來我們拜訪政府的招商辦，連招商辦的官員名片上也有自己的 QQ 號。原來，QQ 的用戶深度超乎想像，它對中國用戶羣體的覆蓋滿足了社交的無限可能。社交可能是有圈層的，但社交工具不應該有圈層，它應該連接所有人，打破親疏關係、社交階層以及溝通場景的局限，讓溝通可以隨

時被發起、被等待、被記錄，把自身人性的東西通過產品還原、紓解和建構，完全解除人與人之間的溝通障礙。馬化騰曾經這樣定義即時通訊，他認為以 QQ 為代表的即時通訊產品已不再是一個簡單的溝通工具，而是一個共享信息資訊、交流互動、休閒娛樂的平台，語音通話、視頻通話、音樂點播、網絡遊戲、在線交易、BBS、博客等新的應用都可以在這個平台上開展。幾年後，這些定義悉數兌現，這樣一款產品幾乎成為中國「網民」的標配，許多人把 QQ 號作為自己的網上 ID，許多「網民」的第一個網名就是 QQ 暱稱。

這次對 QQ 的調研和對騰訊產品理念的反覆思考，打消了我們之前所有的顧慮。事後復盤時，我們更加堅定了一直堅持的信念：一個商業機會，不應看它過去的收入、利潤，也不能簡單看它今天或明天的收入、利潤，這些紙面數字很重要，但並不代表全部。真正值得關注的核心是，它解決了甚麼問題，有沒有給社會、消費者提升效率、創造價值。只要是為社會瘋狂創造價值的企業，它的收入、利潤早晚會兌現，社會最終會給予它長遠的獎勵。

勇敢地去接「下落的飛刀」

市場永遠在波動，而我們卻一直在「特立獨行」地研究、學習與判斷。價值投資需要做的基礎研究很多，以至於我們無暇猜測市場的潮起潮落。

2008 年，一場漫及全世界的金融海嘯讓所有人對這個世界充滿失望、憤懑和無奈。與大多數機構投資者一樣，我們在巨大的不確定性、瀰漫的恐慌情緒中陷入疑惑、憂慮和沉思。在冬季裏活着的樹木必然有堅硬的角質層，在寒冷中過冬的動物必然有厚厚的皮毛，那麼在這場金融寒冬中，投資人應該依靠甚麼？

我們從不相信運氣，因為無論是概率驗算還是神靈保佑，似乎都不管用，我們相信的是長期理性，理性可能遲到，但絕不會缺席。當然，在巨大壓力下，這種觀點仍然不能讓我們坦然鎮定，我們在緊張地觀望着整個行業的震盪與興衰。有人把「金融危機」比作「癲癇」，來強調其不可預測性。但 2008 年的無數預警，都被人們有意無意地錯判或者忽略。當時國內金融市場對這場危機的感知是遲緩的，直到 2008 年 9 月 15 日，在同一天內，美國第四大投資銀行、誕生於中國清朝道光年間的雷曼兄弟公司破產，美國第三大投資銀行美林證券被美國銀行收購。這兩條新聞傳入國內時，人們才驚惶地意識到，一場史無前例的世界危機終究還是來了。在隨後的一週，全球股市市值蒸發 7 萬億美元，亞洲、歐洲金融市場也劇烈動盪，外匯市場劇烈波動，流動性趨於乾涸。2008 年 10 月，金融危機迅速從金融領域向實體經濟蔓延，國內各項經濟數據大幅下降，決策者呼籲：信心比黃金重要。

儘管憑藉着警覺，我們在系統性風險指標急速上升時已提前降低了倉位，但賬面仍損失慘重。在市場陷入谷底的時刻，信仰決定了看待這場危機的視角。任何一場世界性的危機都異常恐怖，

但我們始終相信長期主義，相信人們有智慧、有辦法化解它，人類
社會不正是在一場又一場的危機和重生間螺旋式發展的嗎？歷史
長河中，如果給你一塊硬幣賭人類命運的話，你應該永遠相信人們
的智慧和企業家精神。我們更加相信國運，相信中國哲學，相信中
國的騰飛之勢，中國的發展不正是在一次又一次的浴血奮戰中凱
旋嗎？

最終，我們決定義無反顧地「賭」危機的破滅，「博」市場的反
彈。這不僅僅出於我們對於市場的判斷、對於「重倉中國」的堅持，
更關鍵的是企業家的能力給了我們十足的信心，我們投資的這些
企業中不乏擁有偉大格局觀的創業者、企業家，以及最勤勞的員
工，他們都是最扎實的奮鬥者。在這樣的氛圍裏，我們不能輕易錯
過市場觸底反彈的機遇，我們的信心在這個時候反而很強烈，幫助
我們在市場的雜亂信號中找到最終的方向。

我們相信，每一次重大危機都是一次難得的際遇和機會，尤
其需要珍惜。危機既是一場不折不扣的壓力測試，讓我們看清到
底誰在「裸泳」；又是一面鏡子，足以「正衣冠，端品行」。在危機
出現的時候，投資人能否堅持初心、堅持反覆強調的價值觀，就顯
得尤為重要了，這個時候堅持的東西，往往既是決定生死的，又是
關乎聲譽的。**真正穿越週期的投資機構，往往做到了既看到眼下，
時刻做好打算，又目光長遠，不為一時一地而自亂陣腳。**這種理念
需要不斷地強化，要印刻在基因裏。

事後回看，頗有意思的是，當很多投資機構都在自忖生死的

時候，我們竟在「傻呵呵」地裝修新辦公室。我們在金融危機前就已經計劃搬到一棟新的寫字樓裏，並在這家寫字樓的頂層租用了更大的辦公室。當時有員工戲稱：「我們可能是全世界唯一一家以舉鎚子、敲釘子直面金融危機的投資機構了。」在這次金融危機期間採購的辦公傢具至今仍在使用，並非為了紀念，而是因為當時堅持採購最好的傢具，力求堅固耐用，做長期打算。

基因決定了非如此不可

選擇做價值投資，是高瓴誕生的基因決定的，我們從第一天就篤信，非如此不可。一方面，這個無比沸騰的時代讓價值投資者對中國崛起抱有基於理性又超越理性的獨特期待；另一方面，我們擁有在西方近距離觀察金融市場發展的獨特歷程，特別是在機構投資者身上看到了一種回歸本質的投資精神，這些積累多年的實踐經驗和理論建樹，無疑為我們樹立了極高的行動標準。而這其中，價值投資作為一種可以穿越週期、穿越迷霧的力量，成為高瓴基因表達的核心所在。

做，就做常青基金

在自力更生、因陋就簡的創業伊始，我們就選擇做一隻價值投資常青基金。無論在當時還是現在，常青基金都是亞洲少有

的模式，但我們仍然堅持做長期正確的事情，具體來說就是以下三件。

第一，選擇超長期的出資人。某種程度上來說，你的負債端往往決定了你的資產端，你的資金性質會極大影響你的投資策略。常青基金的特點是投一級市場項目，不用擔心退出壓力，公司上市後，只要業務發展前景可期，就繼續持有其股票。這個模式在亞洲是很罕見的，因為超長期投資對出資人的要求很高，需要出資人對基金管理人（即普通合伙人，General Partner，簡稱 GP）非常信任。對於那些需要不斷展示投資回報或者消化市場風險的基金管理人來說，他們在投資時束手束腳，由於需要關注短期回報，所以有時會捨本逐末，無法形成長期思維。

在這個邏輯框架下，答案只有一個，那就是選擇合適的出資人，選擇超長線資本，比如全球頂尖大學的捐贈基金，包括哈佛大學、耶魯大學、普林斯頓大學、史丹福大學、麻省理工學院的捐贈基金，還有主權財富基金、養老基金、慈善基金、海外家族基金。它們的投資時限往往可以用世紀來衡量，因此富有遠見、耐心和信任，不會在意一時一事，而是追求長期可持續的增長。戰略上的理解，理念上的契合，使得這樣的機構投資者對所選擇的基金管理人格外信任。只要堅持做價值投資，它們就會堅定支持。

第二，擁有超長期研究的能力。實現超長期的研究需要兩個大前提：一是能做，即你的資本是長期的，這樣你才具備花時間和精力去思考長期關鍵性問題的外部條件；二是願做，即你的投資

理念是長期的。投資決策的起點是對行業的深刻洞察，包括供給端的變化趨勢、行業環境的歷史演變以及生意模式的本質，思考甚麼樣的企業值得持有 30 年以上。注重超長期研究能力的組織完全不同於官僚化組織，也不同於典型的商業化機構，而是像一所學校、一所研究院。分析員不會因為短期內找不到好的投資機會而面臨業績考核的壓力，他們的核心工作就是研究，把自己變成一名研究人員，先於市場發現好的機會，而不用四處求神拜佛。

第三，堅持並不斷完善價值投資的內涵。既然選擇了價值投資，就要在可理解、可預期、可展望的範疇內，遵循商業的真實規律，作出判斷。這就需要堅持研究驅動，把研究作為投資核心能力的出發點，完成「可理解」；堅持長期投資，充分理解並等待價值創造的過程，做時間的朋友，完成「可預期」；堅持尋找動態護城河，把企業家持續創新、持續創造價值的能力作為企業長期可持續發展的核心動力，完成「可展望」。這樣，就可以獲得與別人不一樣的價值投資能力。

一種投資機構，多種投資形態

在堅持做到上述三件事情之後，應該怎樣開展投資活動呢？在具體的執行中，第一步就是尋找投資思路，基於對行業的深度理解，找到真正產生價值的信息，獲得對行業價值鏈、生態環境的全面洞察，提煉行業發展週期中的重要變化，尤其是提煉看似無關、

實則相關的重要聯繫，把不同的思維角度碰撞在一起；第二步就是投資思路分析，去測試和判斷你得到的信息和想法，把真正有關係、有聯繫的事情想清楚，思考原因的原因，推導結果的結果，而不是用簡單的線性思維思考；第三步是投資思路管理，把投資思路代入真實的商業週期或產業環境中，變成一個可執行的項目，包括怎樣投資、怎樣交易、怎樣運營、怎樣創造價值，形成最終的投資表達方式。

在無關處尋找有關，在有關處探求洞見，在洞見後構建方案。正是這樣的「三步走」策略，決定了一種價值投資機構可以成為多種形態。

第一，可以建立全階段、跨地域的投資模式，做全天候、全生命週期的投資機構。一旦研究發現絕佳的商業模式和與之價值觀契合的創業者，就可以自由發揮，即在公司發展的任何一個階段投入，這包括在公司發展早期階段、成長轉型階段，甚至是上市以後，也不局限於本土企業或海外企業，要把對公司價值創造過程的理解轉化成全球、全品類、全階段的投資決策，可以不拘泥於股權、債權，不拘泥於早期種子投資、風險投資、成長期投資、上市公司投資、公司併購等各種形式，保持投資的靈活性。本質上，價值投資就應該這麼做。完全可以用一級市場的長期思維來理解二級市場投資，也可以用二級市場的觀點來復盤一級市場投資。其實，在廣義的價值投資範疇中，一級市場的風險投資、股權投資和二級市場的股票投資，沒有實質差異。正所謂「一種基因，多種

表達」，在甚麼市場通過甚麼形式投資都只是表達形式，價值投資的核心還是商業洞察力，即對人、生意、環境和組織的深刻理解。如果研究理解的結果可以通過二級市場實現，就買入股票長期持有；如果沒有這樣的上市公司，就尋找私人市場；如果沒有私人市場，甚至可以尋找創業團隊進行孵化。

第二，可以成為非活躍的主動投資機構。主動是指將投資的着眼點放在創造價值上，做正和遊戲，不算小賬。非活躍是指不用隨時準備交易，不需要太大交易數量，甚至可以除了研究甚麼都不做，但要時刻保持高度警惕，隨時準備抓住機會，一旦出手就要「少而精」，積累一個高質量公司的組合。從高瓴成立的第一天起，我們和出資人就有一個約定，那就是任何事情只要合理、有意義，我們都可以做（We can do anything that makes sense）。這可能是世界上最簡單的模式 —— 出資人給你開了一張空白支票，「你可以幹任何你認為合理、有意義的事情」。但可不要小看這個「合理、有意義」（make sense），這實際上是一個最高的門檻，因為這個世界上充斥着並不合乎情理的事情。比爾·蓋茨和華倫·巴菲特曾經說他們的成功秘訣主要就是兩個字：專注。**作為投資人，就需要在無數誘惑下更加專注，不斷捫心自問甚麼事情是有價值、有意義的，這樣的事情才能做。**同時，不用強迫自己在好的機會出現之前去做任何事情，這也是一個重要原則。是像天女散花一樣做很多投資，還是把所有的精力、最好的資源，集中投資於最信任的創業者？不同的人有不同的答案，但更有效的是：**我們不必做所有的事情，只需要做有意義的事情（We don't have to do anything.**

We only do things that make sense）。

第三，可以成為提供解決方案的投資機構（Solution Capital）。價值投資的外延在不斷豐富，對價值創造過程的理解還可以轉化成為企業發展提供解決方案，推動產業變革。對於週期性行業和非週期性行業中的企業，投資人都可以在行業洞察的基礎上，深入理解企業未來發展最需要甚麼：如果是資本，就提供充足的資本；如果是技術，就給予技術支持；如果是人才，就幫忙搭建團隊；如果當下還不知道企業未來需要甚麼，就以全週期的視角和創業者共同尋找答案。**解決方案的提出，不是看價值投資機構有甚麼，而是看產業變革規律以及公司創業過程中需要甚麼**，通過在管理、資源、技術和人才等方面提供解決方案，推動創業公司的能力躍升。

要堅持做提供解決方案的資本，參與到企業的長期發展過程中。**我們未必能幫助創業者走得最快，但我們希望能夠與創業者一起走得更遠**。這樣的基因決定了價值投資機構可以穿越週期、忽略「天氣」、不唯階段、不拘泥於形式，在全球、全產業、全生命週期裏創造價值，這條路可以一直走下去，效率也會更高。

在創辦高瓴伊始，我就全然沒有設想過它的未來，無論是管理規模會有多大，還是今後會走向哪裏。這些可能並不重要，也無法刻意求之。而我們能做的，就是在長期投資、價值投資的堅持中尋找內心的寧靜，在「重倉中國」的篤定中感受價值的創造，在與偉大企業家的同行中信守長期主義的哲學。

我對投資的思考

● 對於一名投資人而言，理解潛藏在巨大勢能中的關鍵行業和企業，是非常重要的能力。

● 一旦善於理解變化，投資人將極大拓展其可理解的範疇。

● 投資人一旦懶惰，一旦失去追求真理的精神和理解事物的能力，就可能失去了某種正向生長的本能。

● 有些事情不能做，從一開始就不做。有些錢不能要，如果出資人不理解我們的堅持，我們從一開始就無法與之磨合。

● 只要是為社會瘋狂創造價值的企業，它的收入、利潤早晚會兌現，社會最終會給予它長遠的獎勵。

● 真正穿越週期的投資機構，往往做到了既看到眼下，時刻做好打算，又目光長遠，不為一時一地而自亂陣腳。

● 解決方案的提出，不是看價值投資機構有甚麼，而是看產業變革規律以及公司創業過程中需要甚麼。

● 我們未必能幫助創業者走得最快，但我們希望能夠與創業者一起走得更遠。

價值投資的
哲學與修養

BE A
FRIEND
OF
TIME

價值投資方法與哲學

時間是好生意
與好創業者的朋友。

在我的書架上，有一套書最為醒目，我總會在不經意間打開翻看，那就是由本傑明・格雷厄姆（Benjamin Graham）與戴維・多德（David Dodd）在 1934 年共同寫下的《證券分析》（*Security Analysis*）[1]。這部巨著被譽為「投資者的聖經」，書中的投資思想也被稱為「價值投資的路線圖」。這部歷久彌新的經典著作最大的意義在於，它使得價值投資和基本面分析真正走入人們的視野。自此，無數投資者都在相信或質疑、親近或遠離中解構價值投資。

20 世紀 80 年代初，證券分析師們的辦公桌上往往都整齊擺放着數支鉛筆和一摞白紙，還有兩部電話機以及一些便捷查詢表，他們每天都會通過報紙、電話、廣播等工具檢索信息，拿起鉛筆飛速計算着各項資產收益率。今天，計算機、互聯網和各種數據庫正逐漸替代人工運算模式。投資工具在變，投資方法也在變，價值投資的基本理念歷經數個週期，然而，真正踐行價值投資的投資者並不多見。

價值投資需要既能從質的方面，又能從量的方面找到根據，但相反的是，許多人在遇到無法理解和無從應對的事情時，寄希望於瞬間的直覺或者玄妙的悟性。這就好比在最後的時刻又把勝負手交給了運氣，或者是執迷於零和遊戲，在市場的複雜多變中你爭我奪。

---

[1] 《證券分析》是價值投資流派的開山之作，給出了歷經時間檢驗的價值投資思想和常識。——編者註

作為價值投資的信仰者，需要認真區分「投資」與「投機」，並思考：投資究竟是購買一張證券等待合適的時機出售，還是成為這家企業的股東與其同呼吸、共命運？在我們看來，品質是投資選擇的基石，而品質通過一個問題即可辨明：時間是不是你的朋友？真正高品質的公司，無論在怎樣起伏難料的經濟週期當中，其地位都固若金湯，可以實現持續性的增長和繁榮。

投資一般可從行業、公司、管理層這三個層面來分析。看行業就要關注商業模式，這個生意的本質是甚麼、賺錢邏輯是甚麼；關注競爭格局，是寡頭壟斷還是充分競爭；關注成長空間，警惕那種已經寅吃卯糧的夕陽行業；關注進入門檻，是不是誰都可以模仿；等等。看公司就要關注業務模式、運營模式和流程機制，管理半徑有多大，規模效應如何，有沒有核心競爭力。看管理層就要關注創始人有沒有格局，執行力如何，有沒有創建高效組織的思維和能力，有沒有企業家精神。

但僅看這些似乎還不夠，因為投資人無法親歷企業成長的方方面面，更無法判斷市場的不可知因素。因此，做價值投資還要看到行業的發展、公司的演進和管理層的潛力，包括這個生意如何誕生、如何變化、如何消亡，以及這些結果背後的驅動因素，看成因和結果。因此，我們提出從人、生意、環境和組織的角度，從更多維的空間，思考創業者、商業模式和生意所處的生態環境以及企業的組織基因。在研究過程中，不僅要思考管理層的創造性、企業的商業模式演進，還要思考組織基因的表達、系統生態環境

的變化等，用第一性原理思考問題，在無常中尋找有常，在有常中等待無常，探究五步之外，投資於變化，投資於品質。

從持續 20 年的零售業研究談起

在創立高瓴以後，我們花最多時間研究的行業就是零售業。零售業與每個人的生活息息相關。從某種程度上說，零售業塑造了現在的商業社會以及現代生活。這裏，我想通過對零售業的研究來介紹高瓴的投資方法。從大的格局上來理解就是：零售即服務，內容即商品，所見即所得。

挖掘行業的生態體系

要了解一個市場，首先要了解它的「前世今生」，所以我們從發展歷史悠久的美國零售業入手。零售業本身是一個現代產業，它是伴隨着商品經濟的發展而誕生的。從歷史的角度看，現代零售的「前世」紛繁複雜，從 200 多年前出現的純粹的夫妻老婆店開始，零售業進入現代經濟體系後不斷演化，但直到現在，夫妻老婆店仍是不可或缺的商業形態。其實，夫妻老婆店有它的獨特優勢，比如它不存在公司治理的問題，資本的所有者和運營者是高度統一的，而且夫妻老婆店更有溫度，老闆、老闆娘很熟悉周邊的社

區，可以很友善地與客戶建立個人聯繫，進而形成情感綁定。但其劣勢更加明顯，比如規模比較小、產品選擇窄、供應商體系混亂、消費者體驗不一致等。

零售業第一次出現大發展的標誌是連鎖店的誕生。需要看到的是，連鎖店的誕生是有前提的，這個前提就是生態體系的創建。而其生態體系包括甚麼呢？首先是鐵路的出現。美國第一條橫貫東西的鐵路於 1869 年完工，這為現代物流體系創造了新的標準，物流的標準化、即時化進程快速發展，使一家好的工廠可以生產供全國使用的產品。從美國的發展歷程可以看到，1919 年到 1926 年，美國出現了現代零售業的大規模市場整合。「新零售」這個詞當時就已經在美國出現了，那時美國甚至已經出現了無人便利店。

連鎖店出現後，有些商家就開發出了超市業態。商品品類和數目的擴張，使消費者一站式購物成為可能。這其中又蘊含着巨大的變化，如果說鐵路使零售生態體系得到現代化發展，那麼連鎖店以及超市這種吸納大量消費者的業態就在整個零售生態體系中佔據了關鍵位置，我們稱之為「生態位置」。

當連鎖產生的時候，如果沒有好的商品，連鎖本身就不成立。這個時候，美國市場出現了兩家非常重要的消費品公司——寶潔和聯合利華。這兩家公司至今仍然是廣受信賴的消費品公司，它們的核心輸出是品牌，它們通過將產品品牌化、包裝化，使消費者對其產品有了統一的認知，即「快消品」(Fast Moving Consumer

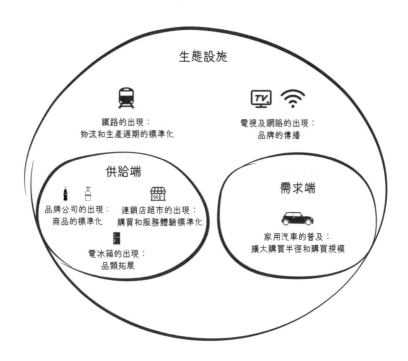

零售行業生態體系圖

Goods）。其實，1839 年就已經出現了包裝好的商品 —— 肥皂。
肥皂是生活必需品，特徵是可包裝、易存儲且不需要電冰箱來儲
存，最早的商品只能是擁有這些特徵的商品。但是直到 1930 年以
後，商品品牌才真正得到發展，其中的原因主要是電視機的出現。
電視機和有線電視網的發展讓知名消費品公司有機會迅速大規模
宣傳品牌，最早的電視節目也都是圍繞品牌來做的，「肥皂劇」最
早就因給肥皂打廣告而得名。在品類拓展中，還有一個重要突破：
電冰箱的出現。這促使包裝商品品類終於可以從肥皂這一類商品

擴張到食品品類。食品的規模比其他商品的規模大好多倍，進而使現代商品的規模也擴大了好多倍。

至此，生態體系裏已經有了鐵路、連鎖超市、知名消費品公司、電視機、電冰箱這些構成要素：鐵路把物流和生產週期標準化；連鎖超市把購買和服務體驗標準化；消費品公司把商品標準化，給消費者提供品牌的承諾和產品質量的保證；電視機把大家的認知標準化，通過電視節目使得所有品牌變得家喻戶曉，增加品牌的知名度和美譽度；再加上電冰箱的批量生產，使得產品能被更長期地儲存。在各種要素陸續出現以後，零售業的供給端完成了現代化進程。

生態體系的搭建是一個不斷完善的過程，在供給端的關鍵要素不斷出現後，有一個需求端的要素出現了，那就是家用汽車。家用汽車的普及，一下子擴大了人們的購買半徑，使得商店的地理位置不再是核心問題。伴隨着美國家庭汽車擁有量的增加，美國零售業出現了重大變革，超市的數量和銷售規模也得到非常大的增長。

尋找獨特「物種」

我們非常關注零售業中那些創新的代表，它們可以說是這個生態體系中的獨特「物種」。在家用汽車出現之前，美國擁有兩家家喻戶曉的公司：超市型零售公司凱馬特（Kmart）和高檔百貨公司梅西百貨（Macy's），這兩家公司最大的特點就是佔據了眾多城

市的核心地理位置。但家用汽車出現後，零售業不需要依附於原來的物流體系了，沃爾瑪（Walmart）逐漸成為主流。

　　沃爾瑪誕生於阿肯色州的一座小城市，它的創始人是山姆・沃爾頓（Sam Walton）。由於當時最好的商業地理位置都是別人的，山姆・沃爾頓像學過「農村包圍城市」的思想一樣，堅持深耕農村，經營「革命根據地」，先在一個個「老少邊窮」地區開店經營，之後才去開拓新的區域，而非一開始就在全美開店。這可以說是「持久戰」，通過長期的經營，做長期的事業。從數據來看，1980 年沃爾瑪只有 276 家店，而 1981 年凱馬特已有 2,000 家店；2020 年，沃爾瑪在全球範圍已擁有接近一萬家店，而凱馬特只有600 多家店，中間還破產過兩次。這裏需要思考，為甚麼佔據核心地理位置的凱馬特會敗下陣來？尋找答案的關鍵還是看誰能為消費者創造更多價值。沃爾瑪是美國最早運用高科技，將計算機、數據引用到零售業的公司之一，早在 1987 年沃爾瑪就做了全美最大的私人衛星通訊系統（即商務情報系統，簡稱 BI）。[①] 這個商務情報系統能夠使沃爾瑪每家店的理論成本比周邊競爭對手的都要低。店長沒有漲價權，只有降價權。提供同質且價低的商品，就是以消費者為中心。而且，沃爾瑪和凱馬特還有一個重大不同：凱馬特會搞活動式促銷，消費者在促銷時大量購物，在非促銷時延遲購物，這導致供應鏈扭曲，庫存奇高，供應商苦不堪言；而沃爾瑪

---

① 沃爾瑪的私人衛星通訊系統幫助它建立了規模極大的數據庫，其規模甚至超過了美國電話電報公司；同時，這種通訊系統使信息在公司內部及時、快速、通暢地流動，從而形成了極為敏捷的商務情報系統。——編者註

堅持每日低價（Everyday Low Price，簡稱 EDLP），消費者不需要精打細算等促銷，這是最簡單也是最符合人性的。

之後，零售業又出現了新的創新。一是倉儲式購物公司好市多（Costco）橫空出世。我在 20 年前就已經開始研究好市多了，它的董事長告訴我說，沃爾瑪有 14 萬個庫存保有單位[①]，有幾乎最全的商品、最多的選擇、最低的價格、最高的人流量，那該如何與沃爾瑪競爭呢？第一，好市多的目標是讓自己最想要的客戶進來，讓這些人產生最多的消費。於是，它將會員費設定為 65 美元，把真正來買東西的人吸納進來。這在當時很創新，很多人甚至都認為這是騙子公司。第二，簡化供應鏈，只做 3,000 個庫存保有單位，精選品類。這樣一來，單品的採購規模大幅增加，比沃爾瑪的還要大，這就使其商品單價比沃爾瑪的還便宜。第三，好市多以極低的價格將商品買進來，然後按成本價賣給消費者，不再考慮定價的問題，公司營收主要來源於會員費。但有意思的是，對於有些成本價很低的商品，消費者不相信價格會那麼便宜，或者說不相信那麼便宜的商品是好的商品，於是好市多又把價格定得高於成本但略低於競爭對手的價格。這樣，它的營收就不僅僅來源於會員費，還包括零售價差。

還有一個創新物種是德國的奧樂齊（ALDI）公司。為了拜訪它的創始人，我們先後去了德國四次，其中一次蹲守了兩個星期，

---

① 庫存保有單位（Stock Keeping Unit，簡稱 SKU）是對每個產品及服務的唯一標示符，同一產品有多種顏色，也會被視為多個 SKU。——編者註

最終獲得了和創始人面談取經的機會。奧樂齊最大的特點就是幾乎所有的商品都沒有品牌，他們認為品牌會產生廣告費，這些都會轉嫁到消費者身上。它的 90% 以上的商品都是自有商品，庫存保有單位更少，最初只有 300 多，發展到現在也就 800 多。更厲害的是，它的組織是完全去中心化的，所有的店長既是資本方，也是運營者。店長自己決定店裏該賣甚麼，總部只是提供採購清單。這真正是「讓聽到炮聲的人決定仗怎麼打」，把現代化的供應鏈流程和原始的夫妻老婆店的精髓結合了起來。

我們還去美國研究過以自有食品品牌聞名的喬氏連鎖超市（Trader Joe's），去土耳其研究過連鎖超市 BIM，去波蘭研究過當地的零售業態，力求從每一個商業物種及其所在環境中挖掘出某些圓融自洽的邏輯。當我們看完美國和歐洲國家的零售店以後，再看日本的零售業態，發現它形成了另外一種生態環境，這是和日本的社會發展相互匹配的。

在 1975 年前後，日本有近 80% 的人都是中產階級。整個社會大量生產、大量消費，需求同質化、消費同質化和生活同質化是當時日本社會的基本寫照。當時日本的零售業態是百貨、連鎖超市和折扣店。到了 20 世紀 80 年代中後期，日本陷入經濟低迷，日本企業開始反思並衍生出精細運營、柔性製造[①] 的模式，日本的消

---

① 柔性製造的模式是指以消費者為導向、以需定產的生產模式，與傳統的大規模量產的生產模式相對立。「柔性」可以表述為兩個方面：一是指生產能力的柔性反應能力，即機器設備的小批量生產能力；二是指供應鏈敏捷而精準的反應能力。——編者註

費者也產生了分層，變得標籤化，精神文化消費佔比逐漸升高，零
售業態主要是大型綜合超市、精選品類店以及追求極致低價和性
價比的百元店。到了 20 世紀 90 年代，日本經濟緩慢復甦，但人口
已經出現減少趨勢，呈現老齡化和獨身主義傾向，整個社會處於低
慾望的狀態。人們的消費特徵演變為不過分關注品牌，而是注重
產品品質、服務內容和情感寄託。在這樣的社會環境下，便利化
的連鎖藥店、便利店業態開始大量出現，店裏不只有藥品、化妝
品、雜貨和包裝食品，還有大量生鮮、鮮食。從實際盈利重點來
看，便利店在本質上是快餐店。我們圍繞這些業態對方便性做了
大量的分析，包括覆蓋區域、單店流量、客單價、品類分佈等，研
究目的就是去探究方便性如何轉化為更好的顧客服務。

以終為始，是研究的不變法則

零售是和人聯繫非常緊密的生意，它突出解決的是「安全感」
「便利性」「幸福感」的問題。比如企業通過品牌宣傳、品類擴張、
降價打折，來滿足消費者的剛性需求，使之具有安全感；再通過建
立連鎖店、拓展品類選擇、提供鮮食以及外賣服務等，來為消費
者提供便利性，使其需求能夠迅速得到滿足；到後來，零售企業開
始向全產業鏈轉型，核心是解決消費者的多樣化需求，提升綜合滿
意度。

正是基於對零售業 10 多年不間斷的研究儲備，當一個新商業
物種出現時，我們才能夠快速理解它需要怎樣的養分、怎樣的生

長環境。這讓我們在面對京東、百麗國際等投資機會時，敢於出重拳、下重注。

儘管已經做了如此多的研究，但我們對零售業還需要做更長時間跨度的研究，因為社會形態、文化偏好、人口結構、消費者審美能力等商業環境的組成要素都在快速變化，過去 20 年的研究仍然無法涵蓋人類社會的大發展週期，更無法用以預測未來會有怎樣的商業模式創新、物種創新。在此基礎上，我們仍然需要探究支撐這個商業模式的組織基因，即創業者是怎樣把他的個性、才華和夢想注入這個組織的，以及這個組織會呈現怎樣的生長姿態等問題。以終為始，是研究的不變法則。

研究驅動

價值投資最重要的標誌就是研究驅動。對於一家專注於研究行業、研究基本面的投資公司，核心能力就是對商業本質的敏銳洞察。在高瓴剛創辦的時候，我們就要求每一位研究人員都應該盡力成為一些行業的專家，而且是獨立的專家，把行業的來龍去脈看清楚。因為最好的分析方法未必是使用估值理論、資產定價模型、投資組合策略，而是堅持第一性原理，即追本溯源，這個「源」包括基本的公理、處世的哲學、人類的本性、萬物的規律。

深入研究 = 研究深 + 研究透

我們所堅持的投資研究，始終強調基於對人、生意、環境和組織的深度理解，通過深入研究，在變化的環境和週期中，挖掘最好的商業模式，尋求與這個商業模式最契合的創業者，從而確定投資標的。實踐證明，思考商業問題，要用充足的時間研究過去，更要用充足的時間思考當下和判斷未來。堅持這一點的理由很簡單：如果沒有對一個行業研究深、研究透，那為甚麼要投資這個行業中的公司？

研究深是指做的研究必須基礎和根本。第一，我們非常喜歡和創業者打交道，而且是在他們經歷劇烈變化的那段時間打交道，這樣我們就有機會參與到偉大企業的成長過程中。我們通過與創業者交流，對消費者訪談，謀求資深從業者的見識、判斷等，積累一手行業數據，了解關於行業或生態的歷史演繹、橫截面數據或者價值鏈，對生意所處的環境形成獨特的認知和超預期的判斷，具備真正理解因果關係的能力。**第二，我們非常喜歡研究全球的商業進化史，通過在世界各地尋找先進的商業軌跡，對全球不同地區、不同產業生態的「物種演化」收集加工。**分析的角度可能是行業的上下游，可能是不同的產品形態和定位，可能是某種資源或能力的稀缺性，也可能是影響這個生意的其他環境和基礎設施，甚至可能是創業團隊的獨特稟賦，核心目的是用全球的樣本把產業演變的邏輯進行沙盤模擬，把歷史性和前瞻性貫穿起來，形成一個跨地區、跨週期的分析結果。

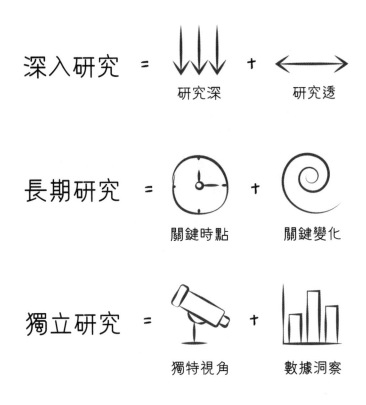

深入研究 = 研究深 + 研究透

長期研究 = 關鍵時點 + 關鍵變化

獨立研究 = 獨特視角 + 數據洞察

研究驅動的三種形式

　　就像愛因斯坦在物理世界中，用簡潔的公式描述世界的本質一樣，我們希望能夠遵從第一性原理，在商業世界中找到某種簡單的公式，儘管商業世界難以像物理世界那樣抽象或簡化，但投資研究就是這樣一種挖掘關鍵痕跡的過程。更重要的是，簡化到公式絕非商業研究的終點，真正的終點應該是探究這個公式的產生背景，挖掘更重要的參數，發現更深層次的運行機制，尋找不同事情之間究竟是並列的加法關係，還是翻倍的乘法關係，或者是改變量

級的指數關係。研究深的目的是聚焦，是盯住微觀商業史的起承轉合，用東方的歸納思維做簡化，發現真正有價值的行業和商業模式，是看成敗。

研究透是指做的研究必須全面透徹，經得起時間的考驗。在研究過程中，很重要的一個方法是逆向思維，即反過來想。很重要的一點就是質疑「假設」，如果現有產業所處的生態變了，企業盈利的方式變了，企業組織的流程變了，這個企業會不會出現大的風險？如果現有資本市場的玩法變了，整體市場環境或傳統的規則變了，這個模式還能不能走下去？如果沒有了資本市場，無法退出，還投不投這個企業？如果整套邏輯的前提假設變了，哪些結論會不復存在？提出這些問題，歸根到底是在提醒自己，研究必須把所有重要的前提和假設想清楚。如果能夠把一個生意的成住壞空、榮辱興衰都看清楚，投資人就能夠從全局來把握情況，看清企業創造價值的全過程和伴隨的風險點。就像查理・芒格所說：「要是知道我會死在哪裏就好啦，我將永遠不去那個地方。」誰能掌握更全面的信息，誰的研究更透徹，誰就能為風險定價。研究透的目的是檢驗所有的商業過程是否能夠自洽，能否在事實上、實際操作中都成立，這是在用中國的老莊思維做全面演繹，是看生死。

只有研究深、研究透，才能夠更加輕鬆地形成決策。某種程度上說，研究深和研究透是一種平衡，前者強調因果邏輯的深度，後者強調窮盡各種維度的可能；前者關注收益，後者考察風險，兼

具東西方兩種思維模式，把西方推崇的形式邏輯和實證精神與東方推崇的歸納演繹和折中調和共同應用於商業分析。在任何時候，對商業世界的研究都是艱難的，它是一個不折不扣的生態系統，很難將其他參數或屬性隔離，或者說系統本身就有很強的代償性，但投資人依然可以選擇一些方法，盡可能地控制關鍵變量，抽絲剝繭地去探究原理。**更多地研究是為了更少地決策，更久地研究是為了更準地決策**，只有在更少、更重要的變量分析上持續做到最好，才是提高投資確定性的最樸素的方法。這種「邏輯上的升維」和「決策上的降維」是很好的投資路徑。因此，深入研究的起點就是形成投資決策的起點，只要「大膽假設、小心求證」，抓住「可理解、可預期、可展望」的有限關鍵變量，就能夠果斷做出投資決策。研究是做價值投資的基礎能力。

通過「尋找變化、質疑假設、執行推演、檢驗結果」這一過程，深入研究能夠讓投資人對產業鏈供給端和需求端形成精確的判斷。舉一個需求端的例子。《資本論》中有過這樣一段表述：「物的名稱對於物的本性來說完全是外在的。即使我知道一個人的名字叫雅各，我對他還是一點不了解。」[1] 比如，在白酒這個傳統行業，茅台和二鍋頭都是白酒，但這兩者的相關生意的性質可能完全不同，驅動因素也差異很大。而啤酒、葡萄酒等酒類，雖然都是酒，但這兩類產品的消費場景、消費頻次完全不同。所以在研究以後，投資人才能知道消費者購買不同酒類或不同白酒的真實意圖，即分

---

[1] 引自《資本論》第一卷中的第一篇第三章「資本與商品流通」，表示同一名稱或者符號所代表的含義可能是多樣的、多層次的。──編者註

別實現了怎樣的深層次需求。

再舉一個供給端的例子——寵物市場。研究發現，人口結構、家庭結構的改變會分別催生許多新的行業機會。而如果把這些變化放在一起考慮，諸如少子化、老齡化、家庭平均人數減少、單身人口比例增加以及上述因素導致的其他變化，這些都會不約而同地指向一個新的行業機會，即寵物市場。無論是人們的情感需求還是生活方式，都會帶來寵物需求的快速增長。日本市場提供了很好的佐證，隨着丁克家庭佔比的擴大，寵物成為家庭成員的現象越來越普遍。由於國內寵物行業尚處於起步階段，寵物食品、寵物醫療、寵物服務等領域都相對空白，在這樣一個短暫時期中，供給結構可以決定消費結構。因此，在這種情況下，研究的結果就可以通過在產業端的投資來實現。我們曾投資了寵物醫院、寵物食品等多家公司。有一家很小的寵物食品創業公司很有創新精神，它受中藥產品的啟發，把中藥理念引入寵物食品，首創了治療寵物狗腹瀉的藥，憑藉與專賣店、診所等渠道的良好關係，取得了不錯的市場份額，逐漸成長為國內寵物食品行業最大的本土品牌公司之一，能夠跟瑪氏、雀巢等跨國公司展開競爭。

長期研究＝關鍵時點＋關鍵變化

很大程度上來說，思考商業問題，要用大量的時間研究過去，更要用充足的時間思考當下和判斷未來。儘管研究方法和研究週

期見仁見智，有些研究者通過回顧短期內的現象總結規律，有些研究者通過推演不同情況的概率預測未來，但如果盡可能地把研究週期拉長，尋找歷史時空中生意、生態的要素演變，就能看到未來5 年、10 年甚至 20 年的發展趨勢，判斷企業在未來的環境中會以怎樣的表達方式，實現爆發式的增長。

在投資決策面前，許多投資機會的時間窗口是稍縱即逝的，最重要的是對關鍵時點和關鍵變化的把握。只有長期、動態地跟蹤變化，投資人才能夠對變化產生超出一般意義的理解，從而擁有與市場不同的觀點，而且是基於非常長期的視角的不同觀點。

甚麼是關鍵時點？就是在大家都看不懂的時候，少數創業者能夠在這個時點敏銳察覺產業的變化，為消費者和整個價值鏈輸入新的模式和價值。甚麼是關鍵變化呢？就是環境的結構性變化，包括產業的生態位置調整、基礎設施完善、需求的升級或轉移等。許多人說，一個好的生意是建立在稀缺資源之上的，但其實變化和創新可以使原本稀缺的東西不再稀缺，並且這種打破稀缺的狀態有且只有一個時間窗口，我稱之為「機會窗口」，這是企業的快速成長期，甚至是爆發期。而在這個機會窗口之前，還有一個窗口叫「傻瓜窗口」，就是在一段時間裏，投資人都覺得你的商業模式非常不靠譜、非常傻。在許多人看不起、看不懂、覺得不靠譜的這段時間裏，企業將有機會積累用戶、試錯產品，並且創造出一定的商業壁壘，接下來就是拐點和陡變。

不僅如此，堅持跨時間、跨地區、跨行業、跨類別、跨線上

線下等多維度的行業研究，投資人可以同時關注到創新企業和傳統企業，探索交叉領域的思維奇點，提前預知微妙的變化。這樣的感知變化的能力，能夠在很大程度上轉化為深刻理解行業長期發展規律的本能，形成一種穿越迷霧看清本質的洞察力，從而把決策過程中的不解和不安轉化為豁然開朗和內心寧靜。

通過長期研究作出的投資決策，不僅僅能為創業者提供更多資本，關鍵是給了創業者更多耐心，讓他們可以不用在意一時成敗。這個時候，企業短期是否盈利並不重要，創業者不需要過分關注盈利的實現時間和表現形式，不需要亂學亂做、盲目嘗試，而是要回歸到自己做這個生意的初心，思考這個生意是不是在解決消費者的核心訴求。

高瓴投資藍月亮，正是基於長期研究所帶來的對趨勢變化的把握。2008 年以後，中國出現了消費升級這個大趨勢，當時很多基礎消費品品類都被跨國公司佔領。其中，寶潔、聯合利華佔領了家用洗衣粉市場，但它們滿足於洗衣粉市場的超大份額，一方面不再將開創性的新品研發作為公司的核心工作，研發投入佔比持續降低，而是將研發的重點轉移到了改進現有產品上面，不再作為遊戲規則的改變者開發新品，因此忽略了消費升級的機會；另一方面對中國的中產階級以及高端消費市場的規格產生了錯判，沒有去關注高端洗衣液品類。但我們長期研究的結果是，中國消費者迫切需要創新性的高端細分市場，於是我們鼓勵以洗手液為主營產品的藍月亮抓住這個機遇。在我們投資後的頭兩年，為完成

轉型，藍月亮由一家賺錢的洗手液公司變成了策略性虧損的洗衣液公司，但到了 2014 年，藍月亮的銷售額開始大幅增長，在洗衣液行業的銷售額比寶潔、聯合利華銷售額之和還要多。可以説，藍月亮是新興市場中本土品牌戰勝跨國公司品牌的經典案例。值得一提的是，藍月亮洗衣液的價格相對其他跨國公司品牌還能保持溢價，這也是非常罕見的。

獨立研究 = 獨特視角 + 數據洞察

獨立研究也非常關鍵，往往通過特立獨行的研究和判斷，投資人才能夠在一些不被看好的事情上下重注，從而取得超額回報。在中國互聯網的早期發展階段，很多西方投資人因為不理解或者不看好，認為在中國投資互聯網公司是一件很危險的事情。有的外資機構把阿里巴巴的持股通通賣掉，也有機構覺得騰訊的生意模式沒甚麼發展前途。這個時候，能夠擁有獨立於其他投資機構的觀點，看到不一樣的東西，就意味着可以發現很大的投資機會。獨立研究意味着從頭開始看、開始想。經過大量研究，我們發現對於一些行業或者商業模式，中國市場有着其他國家市場的典型特徵，可以借鑒或者對比。但中國市場也有着非常多的特殊性，並且，在許多行業或生意中的成長態勢是超前的。許多創新企業的價值創造機制和盈利方式，是傳統思維和方法無法評判的。

中國早期的互聯網公司，無論是做電子商務還是做社交平台，

它們創造的價值不能簡單地通過收入、盈利和利潤率這些指標來衡量。阿里巴巴的商業模式在於把消費者和商家更好地連接起來，「讓天下沒有難做的生意」，騰訊具有遍及中國的最廣泛的社交網絡，這些價值都是基礎性的、長期性的，滿足了人們的基本需求。比如說騰訊，當時我們認為，按照價值投資的思想，騰訊具有的特許經營權價值遠遠超過其財務報表中通過賬面反映出的部分。看企業不能看表面形式，而要看業務本身能否為社會解決問題和創造價值。

再以電商研究舉例，在中國出現互聯網、出現電商的時候，還沒有一家物流企業能夠解決「最後一公里」的問題，這和美國完全不同。在當時看來，京東恰似當年的亞馬遜，而傑夫‧貝佐斯的遺憾正是亞馬遜成立時美國已經有了 UPS 這類物流巨頭，因此他喪失了做供應鏈整合的機會。而京東不存在這樣的對手，所以面臨更好的歷史機遇。本質上說，零售業的核心是連接商品和消費者，因此在傳統的零售業中，線下渠道是完成連接的關鍵。電商則利用互聯網的方式，把線下渠道這個核心要素的重要性降低甚至取代了，人們購買商品不再需要來到商圈、走進商店、發現品類、找到貨架、諮詢商品，只需要在線上發現合適的商品，然後在家裏等着商品「飛過來」。電商連接商品和消費者的關鍵要素之一就是高效的物流體系，讓商品「更快地飛過來」。因此，對於京東來說，物流體系端就是重資產，如果不「燒」足夠的錢把物流和供應鏈系統打造出來，是創造不出核心競爭力的。

許多公司都在持續不斷地創造價值，但並非所有被創造出的價值都已經被投資人發現並認可。獨立研究能夠重構一個條理分明的世界，讓投資人在清晰的經度（比如產業上下游）和緯度（比如不同產業的交叉融合）中獲得不一樣的視角，比如，投資人通過與餐飲零售企業的交流，與生鮮電商企業的交流，與外賣送餐企業的交流，可以形成對食材溯源、供應鏈管理、門店運營等全產業鏈的認知，在此基礎上，就能夠看到行業真正的痛點。饒有意思的是，我們的分析員在內部討論時，總能提出別人沒有想過、沒有研究過的新觀點，正是這樣的新觀點為我們提供了驗證或者發現機會的視角。**獨立研究的最大價值是讓投資人敢於面對質疑，堅信自己的判斷，敢於投重注、下重倉。**這種研究精神和思維模式，會形成一種正向循環，讓投資人的每一次投資決策都扎實有力，並不斷獲得新的投資機會。

獨立研究更加強調判斷和結論不能建立在感性、個人直覺抑或概率基礎上，而是要建立在理性、系統的分析和客觀檢驗的基礎上。在研究過程中，投資人需要分析拆解公司的財務報表、訪談管理層和公司員工、閱讀大量的專業書籍和行業報告，但這遠遠不夠，還要繼續往深處想，找到數據背後的底層因子，並且這些因子應該是科學的、有意義的、邏輯上嚴格自洽的。

當然，理性、客觀的分析不等同於完全信任數據，要透過數據理解其背後真實的原因，不僅要看「數」，還要看「路」。投資人要對投資機會有基本的定性把握，認識到並彌補純粹的統計數據

的缺陷。價值投資非常強調對原始數據的挖掘和積累，這一點就說明不能迷信所有數據。對於數據，我有這樣幾個理解：第一，數據不等同於真相，真相往往比數據更加複雜，研究人員需要看到的是具象化的真相，而不是抽象的數據；第二，數據本身沒有觀點，研究人員不能預設觀點、只喜歡那些能夠支持自己觀點的數據；第三，數據不一定永遠有用，不同情況下，一些曾經有用的數據可能不再有用，需要找到新的指標。很多人迷戀數據是因為數據可以作為擋箭牌，抵擋因為懶惰而帶來的錯誤，從而把責任怪罪到數據上。正確的理解是，**精確的數據無法代替大方向上的判斷，戰術上的勤奮不能彌補戰略上的懶惰。**

因此，投資人不應以找到數據呈現的規律作為終點，而是要把數據反映的規律作為研究分析的起點，拷問自己對數據背後真相的理解，始終享受在對細節的抽絲剝繭中發現真理的樂趣。

儘管研究難易程度、所花時間與投資收益並不明顯成正比，但堅持研究驅動的理由在於，要努力找到研究方法，研究最經典的少數公司，通過觸類旁通實現盡可能多的所得，同時要保持研究的強度，使研究成為肌肉記憶。對研究過程的態度應是帶着一種「朝聖感」，潛心學習商業史，學習一家企業是如何崛起或隕落的，理解成功的要素或失敗的前提。即使沒有當即對投資展現出作用，看似是「無用功」，這樣的研究所帶來的成果也一定會在不經意間兌現。堅持投資研究的本質就是無限接近真理。

理解時間的價值

對於投資人而言，研究驅動是決定投資成敗的基本功，而如何理解時間的價值往往是決定投資格局的關鍵。每個人對時間都有不同的理解，科學家、歷史學家、藝術家的時間概念或許和投資人的不同，從更加深層的意義來說，植物、山河、星辰的時間概念和人類的也不同。對於一株古樹來說，它所理解的時間概念源於太陽、泥土、雨露，是幾十年、上百年的作用和影響；而人類看到的時間是一日一夜、一月一年。人們習慣用自己的壽命去理

正確理解時間的跨度

時間創造複利的價值

把時間作為選擇

時間是最好的復盤

理解時間的價值

解時間的長度，但對於商業投資而言，一定要找到符合生意屬性和價值創造的時間概念。

　　高瓴在價值投資的旅途中，不斷尋找自己的能力邊界，無論是做投資，還是與企業家打交道，我們發現正確理解時間的價值愈發重要，價值投資的一招一式都在於如何理解時間。2010 年在做投資復盤時，我們提出了「做時間的朋友」這一原則，希望以「時間是我們的朋友，而不是我們的敵人」作為投資分析的基礎性思維和重要的決策標準。投資之前，是否把時間蘊含的歷史信息和新增信息都研究透了？這筆投資能否隨着時間的推演而變得更加珍貴？投資決策能否經得起時間的檢驗？企業的商業模式能否隨着時間的延伸而不斷積累新的核心競爭力？時間是否花在了長期積累價值的事情上？理解時間的價值，對於我們來説，就是解構長期主義；對於我們所投資的創業家、企業家來説，就是在時間的變化中持續不斷地瘋狂創造價值。

正確理解時間的跨度

　　對時間的理解，第一個角度在於正確理解時間的跨度。研究人類史，要用上萬年的尺度；研究文明史，至少要看上下五千年；研究商業史，至少要看上百年；研究一個行業一家公司，起碼要看幾十年。研究不同的公司，要看不同的時間跨度。要根據事物的本質，去窺測更久遠的歷史和未來，找到屬於它的時間範疇。

任何創業浪潮和商業模式都不是靜止的，投資人要把時間作為研究的重要坐標，理解歷史淵源和閃爍在其中的時間窗口，把不同時間的環境因素還原到生意的本質當中。有的時候，研究判斷的過程很好，但結果不盡如人意，這其實需要在更長的時間和更大的環境生態中判定結果。當別人都限於對季報、年報的猜想時，你比別人看得更長遠，這就決定了你和他人的不同。寓沉雄於靜穆，藏鋒芒於深思。在我看來，長期主義不是結果，而是所相信的理念能夠穿越時間，不會被過濾或淘汰。人們更習慣於關注當下。然而，**真正有效的研究往往是長期的，需要時間的沉澱。**這就好比看歷史既要尊重當時人們的意見，也要尊重歷史評價一樣，要把生意和當時的時空環境結合在一起考慮。歷史不會重演，但總會驚人地押着相同的韻腳。長期研究和長期投資極大地拓展了投資的範圍和機會，這構成了對時間理解的第一個角度。

時間創造複利的價值

對時間的理解，第二個角度在於相信複利的價值。時間是好**生意與好創業者的朋友**，有些好的企業，其競爭優勢在今天還無法體現，在明天可能會稍露端倪，在更長期才會完全顯現，並且會隨着時間的推演呈現更高量級的提升，貫穿或者超過投資人的投資生涯；有些好的生意，其護城河需要臥薪嘗膽地積累沉澱，過程中需要大量投入，才能夠真正發揮優勢。**每一個投資人都要搞清楚**的是，能隨着時間的流逝加深護城河的，才是「資產」，時間越久

對生意越不利的，則是「費用」。許多秘密藏在時間裏，時間會孕育一切。

儘管在資本市場中波動是常態，但如果建立在深刻的邏輯基礎上，客觀的規律和事實的演進都會隨着時間呈現清晰的因果關係。因此，短期波動無法影響最終的收益。其實，市場低潮期正是投資人直面內心的最好時候，讓你真正去考慮誰是最好的創業者和企業家，甚麼樣的企業能夠持續放大優勢。同時，外部環境不佳的時候，往往也是真正擁有抵禦風險的能力和核心競爭力的企業脫穎而出的時候。

傑夫・貝佐斯問華倫・巴菲特：「既然賺錢真像你説的那麼簡單，長期價值投資永遠排在第一位，那麼請問為甚麼有那麼多人賺不到錢？」巴菲特回答：「因為人們不願意慢慢賺錢。」許多人想賺取快錢，希望能夠快進快出，但這種打法恰恰忽視了複利的價值。當一家一流的企業源源不斷地創造價值，並被投資人選中時，複利就是時間贈予這筆投資最好的禮物。

在複利的數學公式中，本金和收益率還只是乘數，而時間是指數。這意味着，伴隨着時間的拉長，複利效應會越發明顯。一旦認識到時間的價值，就不會在意一時的成敗，因為時間創造的複利價值，不但能讓你積累財富，還能讓你在實現價值的過程中獲取內心的寧靜。

需要補充的是，時間創造複利的價值並不意味着一定要長期

持有，長期持有是有前提的，即好的企業能夠隨着時間不斷創造新的價值。所以，我們希望更多的投資能夠成為時間的朋友，並希望長期持有它們。

把時間作為選擇

對時間的理解，第三個角度是把時間作為選擇。很多時候，成功不在於你做了甚麼，而在於你沒有做甚麼。**把時間分配給能夠帶來價值的事情，複利才會發生作用。**投資中最貴的不是錢，而是時間。做投資非常重要的是時間管理，把時間投入到怎樣的問題上和怎樣的人身上，是決定投資能否成功的基礎性因素。要研究大的問題，追求大問題的模糊正確遠比追求小問題的完美精確要重要得多。選擇與價值觀正確的長期主義者同行，往往能讓你躲避許多重大風險，並獲得超預期的回報。人類天生會選擇阻力最小的路，大腦結構天然讓人們誤以為最容易夠到的果實是最好的。在投資中，我們對一些有標誌性意義的企業，會花足夠多的時間跟蹤研判，就像看一場真人秀一樣，看它的成長變化、戰略調整，獲得最及時的樣本數據。也正是因為這樣的跟蹤研判，我們與這些好的企業很早就結緣，在它們苦心修煉的時候就選擇相信它們，從而與之成為非常長期的、重要的合作夥伴。

實踐告訴我們，真正懂一個行業，弄清楚一家公司，通常需要很多年。用這種方法做投資的好處在於，知識會不斷積累，學到的

111

東西通常不會丟掉，新學的東西會在過去所學基礎上產生積累和
超越，知識會出現複合式的增長。所以，用這種方式做投資，時間
越長，結果會越好。知識和能力的積累，如果以複合式增長且速度
較快，會促成投資複利增長的加速。同樣，如果稍有不慎，一項嚴
重的錯誤也會把所有的積累都化為烏有，這也是時間的殘酷性。
正是基於這些認識，我們才堅持慢慢來，不去在意一時的快意恩
仇，避開賬面的、短暫的浮動價值，而是慎重選擇並盡力追求可積
累、可展望的勝利成果。

時間是最好的復盤

對時間的第四個理解角度在於，時間是檢驗投資決策正確與
否的重要標準。我們對待研究的態度是敬畏而謙虛的，既花了很
多時間在探索，又花了很多時間在復盤，提高對事物認知的深度和
邊界，努力知道自己有多無知，而不是展示自己有多聰明；既相信
自己的研究能力，同時又對所有的結果保持高度的警覺，不自覺地
去檢驗前次判斷是否正確，一旦發現判斷錯了，就立即修正自己的
理解和預期。所謂「一顆紅心、兩手準備」，就像蕭洛霍夫在《靜
靜的頓河》中寫到的：「我們只有一條戰術，就是在草原上流竄，
不過要常常回頭看看。」

如果在投資企業 5 年、10 年之後尚不退出，看起來似乎是
「長期投資」，但如果不去復盤和迭代，「長期投資」就成了思維和

行動懶惰的藉口，就變得毫無意義。通過不斷復盤，不斷檢驗時間帶來的結果，投資人才能在高速動態變化中，實時地判斷這家公司或者創業者還是不是時間的朋友。時間能夠檢驗出好的商業模式，是因為時間能夠在不同的週期中，識別出具有結構性競爭優勢的好企業，這些企業擁有持續的、長期的、動態的壁壘；時間也能夠檢驗出好的創業者和團隊，這些創業者和團隊能夠在不同的情境和不同的階段展現出自我迭代、自我再生的能力，釋放出真正的企業家精神。

當然，這並不意味着投資人總是要用「後視鏡」來審視可能的情況，而是應該在決策時就儘量站在更多的位置和角度，來全面推演所有重要的情形。在自由的市場經濟裏，企業可能面對各個維度、各個層面的威脅和挑戰，並且這些挑戰往往無影無形。對於沒有保護壁壘的公司，競爭對手會最終侵蝕掉其所賺取的超額利潤。因此，運用更多的視角來觀察，就會發現資本、技術或其他無形資產都不是阻擋新進入者或者對抗競爭對手的有效屏障，必須不斷保持創新。**時間是創新者的朋友，是守成者的敵人。**

在投資中，有些投資人只在很少的項目上賠過錢，最可能的原因就是研究了不以人的意志為轉移的客觀規律，不基於一時的話題炒作、不陷於市場的情緒變化，同時又不受制於思維的僵化保守，所有的投資決策都經得起時間的考驗。因此，這樣的投資也不會在市場陷入低谷時說崩潰就崩潰。**對於投資人而言，底層思維中必須包含經過時間檢驗的價值觀。**

投資是一項激動人心的事業，但投資人絕不能每時每刻都處於激動之中。但凡出色的投資人，都擁有一個難得的品質，即非凡的耐心。做時間的朋友，就是意識到好的投資必須找到獨特的時間概念，在時間中孕育，又要經得起時間的考驗，投資人要相信時間能夠「去偽存真」，給投資活動賦予長期主義的深層含義，並且努力使之成為一種持久的職業信仰。

世界上只有一條護城河

在研究驅動和理解時間價值的基礎上，尋找具體的好生意、好企業是投資人必須完成的功課。那怎樣的生意和企業是好的生意和企業呢？巴菲特認為其中的關鍵是尋找護城河。我們在實踐中也有一些思考。

巴菲特曾經有過這樣一段表述：「就互聯網的情況而言，改變是社會的朋友。但一般來說，不改變才是投資人的朋友。雖然互聯網將會改變許多東西，但它不會改變人們喜歡的口香糖牌子，查理・芒格和我喜歡像口香糖這樣穩定的企業，努力把生活中更多不可預料的事情留給其他人。」

毋庸置疑，這段講述是巴菲特投資理念的重要體現，他喜歡有護城河的生意。比如，在 20 世紀 50 年代的美國，品牌是最大化也是最快發揮效用的護城河，因為品牌具有降低消費者的搜索成

本、提高退出成本等效用。直到很多年後，人們依然對品牌有着統一的認知和偏愛，品牌形象及其代表的產品質量、企業文化等要素成為影響人們購買決策的關鍵。如果可以把時間維度無限拉長，把時間的顆粒度無限縮小，或許還能看到一些新的東西。

沒有靜態的護城河

隨着互聯網技術對傳統行業的改變，從獲取信息、引發消費訴求，到形成購買決策和完成交易，當下和過去完全不同。特別是隨着電商的興起和消費者的代際變遷，許多新變化、新玩法出現了。一方面，隨着產業鏈的不斷完善，品牌的產生越來越快，試錯和創新成本越來越低，越來越多的新奇品牌相繼產生；另一方面，消費者從未像現在這樣擁有如此多的選擇，消費者不再統一認同大眾化的品牌，而是通過看點評或是社羣推薦、KOL 或 KOC[①] 試用，選擇真正符合自己「調性」或需求的產品，有些甚至完全是為了標新立異。消費者的搜索過程不再需要花費大量的時間成本，反而充滿了樂趣。同時，由於互聯網對品牌的衝擊，有人說在網上通過意見領袖創造價值效率更高，有人說對終端渠道特別是對稀缺渠道的把握變得更加重要，還有人說沒有哪個品牌能真正擁有

①　KOL（Key Opinion Leader）意為關鍵意見領袖，一般指某些行業或者領域內的權威人士；KOC（Key Opinion Consumer），意為關鍵意見消費者，一般指能影響朋友、粉絲，使其產生消費行為的消費者。相比於 KOL，KOC 的粉絲更少，影響力更小，但在垂直用戶人羣中擁有較大的決策影響力，能帶動其他潛在消費者的購買行為，有效實現高轉化率。——編者註

消費者，這些品牌不過是為下一個品牌暫時保管消費者的熱情而已……諸如此類的變化還有很多。所以，品牌無法成為永遠的護城河，甚至有一些老的品牌會成為掣肘和包袱。

哈佛大學管理學教授克萊頓‧克里斯坦森（Clayton Christensen）在其「創新三部曲」[①]中對創新作出了新的系統性詮釋。與許多人認為的不同，他所強調的創新，其關鍵不在於技術進步，更不在於科學發現，而在於對市場變遷的主動響應。創新者的窘境在於管理者犯了南轅北轍或者故步自封的錯誤，市場的變化導致其原有的護城河失去價值。

在創新層出不窮的時代，人們需要重新審視傳統的護城河是否還能發揮作用。在傳統視角下，護城河的來源包括無形資產（品牌、專利或特許經營資質）、成本優勢、轉換成本、網絡效應和有效規模，所有這些要素都在幫助企業獲得壟斷地位，從而獲得經濟利潤。因為壟斷意味着企業掌握了定價權，這樣企業就可以在一段時間內非常優越地面對競爭。人們總是習慣性地認為競爭越少越好，但是，一旦沒有了競爭對手，企業的競爭力往往也會隨之消失。補貼或者壟斷產生不了偉大的企業，只有在競爭中才能產生偉大的企業。把企業做大是可能的，把企業做成永恆是幾乎不可能的，任何企業都有滅亡的一天。尤其是企業一旦具備壟斷地位，

[①] 克里斯坦森教授的「創新三部曲」包括《創新者的窘境》（*The Innovator's Dilemma*）、《創新者的解答》（*The Innovator's Solution*）、《創新者的基因》（*The Innovator's DNA*）。——編者註

從基因角度看，它是否還能擁有足夠的動力去不斷創新？這是企業面臨的巨大挑戰。更何況，在現在的時代，究竟有沒有真正意義上的壟斷，也是必須思考的問題。

我所理解的護城河，實際上是動態的、變化的，不能局限於所謂的專利、商標、品牌、特許經營資質，也不是僅僅依靠成本優勢、轉換成本或者網絡效應。我們清楚地意識到，傳統的護城河是有生命週期的。所有的品牌、渠道、技術規模、知識產權等，都不足以成為真正的護城河。**世界上只有一條護城河，就是企業家們不斷創新，不斷地瘋狂地創造長期價值。**受到巴菲特護城河理論的啟發，我們從長期的、動態的、開放的視角去進一步理解護城河，這其中最重要的，就是以用戶和消費者為中心。堅持了這個中心，理解變化的消費者和市場需求，用最高效的方式和最低的成本持續創新和創造價值的能力才是真正的護城河。如果不能夠長期高效地創造價值，這條護城河實際上就非常脆弱。

打造動態與開放生態的護城河

那麼怎樣才能擁有這種動態的護城河呢？理解動態的護城河的第一個視角，也是最重要的一點，就是要理解企業所處的時代背景和生態環境。比如，隨着互聯網對品牌的衝擊，依靠品牌這項護城河來源未必是最高效的方式，有人說在網上通過意見領袖表達觀點效率更高。所以，當你理解了「永恆不變的只有變化」的時候，也就理解了護城河不可能不變。

117

　　「管理哲學之父」查爾斯・漢迪（Charles Handy）曾提出第二曲線理論，也就是企業應該在第一曲線（主營業務）增長平緩前，找到第二曲線代替第一曲線擔當增長引擎。對於一家企業來說，如果能夠在變化的時代浪潮和市場環境中不斷地創新，具備從一條曲線跳到另一條曲線的能力，我們就可以認為它具備了不斷深挖護城河的能力。企業如竹，一家企業持久的增長之道，就是自我革命和內部創新，忘掉成功的過去，不斷「長出」新的「竹節」。每一天都是嶄新的，每一天企業所處的環境和生態也是嶄新的。所以，要像企業剛創立時一樣，擁抱「Day 1」（第一天）的精神。當互聯網大潮襲來時，優秀的公司主動擁抱互聯網帶來的變化，就是深挖自己的護城河。從這個角度上講，政府保護類型的護城河是非常脆弱的，這類護城河隨時都有可能崩潰。我最看重的護城河是有偉大格局觀的創業者在實踐中逐步創造、深挖的護城河，這些是根據生態環境的變化作出的完美應對。

　　以全球市值排名靠前的三家科技公司為例。當亞馬遜是一家網上書店，甚至已成為一家網上百貨商店的時候，我們還尚不能稱之為一家科技公司。儘管享有着近乎「印鈔機」式的賺錢模式，亞馬遜卻一直在自我顛覆，涉足雲計算，開發智能設備，大開大合，沒有邊界。當蘋果製造出第一台個人電腦時，沒有人想到這個昂貴的設備會走入千家萬戶。當蘋果陸續用 iPod、iPhone、iPad 顛覆音樂市場、通訊市場和家用娛樂設備市場時，人們已經習慣於想像蘋果還會帶來怎樣的創新。當谷歌作為一家搜索引擎公司在 2004 年 4 月 1 日推出 Gmail 時，許多人認為這只是愚人節的一

場玩笑。現在，谷歌已經成為 Alphabet 的一家子公司，Alphabet 還涵蓋谷歌風投、谷歌資本、谷歌實驗室和 Nest 等一系列創新型公司或平台，廣泛涉足人工智能、生命科學等領域。

再看國內的互聯網公司，通過對 C 端用戶的不斷理解和對自身商業模式的自我精進，這些公司提煉出了屬於自己的商業創新能力。阿里巴巴作為一家電子商務網站起家，在這個過程中，不斷用創造性思維解決問題，把解決方案變成了不同的產品，成為一家綜合型科技公司。騰訊以即時通訊軟件起家，先把用戶連接起來，再不斷豐富用戶的線上生活場景，QQ 秀、QQ 空間、QQ 音樂……在 QQ 發展得很好的時候，騰訊又支持內部研發新的移動互聯網社交產品，這其中就包括張小龍團隊研發出的微信，現在微信已從一個移動端的社交軟件，成長為一個超級平台。百度作為一家搜索引擎公司起家，不斷開拓新的業務形態，百度知道、百度貼吧、百度百科……現在又在人工智能領域不斷加碼，探索新的業務領域。美團不再僅是一家團購網站，而且邁過餐飲行業，做「服務領域的生態提供商」，搭建餐飲業態的底層服務基礎設施，提升每一家實體餐飲店的運營效率，還要橫跨「吃住行遊購娛」，實現整個產業鏈的價值提升。當然，以上這些以及更多的中國互聯網公司並沒有就此止步，雲計算、新零售、金融科技……這些都可能成為新的護城河。

比如字節跳動，這家成立於 2012 年的科技公司，憑藉推薦算法引擎和強大的產品開發能力，在信息分發、短視頻、內容社交、

問答等領域推出了蔚為可觀的產品矩陣。字節跳動從基於數據挖掘技術的個性化信息推薦軟件——今日頭條起家,短時間內孵化出抖音、西瓜視頻、火山小視頻、飛書、悟空問答、圖蟲、微頭條、Tiktok、Flipagram等眾多應用。字節跳動的內核就是強大的產品迭代能力,而驅動這一能力的則是強大的組織和人才管理機制,它鼓勵創新、不設邊界,促進分佈式決策和坦誠溝通,把組織的交易成本降到極低,使公司的核心價值觀和創新能力結合得很好。

理解動態的護城河的第二個視角,也是很重要的一個方法論,就是在不同領域之間創造聯繫,以不同的視角看問題,形成全新的思維角度。克里斯坦森在《創新者的窘境》中將創新定義為兩類:維持性創新和破壞性創新。維持性創新是不斷完善和改進現有產品,通過精耕細作滿足更挑剔的需求,就像許多大公司已經把創新變成了一項「常規的、可預測的程序」,而一些偶然的、非常規的主意卻無法融入企業的創新流程中。破壞性創新則是追求最根本的改變,從底層出發改變現有技術發展路徑和思維方式,創造出區別於現有主流市場的全新產品或服務,這種創新可能會對原有的護城河產生降維打擊。

因此,創意重構已成為最主要的生產力驅動因素,任何商業都無法預知其他領域、其他維度帶來的競爭。當奈飛(Netflix)[①]的

---

① 奈飛公司以其卓越的企業文化著稱。奈飛前首席人才官帕蒂·麥考德(Patty McCord)將奈飛高效的企業文化的來源記錄在《奈飛文化手冊》(*Powerful*)一書中。——編者註

創始人里德・哈斯廷斯（Reed Hastings）用包月郵寄的租賃模式顛覆傳統碟片店的時候，百視達集團可能還在想着如何開更多的店來鞏固壟斷地位。當麥當勞與肯德基交戰正酣的時候，它們才發現最大的競爭對手其實是便利店，人們在便利店用幾塊錢就可以吃早餐。而當外賣業態出現的時候，很有可能便利店的生意也會面臨巨大挑戰。這就是更高格局上的競爭，當你終於把本領域的競爭對手擊敗了，會發現其他領域的競爭對手又出現了，這是很有意思的地方。**商業競爭本質上要看格局，要看價值，要升維思考，從更大的框架、更廣闊的視角去看給消費者創造怎樣的價值。**

理解動態的護城河的第三個視角是開放性。開放性是與封閉性相對的，真正偉大的公司敢於打破自身的壟斷地位，從內部打破邊界，構建一個資源開放、互利共贏的生態系統。如果企業被歷史性成功的慣性所包裹，那麼企業將停留在過去，無法得到成長。用我自己的話說，就是「早死早超生」，從內部顛覆自己。

以騰訊和京東為例。騰訊早期被投資人稱道的，是它運用互聯網工具構築了社交生態系統，並在此系統上創造出豐富的虛擬產品。在一段時期內，封閉的生態能夠增加用戶黏性或提高轉換成本，從而幫助企業打造競爭壁壘。但是，互聯網的根本屬性是共享、開放和包容，企業尊重這種互聯網精神，才可以實現更高層次的創新。因此，騰訊公司不斷調整自己的發展戰略，並在我們的撮合下與京東結盟。

這裏蘊含的重要發現就是京東與騰訊的基因完全不同。每個公

司都有自己的夢想和野心，但是隨着企業發展壯大，就能知道自己甚麼能做好、甚麼做不好，能夠知道企業基因最終會呈現怎樣的特質。表面上兩家公司都可以做對方的事情，但由於基因不同，很多事情就成了掣肘。在與騰訊管理團隊的一次交流中，我們就提到這個「掣肘因素」：一直以來騰訊本質上在做虛擬商品，並不涉及庫存或盤點。但面對庫存商品的時候，騰訊需要擁有一系列生產、製造及供應鏈管理的能力。如果騰訊非要做電商，基因裏卻沒有庫存管理能力，那麼它很難殺出重圍。而京東的突出優勢就在於能夠創造並管理一套完整的訂單生產、倉儲管理、銷售配送的生態系統。但是，京東的基因裏缺少「移動端」，偏偏電商的入口很大程度上在於「移動端」。恰好騰訊手裏有移動端，騰訊的社交、遊戲等在移動端均得到了更好的發展。最終，這兩家卓越的企業在開放共贏的理念下，通過開放、共享、融合，共同打造新型企業的護城河。

因此，在未來的商業邏輯中，企業從求贏變成不斷追求新的生長空間，從線性思考變成立體思維，從靜態博弈變成動態共生。企業的護城河也不再用寬窄或者深淺來描述，而是用動態的視角，從趨勢這個角度加以評定。企業的動態護城河要始終圍繞尋求新的發展方向、新的演進趨勢來佈局。

開放、動態的護城河可能是理解價值投資最重要的門徑，當意識到企業擁有動態的護城河時，投資人才能夠真正理解企業創造價值的本質。某種程度上說，**持續不斷瘋狂創造價值的企業家精神，才是永遠不會消失的護城河。**

投資的生態模型

在價值投資的研究中，如何捕捉到更深層次、更有把握的決定性因素，是投資人最為關注的問題。可是，在商業系統中，沒有一種放之四海而皆準的成功範式，不同的企業憑藉獨門招式贏得生存及發展空間，有的靠品牌，有的靠產品，有的靠管理，有的甚至靠時運。但無論憑藉甚麼，讓生意和所處的環境相匹配，往往是優秀企業的重要特徵。因此，我們運用第一性原理，借鑒生態學的思維模型，展開對生意的獨特性、適應性和進化性的動態解析，希望在更大的系統中，探索生意的屬性及其未來的變化。

人、生意、環境和組織

傳統的投資理念，基本策略是尋找人和生意。但我希望在東方古典文化和現代投資理論的結合中，尋求一種懂得所處環境和生意本質的複合能力，這種能力可以幫助投資人以更加貼近現實的視角理解投資，從一個單純追求最佳商業模式和最佳創業者的二維象限視角，升級為審視人、生意、環境和組織的最佳組合的多維視角。

看人，就是看擁有偉大格局觀的創業者，看他的內心操守和價值追求，看他對商業模式本質的理解與投資人是否一致。人是一切價值的創造者，是企業家精神的源泉和實現載體。在實踐中，

中國不乏世界級的創業者，他們能夠在瞬息萬變中洞察趨勢、了解人性。他們理解、適應並推動現實，選擇創業的時點、方向，集合運轉生意的組成要素，設計驅動生意的組織模式，提升運營效率，甚至改變生意的屬性。評價創業者的維度有很多，既包括他能達到的高度，即能力；也包括維持能力的穩定性，即可靠性；更重要的是為社會創造價值的初心，即有沒有做有意義的事。**對於投資人來說，看人就是在做最大的風控，這比財務上的風控更加重要，只要把人選對了，風險自然就小了。**我的風控理念比較關注企業家的為人，能夠聚人，可以財散人聚，注重企業文化和理念，懂得自己的邊界，不斷學習，並且目光長遠、想做大事，擁有這樣的偉大格局觀的企業家更容易與我們契合。實踐證明，很多一流的人才做三流的生意，有可能把三流做成一流；相反，三流的人才做一流的生意，則可能把一手好牌打得稀爛。

看生意，就是看這個生意的本質屬性，看它解決了客戶的哪些本質需求，看生意的商業模式、核心競爭力、市場壁壘以及拓展性，看它有沒有動態的護城河。不同的行業和商業模式擁有不同的先天屬性，但好的經濟活動、商業模式往往是時間的朋友。所謂商業模式，包含客戶價值主張、盈利模式、資源和流程。更關鍵的，是理解這個生意的演變可能：它從哪裏來，會到哪裏去，哪些前提決定了生死，哪些轉折影響了成敗。比如，可口可樂公司曾經有一句名言：「假如我的工廠被大火毀滅，假如遭遇世界金融風暴，但只要有可口可樂的品牌，第二天我又將重新站起。」可口可樂靠標準化的供給滿足了多樣化的情感需求，因為它的生意本

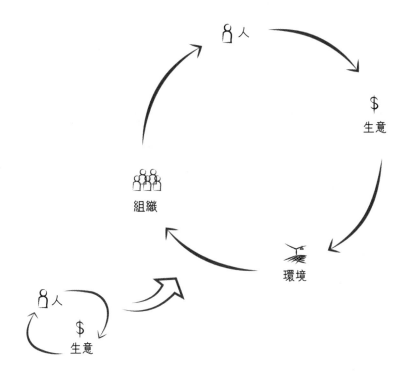

從人與生意，到人、生意、環境和組織

質是建立一種長期穩定的心理認知。判斷一個生意是不是時間的朋友，可以看它在整個市場不好的時候，能不能變得更強大；看它的規模優勢能不能根本性地改變成本和運營結構；看技術創新對行業是顛覆性的還是完善性的；諸如此類。對於投資人來說，持續追問生意的本質尤為關鍵，要看在發生集中度提升、技術突破、價值鏈重構等產業變革後，這個商業模式能否產生可持續、可積累的系統能力，看經過時間的沉澱以後，這個生意能否產生複利的價值。

　　看環境，就是看生意所處的時空和生態，看政策環境、監管環境、供給環境、需求環境，看資源、市場、人口結構甚至國際政治經濟形勢等在更長時間內發揮效力的因素。在做投資決策時，僅看人和生意還不夠，還要尋找人和生意的外生因素，要看更長遠、權重更大、更基礎的維度。環境包括產業生態中的組成要素，也包括人口因素、購買力因素、文化因素，以及經濟週期、金融週期、產業發展週期等更宏觀的因素。有的生意已經有很明顯的天花板，即便是壟斷經營或者有很強的市場壁壘也不行，因為新的技術能夠創造新的政策環境，從外部打破舊的天花板，比如汽車行業、通訊行業的技術創新；有的生意在發展中國家是好生意，比如家電行業、消費品行業；有的生意在老齡化社會是好生意，比如醫療行業、寵物行業；有的生意在家庭結構的變化下，會有許多機會。從需求環境看，有的生意在一些國家是新產生的機會，比如便利店，因為隨着家庭人數減少，人們不必一次性購入大量生活用品，隨着老年人和全職女性增多，人們不願意去遠的地方購買生活必需品，而是採用就近選擇；從供給環境看，有的生意是伴隨着基礎設施的完善而產生機會的，這就需要判斷生意的組成要素中，哪些是促進因素，哪些是限制因素，比如移動支付的普及，使得許多商業模式能夠形成通暢運轉的閉環。環境是理解許多投資的出發點，同時也是最基礎的判斷因素，在很大程度上可以幫助投資人把握好的投資時點。

　　看組織，就是看創業者所創立的組織基因，是否能夠把每個細胞的能量充分釋放；看組織的內在生命力能否適應當時的經濟

週期、產業週期。組織是人和生意的內生因素，是可以塑造和激活的。比如在經濟好的時候，有些企業可以甚麼都不做就活得很好，但在經濟不好的時候，企業的存活就非常依賴組織的韌性和適應能力。看組織，還要看能否從強大的文化與價值觀中孕育出優秀的治理結構、科學的決策機制與管理流程等系統能力，能否讓產品更優質、服務更人性，能否把個人能力昇華為組織能力，把事業部能力轉化為集團能力，等等。組織不僅僅是生意的載體，還要成為生意的組成部分，有的生意就是在打造組織，把組織打造好了，產品與服務也能相應改善。比如海底撈就把服務做成了標品，且其標準是根據顧客需求而動態變化的，這背後靠的就是組織。

最後需要強調的是，人、生意、環境和組織的分析框架是開放的、動態的，在不同的市場、不同的投資項目分析中，不同的底層要素發揮不同權重的作用。所以，理解這個分析框架最重要的是思考其內涵，而不是一味地簡單套用。

在變化的系統中理解投資

人、生意、環境和組織這個分析框架的關鍵點在於，要在變化的系統中理解投資，高維思考，低維行動。

我們首先強調變化。無論是縱觀行業史的回顧性研究，還是在現實複雜環境中的關鍵參數跟蹤，抑或是企業家自身的顛覆、創新和重構，核心就是理解變化，探究其背後的機制。擁抱變化既

是保持警惕，又是適應和進化，這構成了思考和行動的前提，能夠幫助投資人忽略「天氣」，穿越週期。

其次強調思考的層次性。思考的終點是生意的本質，但思考的過程還要覆蓋生意所處的生態系統，看生態各個組成要素之間的契合度。任何生意都需要一套完整的生態系統和基礎設施，但如果某個時點、某個地域基礎設施不完整，反而孕育着很大的機會。一旦基礎設施建立完善，這個生意將獲得爆發式的增長。但如果某個生意需要的關鍵節點被一些創業者研發的重要技術或提出的偉大創意所覆蓋，這個生意會呈現完全不同的成長曲線。

所以投資人需要反覆研究：怎樣的生態能夠讓一個一般的商業模式變成偉大的商業模式，讓一位不怎麼突出的創業者也能夠成功？怎樣的環境要素能夠讓好的商業模式與好的創業者產生更廣泛的協同？怎樣的環境變化是合理的、非偶發性的？怎樣的人能改變生意的屬性？此外，還要進一步思考組織的內在機理與外界環境的交互，看人、生意、環境和組織的權重，以及彼此的影響。理解了這些，可能就能明白有些生意是賺商業模式的錢，有些則是賺環境的錢。有些生意能夠在外界環境惡劣的情況下更加健康，而有些生意只能在好的環境中生存。

最後強調行動的可執行性。經過更高維度的思考後，價值投資還要回到具體的空間中，搭建並驗證可執行的路徑。生意是現實的，而現實是由環境所催生的。人創造着生意，環境塑造着生意，組織驅動着生意，有些生意又在影響着環境。所以低維行動的

關鍵是在特定的環境中，針對能把握、能改變的底層要素，進行持續構建。比如，有的生意關鍵在於供應鏈，那就要組織最有效的供應鏈模式；有的生意關鍵在於用戶體驗，那就要在用戶界面環節重點完善；有的生意關鍵在於品牌力，那就要持續賦予品牌新的活力等等。

　　我想分享我們對 Zoom 公司的投資案例，以作為理解人、生意、環境和組織這個分析框架的切入點。2014 年在美國加州，我和 Zoom 的創始人袁征結識，他熱情地向我介紹了 Zoom 的發展情況，並和我分享了他稍早前在另外一家視頻會議公司 WebEx 工作時的心得。當時我最直接的感受就是，當人和事完全匹配時，公司將被激發出前所未有的力量。袁征對視頻會議這門生意的理解，以及他多年的技術積澱，都使他正在做的這項事業擁有很高的成功概率。他的激情和追求將會不斷地相互轉化。同時，對於雲視頻這個行業，我們也有多年研究，歸根到底，Zoom 創造了又一個「用科技提高效率」的典型場景。因此，只要商業生態的環境變了，無論是需求端還是供給端變了，Zoom 都將迎來巨大的結構性機會。環境的改變可能源於選擇線上工作方式的科技公司越來越多，跨時區、跨地域的商務溝通越來越頻繁，組織生產形態越來越靈活，或者其他外生因素。我們無法預測環境的改變時點，但「用科技提高效率」這個長期趨勢一定是不可逆的，是一個「質變引起量變」的過程。

　　再來看組織，袁征在公司創立的早期就建立了非常符合其產

品邏輯和生意屬性的組織文化。他把「傳遞快樂」作為 Zoom 的組織文化。他不僅推崇符合產品邏輯的極客精神[①]，也非常推崇符合市場邏輯的用戶導向文化，並且還提出了「產品導向和用戶導向要交替進行」的管理理念。這對於一家矽谷公司而言是非常具有創新性的。他致力於打造讓用戶開心的產品，並成功把對生意的理解貫穿於組織的管理之中，讓技術和產品、用戶和體驗有了非常好的結合，讓每一位員工都有很強的工作熱情，形成不斷學習、不斷追問問題本質、不斷滿足用戶需求的自驅力，讓企業上下都能圍繞共同的產品邏輯和市場邏輯來做事情。因此，在 2015 年，我們就很堅定地相信，Zoom 在未來一定能在雲視頻領域有所成就，於是我們在很早期的輪次就投資了這家公司。

此後，我們還專門邀請袁征為許多初創企業做分享，請他從自己的角度講述如何理解人、生意、環境和組織，講述讓他在企業初創階段做出正確決策的思維方法。我們希望不僅在人、生意、環境和組織這個框架裏做投資，還通過這個框架，把成功的創業秘籍、思維方法分享給更多的人，讓更多的創業者跳出來，在更廣闊、更長期的格局裏思考問題，這為我們做投資，並與企業家一起創造價值創造了非常重要的正向循環。

在線教育企業猿輔導創始人李勇有一個觀點非常有意思，恰

---

① 極客是對美國俚語「Geek」一詞的音譯，形容對計算機和網絡技術有狂熱興趣並投入大量時間鑽研的人。極客精神也可用於形容崇尚科技、自由和創造力的精神。——編者註

好從某個角度詮釋了如何理解人、生意、環境和組織這個分析框架。他説:「一家公司的發展是與所處時代的雙人舞。」這句話適用於各行各業,尤其詮釋了在線教育行業的發展歷程。互聯網出現之初,人們就認為它一定會改變教育行業,但直到今天,它才逐漸具備完整的生態環境,而且時代仍在繼續變化。在線教育行業的創業者必須正確認識教育的本質,並對在線化擁有清晰的認識。簡單的在線化是與教育的本質相衝突的。教育的出發點是滿足人們對於學習的渴望,學習並不是反人性的,不好的學習體驗才是反人性的,而好的學習體驗是對天性的最好「挖潛」,這一點是對在線教育這個生意的基礎理解。教育的核心是內容和服務,因此,想要生產豐富的內容和實現優質的服務過程,需要生態設施的逐步完善。可以説,正是移動互聯網的快速普及,使服務實現了在線化、個性化和很好的互動體驗。同時,新一代互聯網原住民正成為父母,這也在一定程度上促使這個行業爆發式發展。最後,生產內容和實現服務流程,均需要非常精巧的組織能力。這些角度放在一起,恰好能夠解釋為甚麼要「投資於變化」。

正是基於上述分析,高瓴在 2020 年領投了猿輔導最新一輪的、總額達 10 億美元的融資,猿輔導也成為中國教育行業未上市公司中估值最高的教育品牌。這家創辦於 2012 年的在線教育企業,致力於用科技手段幫助學生提升學習體驗、激發學習興趣、更便捷地獲取優質的教育資源,它擁有豐富細分的產品矩陣,可以説其發展的每一步都在識別環境的變化、適應時代的變化。

如果把研究洞察、投資配置和提供解決方案作為高瓴的「生產方式」，那麼人、生意、環境和組織的投資模型則構成了高瓴「生產方式」的閉環，在高維思考和低維行動後實踐研究成果，幫助企業激發企業家精神，持續打造動態護城河，完成價值創造過程，做時間的朋友。這種循環會反過來強化我們對許多產業環境、企業家精神、生意和組織模式的理解，能夠幫助我們更好地擁抱變化，應對挑戰。

從發現價值到創造價值

作為一家堅持價值投資的投資機構，我們在新的時代和空間中不斷加深對人、生意、環境和組織的理解，也不斷加深對價值投資的理解。價值投資在今天，又有怎樣新的發展和變化呢？在我的理解中，價值投資已經從只是單純地發現靜態價值向發現動態價值並幫助被投企業創造價值轉化。

與其他投資流派相比，價值投資在剛被提出時，即強調建立完整、嚴謹的分析框架和理論體系。其中最重要的三個概念就是「市場先生」（Mr. Market）、「內在價值」（Intrinsic Value）和「安全邊際」（Margin of Safety），這三個經典概念構成了價值投資誕生之初的邏輯鏈條。「市場先生」指的是市場會報出一個他樂意購買或賣出的價格，卻不會告訴你真實的價值。並且，「市場先生」情緒

很不穩定，在歡天喜地和悲觀厭世中搖擺，它會受到各種因素的影響，所以價格會飄忽不定、撲朔迷離。而企業的「內在價值」是指股東預期未來收益的現值，這其中有一個關鍵前提是「現值」這個概念的出現。但是企業的「內在價值」往往是一個估計值，而不是一個精確的數字，不同的人會有不同的判斷，「市場先生」也會給出不同的反應。在這樣的情況下，運用「安全邊際」就是在理解「內在價值」的基礎上和「市場先生」打交道的有效方式，「安全邊際」要求投資人保持合適的理性預期，在極端情況下還能控制虧損。

便宜的公司已經消失了

早期的價值投資更依賴於對企業資產負債表的分析，算市淨率（P/B），即把企業資產價值算清楚後，用低於清算價值的價格買入資產，賺被市場低估的那部分錢。這種投資策略是在經歷了股災與大蕭條之後的沉痛反思中產生的，受到當時特有市場環境的影響，是在悲觀中孕育着希望。正是由於 20 世紀 30 年代早期的經濟危機和當時混亂無序的市場結構，許多股票的價格常常低於賬面價值，人們通過關注財務報表，計算企業的靜態價值、賬面價值，不考察，不調研，不找管理層談話，就可以發現許多好的投資標的，這是基本面研究最幸福的時代，不過，也是價值投資不被世人所重視的時代。

華倫‧巴菲特早期深受本傑明‧格雷厄姆的影響，在投資實

踐中，關注企業的運營業績及淨利潤、淨資產規模、資本回報率等財務指標，尋找資產價值能夠算清楚的公司。此時的價值投資強調價格和價值的脫離，提倡所謂的「撿煙蒂」，就是投資價格比較便宜、資產拆分下來有很大折價的公司，類似於把一輛汽車買回來，拆了賣零件還能賺錢。

到 20 世紀六七十年代以後，便宜的公司已經很少了。1976年，本傑明・格雷厄姆在接受《金融分析師雜誌》(*Financial Analysts Journal*) 採訪時也指出：「價值投資的適用範圍越來越小。」查理・芒格告訴華倫・巴菲特，顯而易見的便宜公司已經消失了，一旦突破了格雷厄姆式的便宜標準，就可以考慮更多更優質的企業。而且，隨着資金管理規模的擴大，僅尋找便宜公司的投資策略顯然不再好用。

因此，這個時期的華倫・巴菲特逐步受到菲利普・費雪 (Philip Fisher) [①] 和查理・芒格的影響，從一個「撿煙蒂」式價值投資者轉變為尋找護城河的價值投資者。在收購喜詩糖果這家優秀的成長型企業以後，華倫・巴菲特開始聚焦於研究公司質地，追求購買市場地位中隱含成長慣性的公司，尤其喜歡購買具有壟斷性質的公司，尋找公司的護城河，如無形資產價值等，在此基礎上，關注管理層的能力以及企業文化，在自己熟悉的領域內發現優秀企業並長期持有。這個時候，價值投資被重新定義，即購買好

---

① 菲利普・費雪是現代投資理論的開路先鋒之一、「成長股投資策略之父」、教父級的投資大師，也是華爾街極受尊重和推崇的投資家之一。—— 編者註

的、有成長性的企業。有一句流行的話，叫「有的人因為相信而看見，有的人要看見才相信」。眼光和判斷，意味着價值投資的「安全邊際」不僅是面向過去的，還是面向未來的。

至此，價值投資的理念已經從早期關注市淨率發展到關注企業真正的「內在價值」階段，從「尋找市場低估」發展到「合理估值、穩定成長」，可以說是價值投資理念的完善和豐富。這種投資理念的進化也是與美國 20 世紀 80 年代的發展相匹配的。那個年代，美國的人口和經濟總量持續穩定增長，許多公司在國內市場自然擴大和全球化的過程中不斷發展壯大，獲得了高成長。從更寬泛的意義來說，價值投資對於美國工業社會、商業社會的形成，一定程度上起着動力源和穩定器的作用。時代的商業文明不僅僅塑造了實體產業，同時也塑造了現代投資業，這種相互交織的能量場、連接資本和產業的力量共同助力創新和發展。所以，可以說格雷厄姆與多德是價值投資理念的開山鼻祖，而巴菲特則是集大成者。

堅持長期結構性價值投資，持續創造價值

到了今天來看，傳統的價值投資永遠有其長遠的意義，但世界在不斷地變化，無論是格雷厄姆式還是巴菲特式的價值投資者，都面臨着一些困境，價值投資需要結合時代背景來不斷地創新和發展。

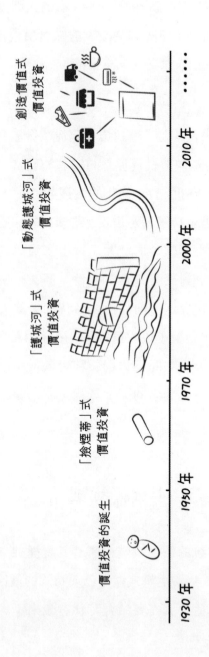

價值投資的演進

經典的價值投資產生於 20 世紀 30 年代，20 世紀五六十年代就已經被廣泛使用，市場和產業的變化，尤其是科技的快速發展，使得投資人在研究企業時無法停留在實物資產價值、賬面價值或靜態的內在價值這一層面。「市場先生」「內在價值」「安全邊際」這些經典概念有了更多新的含義：更加成熟的市場效率、企業自身的內生動能以及不斷變化的外界環境，構成了理解價值投資的新角度。價值投資的內涵和外延都在變化。**如果說價值投資的出發點是發現價值的話，其落腳點應該是創造價值。**

怎樣理解價值投資的內涵和外延都在發生變化呢？具體來看，憑藉金融基礎設施的逐漸完善和市場規則的有序發展，金融市場效率得到根本性提升，價值發現和市場估值的落差在逐步消弭，傳統價值投資的回報預期顯著縮小。價值投資者顯然很難找到被極度低估的投資標的，更不可能僅僅通過翻閱公司財務報表或者預測價值曲線就發現投資機會。同時，技術進步使得企業及其所處環境發生了巨大演變，新經濟企業的估值方法也與傳統企業完全不同，尋找可靠的、前瞻性的新變量成為價值投資演化的核心所在。一旦發現並理解了這些關鍵驅動因素和關鍵拐點，就能發現新的投資機會。

為甚麼說價值投資的落腳點在於創造價值呢？一方面，在全球經濟持續增長和資本快速流動的前提下，創新已經產生溢價。由於創新溢價，發現價值的洞察力更顯難得，研究驅動成為從事價值投資的基本素養。另一方面，我們仍處於快速變化和技術創新

的成長週期中，創新的產生需要跨維度、跨地域、跨思維模式的整合交融，把許多看似不相關實則能夠產生爆發性合力的創新要素結合在一起，可能會實現更高維度的能量躍遷。

正是由於上述因素，價值投資由單純的靜態價值發現轉而拓展出兩個新的階段：其一是發現動態價值，其二是持續創造價值。發現動態價值需要強大的學習能力和敏銳的洞察力，能在變化中抓住機會。而創造價值需要投資人與創業者、企業家一起，用二次創業的精神和韌勁，把對行業的理解轉化為可執行、可把握的行動策略，幫助企業減少不確定性，以最大限度地抓住經濟規律。

舉例來說，一家公司的價值成長曲線可能是每股股價從 100 元到 120 元，再到 150 元。發現價值就是在股價為 50 元的時候，就去發現它、購買它。但更好的做法可能是在某個階段切入，然後與創業者一起，改變它的生長空間和增長曲線，讓它的價值能夠從新的角度來衡量，從 100 元增長到 200 元、 500 元……通過這種參與和陪伴，我們不僅能分享價值增長的複合收益，還能夠真正做創業者的合伙人、後援團，幫助企業不斷生長。

這就是我們堅持的長期結構性價值投資。所謂長期結構性價值投資，是相對於週期性思維和機會主義而言的，核心是反套利、反投機、反零和遊戲、反博弈思維。研究和決策的前提是對長期動態的跟蹤和觀察，判斷一家企業是否是「時間的朋友」，來實現跨週期投資。基於對公司基本面的深度研究而非市場短期波動來做投資決策，保持足夠謹慎的風險意識和理性預期，就是反套利、

反投機；關注並參與結構性的市場與行業變革機會，打造動態護城河，摒棄不可持續的壟斷地位或套利空間，就是反零和遊戲和反博弈思維。**長期結構性價值投資的核心是格局觀，不斷顛覆自身，重塑產業，為社會持續創造價值。**

　　長期結構性價值投資專注於價值創造，因此對於企業而言應該像孵化器，是效率提升的孵化器，更是思維策略的孵化器。就像經濟學家總結歸納複雜的社會現象、軍事家熟讀上古的戰術兵法、政治家翻閱傳承先哲的治國方略、運動員觀摩學習冠軍的比賽錄像一樣，價值投資者可以在研究的基礎上，把從商業研究中抽離出的規律，分享給創業者、企業家。創造價值的核心是提供全面系統的解決方案，包括企業戰略分析、嫁接優質資源、複製管理經驗、提升運營效率、拓展國際業務、在海外複製中國模式，甚至通過提供爭論性的話題來打開思維等。同時，創造價值的方式要與企業所處的階段、特有的基因、未來的願景緊密結合，在更高的維度和更遠的視野中，提供相適應的解決方案。

　　比如，我們真正成了提供解決方案的資本，覆蓋全產業鏈、全生命週期。不論企業處於創立早期、快速成長期，還是成熟期，我們只希望在企業擁抱創新和變化的時候加入並全程陪伴，在此過程中不僅發現價值，而且創造價值，為企業提供符合其當前發展階段和長期趨勢的全方位支持。2020 年春天，當一場突如其來的疫情讓無數創業者陷入擔憂和迷茫時，我們專門推出了「高瓴創投」這一品牌，全面覆蓋生物醫藥、醫療器械、軟件服務、原發科

技創新、消費互聯網、新興消費品牌等最具活力的行業，就是希望加速聚集資本、資源、人才等多維助力，幫助創業者重振士氣，走出焦慮，在產業發展和社會變革的長期趨勢中乘風破浪，把握創新、創業的巨大機會。

再比如，我們有許多控股型投資的嘗試，搭建產業投資與運營平台，這個決策的出發點不是為了賺錢，這種方式也未必是最賺錢的方式，可能還是無用功，但這種投資方式能夠讓投資人從實踐和變革中理解產業的深層次邏輯和許多現實問題，避免投資人出現眼高手低和紙上談兵的問題，這是最大的「有用」。而且，我們還有許多資源連接和戰略協同的嘗試，在「走出去」和「引進來」的過程中充當連接器和催化劑，把全球的創新引進中國，把中國的創新複製到全世界。在與創業者、企業家同行的過程中，向科技賦能要效率、要產出，向國際化、全球化要經驗、要創新。

當然，在投資的世界中，可能大多數企業都無法成為投資標的，沒有在生意上合作，但投資人依然可以與其建立很好的關係，力所能及地為其提供戰略增值和關鍵支撐，這是東方文化特有的「寫意」和「混融」，亦是價值投資者的初心和本能。

堅守三個投資哲學

海外求學經歷讓我感受到不同文化之間強烈的對比，通過近

距離地學習西方思維模式，我反而對中國文化的博大精深有了新的參悟。雖然現代金融投資的工具多來源於西方，但我希望能夠結合東方特有的古典哲學，更好地理解和運用它們。在 2005 年創業之初，我就提出了三個投資哲學，在價值投資實踐中予以遵循，以求在紛繁錯雜的世界中堅守內心的寧靜，避免錯失真正有意義的機會。我常用三句古文來概括它們：「守正用奇」；「弱水三千，但取一瓢」；「桃李不言，下自成蹊」。

守正用奇

「守正用奇」是從老子的《道德經》中總結出來的表述。老子說「以正治國，以奇用兵」，即以清淨的正道來治理國家，以奇思的謀略來用兵。我用這句話時時提醒自己，在堅持高度道德自律、人格獨立、遵守規則的基礎上，堅持專業與專注，擁有偉大的格局觀，謀於長遠；同時，要在規則範圍內，不拘泥於形式和經驗，勇於創新，出奇制勝。

先說「守正」。首先，「守正」體現在投資人的品格上，要堅持道德上的榮譽感，尊重規則、適應規則，「不逾矩」。其次，「守正」體現在投資原則上，投資需要構建一套完整的決策流程和不受市場情緒左右的根本原則，正確認識外部風險和內生收益；最後，「守正」體現在研究方法上，要做時間的朋友，研究長期性的問題，不追求短視的利益。

守正用奇

在堅持高度道德自律、
人格獨立、遵守規則的
基礎上，堅持專業與專注

弱水三千，但取一瓢

一定要克制住不
願意錯失任何好
事的強烈願望，同
時又必須找到屬
於自己的機會

桃李不言，下自成蹊

不要在意短期創造的
社會聲譽或者價值，應
在意的是長期創造了多
少價值

三個投資哲學

再說「用奇」。首先，「用奇」體現在如何思考。做投資不僅僅是按照合理的機制和程序一成不變地思考，更要打破對客觀規律的簡單呈現，不僅要知其然，還要知其所以然，把背後的一些傳導機制搞清楚，把看似無關的事物聯繫起來推演，把人、生意、環境和組織在不同時期、不同區域所承擔的權重算清楚。其次，「用奇」體現在如何決策。做投資不僅要通過研究確定初始條件是怎樣的，還要找到不同時期的關鍵變量，認清關鍵變量之間是因果關係還是相關關係，有的時候是生意的性質變了，有的時候是人變了，有的時候是環境變了，有的時候是組織結構變了。這些問題研究清楚後，決策就能不受存量信息的束縛，而根據市場的增量信息作出應變和創新，在別人看來就是「奇」。

更為重要的是，「守正」和「用奇」必須結合在一起，才能發揮最大的效用。做人做事講究「正」，才能經得起各種各樣的誘惑。思考決策講究「奇」，才能找到屬於你的空間。「守正」給「用奇」以準繩，「用奇」給「守正」以反饋。堅持價值投資，就是去蕪存菁、化繁為簡，始終對主流觀點保持質疑和求證，不斷地挑戰自我，開拓新的未知世界。

弱水三千，但取一瓢

「弱水三千，但取一瓢」，意思是弱水深長，但只舀取其中一瓢來喝就足矣。我覺得這句話同樣適用於投資，投資人需要強大的自我約束能力，一定要克制住不願意錯失任何好事的強烈願望，同時又必須找到屬於自己的機會。

首先，如何理解投資過程。投資項目分門別類，好比「弱水三千」。但投資的境界，關鍵在於獨立思考的過程，投資的方式本身就是投資的內容。與許多在市場上頻繁出手的投資人不同，我們始終把時間花在研究上，在投資前後都保持充足的耐心，去形成一套屬於自己的深入理解。在中國，有太多創業者和創業項目，投資項目不是太少而是太多。我們不擅長搞「人海戰術」── 一年看特別多的公司，也不會頻繁地更換戰場 ── 哪人多去哪，希望能趕上市場的風口，在資本熱潮中分一杯羹。人云亦云的結果，很可能是失去獨立思考的能力，看不見也抓不住真正的大機會。所以有人

143

説「可怕的從來不是宏觀經濟，而是跟風投資」。回看 2011 年的「千團大戰」、2015 年的「百播大戰」……風口來得快，去得一定也快。風口來去匆匆，落得一地雞毛，多少投資人只能在熱血澎湃之後體會無人訴説的失落。換句話説，投資不是純粹為了賺錢，一味受金錢驅動是這個行業裏最危險的事情：要麼掙了很多錢，掙到錢卻不知道接着幹甚麼；要麼一直掙不到錢，甚至為錢鋌而走險。

其次，如何理解投資機會。這裏的關鍵在於選準「那一瓢」。我不喜歡做天女散花式的投資，而是希望抓住最有價值的投資機會，用超長期的資本對企業做最大化的投資。不管企業在甚麼行業甚麼階段，只要能在適應的環境以適合自身組織的形式予以表達，持續創造出價值，就是好的投資機會。投資決策的起點是基礎研究，這決定了投資人只能在看準的時候再出手，投資只能少而精。很多時候，投資成功與否都歸結於所選「那一瓢」的價值幾何，能否在「那一瓢」上做得更大、更深、更結實。真正的好公司是極少的，真正有格局觀的創業者、企業家也是極少的，不如集中長期持有最好的公司，幫助創業者把最好的能力發揮出來。

既然看好了，那為甚麼不重倉呢？投資是一種做選擇的生意，每一次投資，都是在為真正創造價值的創業者投票。這之中重要的不僅僅是你選擇了甚麼，同樣重要的是你沒有選擇甚麼，而且沒有權重的選擇不是真正的選擇。如果把時間和精力都花在了最有可能成功的事情上，那離成功一定不遠。當然，如果功夫沒有練到一定階段，也不要急於「挺身而出」。古人説「從古知兵

非好戰」[1]，投資中也要減少不必要的交易，避免因隨時需要關注市場的起落，而放棄了研究一流投資機會的時間投入，把「瞄準」作為射擊的主要活動，而不是「扣動扳機」。

再次，如何理解基礎研究。這就需要辯證地思考「但取一瓢」，不能只看一個行業，其他通通不考慮，否則也會影響研究的深度和廣度。像匠人一樣做投資，最好的方式莫過於在結構性變化和個人投資能力中找到最契合的發力點，在尋求一點突破的前提下看更多相關的行業，或者訓練相近的思維。如果能看懂這個行業的變化，有能力找到投資的邏輯，就買入並長期持有。但如果只是風口，或者別人在其能力範圍內做得很好的項目，就不要盲目追逐。其實，能不能做到「但取一瓢」，考驗的是一個人的自我約束力。在多數人都醉心於「即時滿足」（Instant Gratification）的世界裏時，懂得「延遲滿足」（Delayed Gratification）道理的人，已經先勝一籌了。

桃李不言，下自成蹊

「桃李不言，下自成蹊」，出自《史記》，原意是桃樹和李樹不主動招引人，但人們都來賞花摘果，在樹下走出了一條小路。對於

---

[1] 出自清末名士趙藩題於成都武侯祠內諸葛亮殿堂前正中的《攻心聯》，聯文是「能攻心則反側自消，從古知兵非好戰；不審勢即寬嚴皆誤，後來治蜀要深思」，意為：用兵能攻心，反叛就會自然消除，從古至今，真正善用兵者並不好戰；不審時度勢，政策或寬或嚴都會出差錯，以後治理蜀地的人要對此深思。——編者註

投資人來說，不要在意短期創造的社會聲譽或者價值，而應在意的是長期創造了多少價值。沉醉於一時的成功、放任高調的宣傳通常是非常危險的。自我膨脹很容易讓人迷了心智，聽不進反對意見，把不準未來方向；名聲大了很容易引來不必要的關注，毀也好，譽也好，總歸是讓人分心的評判。雜音多了，內心的聲音就容易被忽略。如果在初期就非常高調，就很容易失去理智。西方人經常説，「上帝欲使其滅亡，必先使其瘋狂」，印證這句話的創業故事不勝枚舉。

首先，要回歸投資的初心。對於投資人來説，關鍵是做好自己的本職工作，找到並支持優秀的創業者實現創業夢想，同時在這個過程中為社會創造更大的價值。堅持做正確的事情，在行業裏就會形成好的口碑，有共同理念的人終究會與我們合作。我們堅持要「找靠譜的人一起做有意思的事」，在投資的過程中就會充滿與相知相識的人共同征服挑戰的愉悦感和成就感，這樣就能實現「不言」或者「少言」。

其次，要找到投資的幸福感。我認識的所有優秀投資人，都能從投資這個行為本身獲得職業的幸福感、滿足感。對於他們來説，賺取投資收益與其説是拼命要完成的任務，不如説是水到渠成、下自成蹊的結果。整天為了收益疲於奔命的人，到最後可能顆粒無收；而心無旁騖走自己的路的人，往往能獲得很大的回報。

最後，要對投資的過程進行自省和反思。無論是對個人、公司，還是針對具體的交易和項目，時刻反省自己的處境，不固守一

時一刻的成績，尤為重要。一個人如果覺得自己很成功了，往往會開始走下坡路；一家投資公司如果認為自己躺着都能賺錢，往往會開始捨本逐末，追求虛無縹緲的事情。無論發展到甚麼階段，我們都時常警醒自己：今後是否能不斷地推陳出新？如果要保持成長的延續性，最應該堅持甚麼？最不應該留有甚麼？一旦一點小的成就使得我們不再努力、思考和創新，而陷入懸崖式潰敗，則悔之晚矣。

在價值投資的路上，有深山大澤，亦有宜人坦途；有迷途知返，亦有絕處逢生。堅持投資哲學並非僵化，而是以嚴謹的治學精神去認識市場，提煉出最基本的價值觀。在經濟壓力巨大的時候，作為一名投資人，最糟糕的事情就是恐慌。但當我們把事情想清楚了，自然能夠保持內心的寧靜，享受過程，知行合一。而塑造內心的寧靜，歸根結底就是做事情有目標、有原則、有行動指南和反饋機制，在不同的處境面前有定力，這就需要我們做出的每一步選擇都是心安之選。

價值投資最偉大之處在於，它將「投資」這項難以確定的事情變成了一項「功到必成」的事業，變成邏輯上的智識和拆解，數字裏的洞見和哲學，變化中的感知和頓悟。「唯有詩人能擴張宇宙，發現通向新真理的捷徑」[1]，我們在長期主義之路中探求本質，在未來和此刻間搭建通途。

---

[1]　出自丹・西蒙斯（Dan Simmons）的《海伯利安》（*Hyperion*），這是一部浩瀚壯美的科幻史詩，講述了在末日將臨時，宇宙中烽煙四起，七位一同前往海伯利安的光陰塚的朝聖者彼此分享過去的故事。這本科幻著作於 1989 年出版，幾乎橫掃全球重量級科幻作品獎項。——編者註

我對投資的思考

- 最好的分析方法未必是使用估值理論、資產定價模型、投資組合策略，而是堅持第一性原理，即追本溯源，這個「源」包括基本的公理、處世的哲學、人類的本性、萬物的規律。

- 獨立研究的最大價值是讓投資人敢於面對質疑，堅信自己的判斷，敢於投重注、下重倉。

- 世界上只有一條護城河，就是企業家們不斷創新，不斷地瘋狂地創造長期價值。

- 商業競爭本質上要看格局，要看價值，要升維思考，從更大的框架、更廣闊的視角去看給消費者創造怎樣的價值。

- 對於投資人來說，看人就是在做最大的風控，這比財務上的風控更加重要，只要把人選對了，風險自然就小了。

- 如果說價值投資的出發點是發現價值的話，其落腳點應該是創造價值。

- 所謂長期結構性價值投資，是相對於週期性思維和機會主義而言的，核心是反套利、反投機、反零和遊戲、反博弈思維。

- 在多數人都醉心於「即時滿足」的世界裏時，懂得「延遲滿足」道理的人，已經先勝一籌了。

第5章

價值投資者的
自我修養

價值投資
不是投資者之間的
零和遊戲，
而是共同把蛋糕做大的
正和遊戲。

從事投資的過程中，我漸漸發覺，投資一方面是對真理的探尋，探索外部世界；另一方面是謀求心靈的寧靜，觀照內心世界。外不能勝人，內不能克己，投資恐怕難以成功。

就像許多人「懂得很多道理但依然過不好一生」一樣，投資當中也有許多道理被反覆提及，但許多人在應用時仍然不解其意。比如「當別人害怕時，你要貪婪；當別人貪婪時，你要害怕」；「價格是你付出的，而價值才是你得到的」；「利潤只是一種意見，而現金流卻是一個事實」；「你只有買得便宜，才會賣得便宜」；「永遠不要把買入成本當作賣出的決策依據」……

所以說，價值投資是一場不折不扣的修行，這條路有時熙熙攘攘，有時冷冷清清，但一直在這條路上行走的人，實在不多。能有更多的價值投資者同行，共同討論和切磋，無論對於投資行業還是對於具體的投資人而言，都是一件好事。

2017 年，我和邱國鷺、鄧曉峰、卓利偉等幾位好友共同發起成立了高禮價值投資研究院，創辦初衷就是希望在中國價值投資發展的過程中，能有一個供投資人相互學習、探討的實戰訓練營，希望從一個很小的社羣裏，走出更多真正懂得價值投資的優秀投資人，進而把好的資源與優秀的企業家結合起來，為中國資本市場和實體經濟發展貢獻一份力量。

很早的時候，我們就開始籌劃這個研究院，為了更好地辦學，我們多次討論並出國考察。2015 年 5 月，我們一行中國價值投資

者參加了巴菲特年會，與華倫・巴菲特、查理・芒格、大衛・史文森、約翰・保爾森等美國投資人交流，發現美國投資人無論是做價值投資還是採用其他投資方法，都能夠在社羣中深入探討非常長遠以及具有很大格局的重要問題，他們身上所展現的思辨性、開放性讓人動容。自那時起，我們成立高禮價值投資研究院的想法就更加明確了。

在高禮價值投資研究院，學員們可以開誠佈公地交流，不僅僅對行業格局和重點公司進行研究剖析，還可以對規律性的認知進行切磋探討，在不斷學習和實踐中理解價值投資。我們希望，基於這種學習氛圍，學員們能夠想得深、看得遠、做大事。

堅持第一性原理

價值投資者應該堅持第一性原理，從本質上理解投資，理解價值投資。

第一性原理由亞里士多德提出，他強調：「任何一個系統都有自己的第一性原理，它是一個根基性的命題或假設。它不能被缺省，也不能被違反。」簡單來說，在一個邏輯系統中，某些陳述可能由其他條件推導出來，而第一性原理就是不能從任何其他原理中推導出來的原理，是決定事物的最本質的不變法則，是天然的公理、思考的出發點、許多道理存在的前提。堅持第一性原理指不

是用類比或者借鑒的思維來猜測問題，而是從「本來是甚麼」和「應該怎麼樣」出發來看問題，相信凡事背後皆有原理，先一層層剝開事物的表象，看到裏面的本質，再從本質一層層往上走。

投資系統的第一性原理

那投資系統的第一性原理是甚麼？在探討投資系統的第一性原理之前，需要首先認識到投資系統是理性的、有邏輯體系的，否則不會存在第一性原理。華倫・巴菲特在《聰明的投資者》(*The Intelligent Investor*)[1] 的序言中寫道：「要想在一生中獲得投資成功，並不需要頂級的智商、超凡的商業頭腦或內幕消息，而是需要一個穩妥的知識體系作為決策基礎，並且有能力控制自己的情緒，使其不會對這種體系造成侵蝕。」所以，與其把投資納入藝術的範疇，不如把它納入講道理、講邏輯的理性範疇，尤其是價值投資，是一件可學習、可傳承、可沉澱的事情，一旦總結出投資原則和系統化的知識方法，就可以講給出資人聽，講給創業者聽，講給大家聽。**價值投資不必依靠天才，只需依靠正確的思維模式，並控制自己的情緒。**

理解投資系統的第一性原理需要解構和溯源投資過程中的底層要素，即資本、資源、企業及其創造的價值；需要思考清楚投

---

[1] 《聰明的投資者》由本傑明・格雷厄姆所著，自 1949 年首次出版以來，一直被奉為「股票投資聖經」。在格雷厄姆生前最後一次修訂並於 1973 年出版的原書第 4 版中，華倫・巴菲特為這本書撰寫了序言。　——編者註

資的前提和出發點，即為甚麼投資，投資是為了甚麼。在我看來，投資系統的第一性原理不是投資策略、方法或者理論，而是在變化的環境中，識別生意的本質屬性，把好的資本、好的資源配置給最有能力的企業，幫助社會創造長期的價值。資本市場必須脫虛入實，將資本聚焦於最有能力、最需要幫助的企業。具體到價值投資層面，其出發點就是基於對基本面的理解，尋找價值被低估的公司並長期持有，從企業持續創造的價值中獲得投資回報。

在創辦高瓴之前，我沒有做過專門的權益投資，但非常慶幸之後能夠運用第一性原理，來構建自己的投資理念和方法。第一性原理的最大價值在於兩點，其一是能夠看清楚事物的本質，其二是能夠在理解本質的基礎上自由地創新。對於投資人而言，就是在回歸投資的基本定義的基礎上，理解商業的底層邏輯。

回歸投資的基本定義

做投資應回歸投資的基本定義，真正理解投資是甚麼。關於投資，有許多經典論述，比如約翰‧博格講過：「投資的本質是追求風險和成本調整之後的長期、可持續的投資回報，克服恐懼和貪婪，相信簡單的常識。」本傑明‧格雷厄姆與戴維‧多德在《證券分析》中寫道：「投資就是通過透徹的分析，保障本金安全並獲得令人滿意的回報率。」華倫‧巴菲特曾說：「在投資時，我們要用企業分析師的眼光，而不是市場分析師、宏觀經濟分析師，更不

是股票分析師的眼光。」這些經典論述既是前人的規律總結，又是投資修養的內功心法，幫助投資人不斷修正和完善思維體系、指導實踐。

研究分析、本金安全、長期可持續回報，構成了投資的關鍵詞。除此之外，價值投資更是一個求知的過程，無法簡單傳承，一蹴而就。我們推崇研究驅動，做時間的朋友，就是在發現真相之後一點一點往上走，讓每一次投資決策都有邏輯起點，把可理解的範疇拓展到最大，而把依靠運氣的範疇縮至最小；同時，兼顧風險和收益，在盡可能小的風險中獲取盡可能大的收益，儘量做確定性的、少而精的投資。

與許多生意相比，投資是觀點創造價值的生意。大衛・史文森認為，投資界一個重要的分水嶺不在於區分個人投資者和機構投資者，而在於區分有能力進行高質量積極投資管理的投資者和無力為之的投資者。高質量的積極管理，其關鍵是思維模式。在我的理解和實踐中，第一性原理不是簡化分析模型，而是探究更底層的邏輯，發現「看不見的手」，找到各種現象的動因，進而分析更多端緒和因果。

理解商業的底層邏輯

做投資應理解商業的底層邏輯。在瞬息萬變的金融市場，投資的本質是投資於變化和投資於人，因此投資的關鍵過程是在一

155

個變化的生態體系中，尋找適應環境的超級商業物種。超級商業物種之所以能適應環境，其根本在於能夠為社會持續不斷地創造長期價值，讓消費者獲益。想研究清楚商業物種的屬性，需要長期跟蹤商業歷史。儘管歷史是無比宏大的，任何人都無法在宏觀世界裏搞清楚所有問題，但人能夠在時空的進化中，看清楚一些商業的基本問題。需要注意的是，人們永遠無法掌握真理，只能無限接近真理，真理對於人們來說是高維的、複雜的、不可知的，但驅動事物變化的原因往往是簡單的、單一的、可判斷的，因此就需要從現象出發，抓住可以把握的關鍵要素，理解商業的底層邏輯。

在解構商業的底層邏輯時，需要注意：第一性原理強調非比較思維，不應該做單純的對比或類比。所以，在研究商業問題時，既不能簡單橫向看競爭對手，亦步亦趨地模仿；也不能簡單縱向做「時間機器」，把成熟市場的模式拿來套用。所以，我們非常強調長期、獨立的研究：一是每天研究行業的小環境、公司的小環境，把生意與生態、競爭與合作、創新與適應這些要素想清楚、看清楚，了解環境的真實變化；二是研究商業物種如何適應環境，就像達爾文研究進化論一樣，不拋棄細節，善於尋找支離破碎但又能相互證明的關鍵證據，看這個物種如何自然地進化和創新，如何跳到第二增長曲線。原發的創新往往最符合生意生態的進化。我們推崇動態的護城河，就是希望企業無論是自我顛覆還是生態重構，都能從自身處境出發，尋找創新的奇點。

堅持第一性原理是保持充分理性的過程，就像在孤獨的空間裏尋找一種被真相簇擁的暖意，在持續的啟示中消解所有的疑問，是從理性昇華出感性的過程。它不簡單參照經驗，不一味尋求旁證，溯源、拆解、重構和顛覆，在無限的空間中追問本質，自由思考。

強調理性的好奇、誠實與獨立

前面說過我的「三把火」理論，就是說人生中只有火燒不掉的東西才重要，即一個人的知識、能力和價值觀，而支撐這三個方面的，是一個人理性的好奇、誠實與獨立，這三點構成對價值投資者的基本要求。

為甚麼強調理性？因為所謂的好奇、誠實和獨立，都必須把嚴格的理性作為前提。理性意味着拒絕短期誘惑、功利心和許多天然的人性弱點，同時意味着拒絕主觀臆斷，以懷疑的態度、科學的方法去提出問題並找到答案。要想作出高質量的投資決策，關鍵在於盡可能做出前瞻性推演，而理性的好奇能夠驅使人們探究事物的本源，為前瞻性推演奠定基礎；理性的誠實能夠保證人們在探索時不誤入歧途；理性的獨立能夠保證人們作出理智的判斷。理性是一種嚴謹的治學精神，是一種純粹的道德責任，也是個人層面最大的風控，能夠在各種複雜的情形中成為關鍵的思考角度。

理性的好奇

投資人要始終對這個世界充滿濃厚的好奇心，大到思考社會
進步、商業演變的內在邏輯，小到思考企業如何運作才能夠保持
可持續的競爭優勢。第一，好奇心一定源自原創性的頭腦，可以打
破所有條條框框的約束。好奇心的本質是自我驅動力，是一種樸
素的求知慾和源自自身熱愛的內驅力的結合。擁有好奇心的人善
於提出問題、解決問題，而且提出問題比解決問題更彰顯好奇心。
尋找真相是困難的，但有好奇心的人就會愛折騰、愛琢磨，不滿足
於自己的已有經驗，不斷地問為甚麼，尋找現象和數據之間的底層
聯繫，把事情想透徹。不能因為在行業待久了，就對創新的事物不
管不問，甚至覺得創新的事物不靠譜。好奇心讓人保持平和的心
態，先嘗試着接受，再去理解和判斷。

第二，這種好奇心不受短期利益的影響，不受金錢驅動。不
能僅研究或涉足帶來短期快速回報的項目，而忽視自己長期熱愛
的領域。換句話說，每個人都應該從自己真正的好奇心出發，而不
能被表象所迷惑，以為那是自己想追求的東西，有的時候人們喜歡
追風口，但尤其需要謹記這一點：人多的地方你別去。在創業或
者投資的過程中，有許多趨同性的投資、趨同性的創業，這時候就
要看你是不是真正有好奇心，真正發現了創造價值的方式。

第三，好奇心不受好勝心或者戰勝他人的成就感所驅動，不
是為了當第一把別人比下去，也不是為了戰勝市場。鄧普頓基金

集團創始人約翰・鄧普頓（John Templeton）[1] 有句名言：「戰勝市場是一個很富有野心的目標，但追求它的時候要小心為上。」我們無法驗證市場是對的，但也絕不敢說市場是錯的，沒有對市場的主觀評價，也不去做簡單的對比。這構成了我們對市場的基本態度。

價值投資和好奇心天然綁定，如果沒有對真理的好奇，很難擁有鑽研的精神，也就無法獲得超越市場的認知。理性的好奇強調依靠研究，而不是依靠壟斷性資源或者運氣，雖然那樣會給人一種有捷徑的錯覺，但這些捷徑或虛無的錯覺都會誤導認知。

理性的誠實

如果好奇心是與生俱來的，那麼誠實則是人生重要的後天選擇。好奇心能夠驅使一個人不斷學習，而誠實則是一套自我矯正系統，讓人真的可以「吃一塹，長一智」，實現正向的積累。

首先，誠實是最好的信義，不要騙別人，要在理性中保持專業和嚴謹，不能為了一時誘惑而失信於別人。在資本市場，誠實尤為可貴，因為總有人心口不一、言行不一。在別人可以利用不誠實而獲得短期成功的誘惑下，怎樣能夠保證自己不為所動、堅持內心的誠實，考驗的是一個人的長期眼光。因欺騙而獲得的成功不

---

[1] 約翰・鄧普頓畢業於耶魯大學，是著名的逆向投資者，也是堅定的價值投資者，一直被譽為全球最具智慧及最受尊崇的投資者之一，與彼得・林奇（Peter Lynch）齊名。——編者註

會持久，可能代價還很大，最後是「搬起磚頭砸到自己的腳」。

其次，誠實不僅僅是對別人講信用，關鍵還是對自己坦誠，對自我有清醒客觀的認知。一方面，要對自己的缺點保持誠實，敢於及時認錯、調整思路。特別是當市場出現明顯反饋的時候，不要總是從外界找原因，要時常質疑一下自己，從自己找原因。持有一個觀點，就一定要先嘗試着去自我證偽，否則那就不是真正屬於自己的觀點。要善於揚長避短，在與市場的反覆切磋中找到自己的思維誤區和性格盲點。可以主動監控自己的判斷和外界提供的反饋，建立調整和改善的機制，既要能從失敗中找到自己的問題，避免盡推托於客觀原因，又不能太悲觀，要有「百戰歸來再讀書」[1] 的樂觀主義精神。

另一方面，還要對自己的優點保持誠實，敢於認可自己，在很難做判斷的時候做出決策。許多時候，研究的過程無法窮盡所有可能，也無法獲得足夠多的信息。這就要求投資人做投資決策時，在信息不完善、不確定的狀態下，誠實地相信自己已經運用第一性原理的思維模式，拿到了關鍵的信息。有的時候，模糊的正確要好於精細的誤判。**這種誠實是投資人的一種勇氣，能夠幫助投資人克服很多心理障礙。**

---

[1] 這是晚清中興名臣曾國藩送給其弟曾國荃的一副對聯中的一句。彼時曾國荃被削官去職，還家省親，意志消沉，曾國藩贈予此聯，勉勵其好好讀書，修身養性，以後還會大有作為。 —— 編者註

理性的獨立

除了理性的好奇、誠實，價值投資同樣強調理性的獨立。獨立是指獨立探索精神，即智識上的獨立，對事物有自己獨立的意見和觀點。中國傳統的教育模式是講堂式教育，而如今越來越強調思辨式教育 —— 不是一味地服從權威，或者按大多數人的看法行事，而是根據自己的研究和思考得到答案。只有通過獨立思考，不斷客觀地拷問自己是否尊重了事實和常識，形成的見識才是自己的。而且，這樣的見識會轉化成智慧，並會隨着時間複合式增長。

獨立思考強調不能人云亦云，不能在市場波動時輕易地否定自己的結論。當我們的研究和洞察經歷反覆校驗都沒有問題時，一旦下了決定，只要前提沒有變化，就要有篤定的精神。不要總是問別人怎麼看，關鍵在於應該怎麼看、怎麼想，在金融市場中，人們普遍認為共識已經反映在價格中，這尤其需要警惕，因為共識和正確與否沒有必然的因果關係。市場在一段時間裏與你的看法不同，或者許多人的觀點與你的不同，並不意味着你的觀點是錯誤的。獨立判斷意味着對市場保持冷靜的思考，不要輕易妥協。很多時候，妥協會產生一個「坡」，你從「坡」上慢慢下來，剛開始沒有感覺，但下得越多速度越快，等你意識到的時候，往往已經很難改變了。獨立性就是不盲目，不輕易受別人觀點的影響，充分考慮各種可能性後，基於嚴謹的邏輯獨立作出判斷。

某種程度上，好的投資人應該去找真正正確的「非共識」。這

些問題是投資中最難回答的：市場真正有效嗎？市場共識是甚麼？所有的公開信息以及這些信息產生的結果都能合理反映在價格中嗎？究竟哪些因素已經反映在價格中了，哪些還沒有反映？許多創新企業的估值已經很高，而傳統企業的估值往往偏低，樂觀或者悲觀的因素是否在估值層面有了充分甚至過分的反映？我們認為，往往是與眾不同的視角，少數的、獨立的決策，特別是真正正確的非共識，才有可能帶來超越市場的回報，而且市場給你的回報將是呈指數級的。傑夫·貝佐斯表達過這樣一個觀點：「我相信，如果你要創新，必須願意長時間被誤解。你必須採取一個非共識但正確的觀點，才能戰勝競爭對手。」

獨立思考更加強調不能盲目信任自己的經驗，不能有認知上的偏見。許多投資人喜歡復盤，總結過去的得失經驗，但習慣用很老舊的經驗去解決當前的問題，或者乾脆簡單機械地套用剛剛積攢的經驗去解決新出現的問題，這其實比不積累經驗還要可怕。很多人會避免犯相同的錯誤，但如果只是盲目信從經驗，就有可能不斷地犯新錯誤。許多人相信歷史會週期往復，但也有人覺得這次會不一樣，其實讀歷史的目的並不是一勞永逸地知道該怎麼辦，而是為了總結出規律，因此我們需要看到事情的多樣性、豐富性。每次判斷都是嶄新的，都應該向前看。要把歷史當作一種知識儲備和情景訓練，當作抵禦重大風險的壓艙石，而不是保你百戰百勝的萬能藥。

拒絕投機

在投資中，價值投資者要善於把握商業機會，對人、生意、環境和組織時刻保持跟蹤和觀察，要下如切如磋、如琢如磨的功夫，就好比粗糙之米，再舂則粗糠全去，三舂四舂則精白絕倫。

本傑明・格雷厄姆在《證券分析》中指出，表面和眼前的現象是金融世界的夢幻泡影與無底深淵。他認為：「投資是一種通過認真分析研究，有望保本並能獲得滿意收益的行為，必須以事實和透徹的數量分析作為基礎。不滿足這些條件的行為被稱為投機，投機往往是奇思異想和猜測。」對於投資人來說，**信念有時比處境更加重要，你的格局觀決定了你的生存環境，也決定了你的投資機會。**當你已經十分清楚自己的信仰是甚麼時，其他所有的事情都是干擾項。

拒絕零和遊戲，做正和遊戲

有很多投資人會以任何價格購買任何公司的股票，只要這些公司的股票有上升的趨勢，他們會在全市場都討論某個公司時持倉加入；也有許多投資人會在大多數時間裏堅持價值投資，但遇到特別容易賺錢的機會時也會偶爾嘗試。華爾街的傳奇人物盧西恩・胡伯爾（Lucien O. Hooper）有一句名言：「給我留下深刻印象的，是那些整天很放鬆的長線投資者，而不是那些短線的、經常換

股的投機者。」我一直在思考，價值投資者的最大堅守是甚麼。得到的答案是：永遠堅持做創造價值的事情。價值投資者是求成者，而不是求存者，求成者追求成功，而求存者往往把他人視為威脅。價值投資不是擊鼓傳花的遊戲，不是投資人之間的零和遊戲，不應該從同伴手中賺錢，而應通過企業持續不斷創造價值來獲取收益，共同把蛋糕做大，是正和遊戲。

資本市場是個多樣且複雜的生態系統，在這樣的市場中會出現各種各樣賺快錢的機會。由於監管環境在不斷變化，許多投資機構可以說一套做一套。但投資人真正應該看重的不僅僅是別人說了甚麼、做了甚麼，而是自己相信甚麼。在中國拒絕投機尤為困難，因為中國市場是一個非常寬容的市場，價格偏離價值的幅度經常很大，而且偏離的時間比較長，市場的有效性還處在一個不斷成熟的階段，中國企業的生命週期和盈利週期仍在不斷變化，因此能夠允許眾多生存方式並存。

當幸福來敲門時，你要在家

堅持走在價值投資的道路上，就要保證「當幸福來敲門時，你要在家」。如果陷於意氣之爭，不斷去和市場較勁，尋求短期博弈，就放棄了去看 5 年、10 年的機會。到那個時候，投機不僅僅是因為誘惑，更是源於一種壓力。投資市場中的壓力無處不在，在市場恐慌和瘋狂的時候，人們往往無法保持冷靜。

　　晚清名臣張之洞在修建盧漢鐵路時提出了「儲鐵宜急，勘路宜緩，開工宜遲，竣工宜速」的指導原則，這句話用來形容克服投機的心態尤為貼切。打基礎的事應該着急，把自己的核心能力趕緊儲備起來，而真正看項目做決策時則應該想得透徹和長遠，在關鍵時候再出手，一旦出手就全力幫助創業者創造更多價值。相反，投機心態則是不管儲鐵是否完備，就勘路開工蜂擁而上，結果自顧不暇、手忙腳亂。所以，拒絕投機就是要掌握好投資的「遲速緩急」。

　　等待在投資中是一項極具挑戰又極有價值的事情，有時候需要等待 1 年，有時候需要等待 10 年。**等待也是一種主動，等待不是甚麼都不做，保持耐心等待的最好做法就是對無關的事情連想都不要想，一直清楚甚麼是該做的、甚麼是不該做的。**

　　《論語》中有句話：「雖小道，必有可觀者焉；致遠恐泥，是以君子不為也。」[1] 要對堅持的事情富有耐心，駕馭情緒，時刻自我反思，保持高度專注。壓力往往可以通過專注來消解，專注意味着你要敢於說「不」，不要去做對自己的核心目標沒有用的事情。即使有餘力去做更多的事情，或者自認為擁有及時把精力拉回來的自控力，我仍然建議你不要那樣去做。你甚至可以休息來養精蓄銳，等待下一次機會。不要高估自己的自控力，更不要小看人性。迴避短期心態，是價值投資者的重要修養。

---

[1] 出自《論語‧子張篇》，意為即使是小技藝，也一定有可取之處，但執着鑽研這些小技藝，恐怕會妨礙從事遠大的事業，所以君子不做這些事。——編者註

警惕機械的價值投資

價值投資者還要有一個重要修養，就是不要做機械的價值投資。那麼甚麼是機械的價值投資？簡言之就是機械地長期持有、機械地尋找低估值、機械地看基本面。

沒有教科書式的價值投資

我們說價值投資要從書本上學，從基本常識出發，但不能言必談理論和原則。警惕機械的價值投資就是「要警惕右、防止左，但主要是防止左」。價值投資的「右」是指機會主義者，要拒絕投機。價值投資的「左」是指激進主義者，比「右」更可怕：第一，他們非常有隱蔽性，極其信仰價值投資，一旦發現別人有甚麼不對，就會說「這不是價值投資」；第二，他們非常投入，基本功扎實，做分析建模型很厲害，而且往往都是百科全書式的，似乎甚麼都了解、都知道；第三，他們以為自己非常誠實，且自認為做好了自我認知，因此就把自己也給騙了，沿着自己相信的方向一根筋地往深裏走。可以說機會主義者往往賺不了大錢，也賠不了大錢。與機會主義者相比，機械的價值投資者可能更容易犯大的錯誤，錯過大的投資機會。

我們所說的價值投資，當然關注安全邊際、企業估值、流動性這些基本概念，這些也是價值投資的應有之義。但現實中沒有純粹

的、教科書式的市場，也沒有純粹的、教科書式的投資，更沒有純粹的、教科書式的價值投資。現代醫學的奠基人克洛德・貝爾納（Claud Bernard）[1] 有句名言：「構成我們學習最大障礙的是已知的東西，不是未知的東西。」從書本上學的是基本常識，更是基本精神，不能套用條文去做價值投資，而是要理解條文背後的精神內核。

就像在法律領域經常探討的成文法和判例法的區別一樣，成文法是高度總結的條文和概念，而判例法則是具體的判例結果。判例法最大的特點是，一個新案例能夠圍繞以前案例的司法原則和法律精神「走」一遍，而不用被法律規定和文本所局限。投資也是如此，許多投資方法是與當時的環境、所處的發展階段、所處的市場環境相匹配的，它的理論化、抽象化也有理解和使用的前提。學習一套理念，看重的是從假設到驗證再到結論的推導過程，因此不能也不應該套用任何現成的理念和方法。比如價值投資誕生之初，華爾街充斥着市場操縱和賭博氣氛，上市公司沒有建立完備的信息披露制度，財務信息更不為市場所知，且不乏會計欺詐現象，因此專業、理性成了投資的重要原則。看企業的基本面、研究財務信息、尋找安全邊際，成為那個年代價值投資的精髓所在。投資不存在萬能定律，要不斷打破原有分析框架，在新的時代、新的環境中分析新變量、引入新參數，不能機械地學習格雷厄姆，也不能機械地學習巴菲特，他們也在隨着時代的變化、商業的變化不斷打破原有的

---

[1]　克洛德・貝爾納是 19 世紀法國偉大的生理學家，是現代醫學的奠基人之一。貝爾納一生的研究幾乎遍及生理學的各個領域，對實驗生理學的發展起到了至關重要的作用。——編者註

投資理念。所以今天做價值投資，就必須在上述分析的基礎上，用發展的眼光思考企業成長的各種可能性，考慮更多新因素、新變量，比如成本收益結構在新技術下的變化、人才和組織能力的變化、行業基礎設施和生態的變化、社會倫理和環境的變化等。

再來看怎樣理解機械地長期持有、機械地尋找低估值、機械地看基本面。首先，長期持有只是結果，而不是目的。長期持有只是價值投資的某種外在表現形式，有些價值的實現需要時間的積累，有些價值的實現只需要環境的重大變化，所以不能說長期持有就是價值投資，非長期持有就不是價值投資。其次，購買低估值的股票並不是價值投資回報的持續來源，企業持續創造價值才是。特別是在當前的市場情況下，很難找到賬面價值低於內在價值的投資標的。比尋找低估值更重要的是理解這隻股票為甚麼被低估，能否從更高的維度上發現長期被低估的股票。最後，很多時候基本面投資往往是趨勢投資，是看行業的基本面或經濟的週期性，本質上也是博弈性的。我們所理解的價值投資，不僅僅要看到生意的宿命論，還要關注創業者的主觀能動性，關注環境、生態的變化，這些都會改變生意的屬性。因此，價值投資的前提是對公司進行長期的、動態的估值，尋找持續創造價值的確定性因素。

與市場和解，與自己和解

那怎樣才能避免做機械的價值投資呢？總結起來核心是兩個

方面：第一，學會與市場和解，及時看看市場的反饋。有些投資人做一級市場，如果投的項目半年、一年之後沿着他的預想在走，他會認為自己的判斷是正確的；如果沒有，他會認為是市場的某些要素出了問題，或者時機未到。有些投資人做二級市場，市場會時時刻刻提供反饋，如果漲了，他們就認為市場是對的；如果跌了，就認為這個市場還不成熟。這些投資人永遠站在自己的位置和視角去判斷市場是理性的還是不理性的，去評價「市場先生」。但其實投資人應該利用好市場的反饋，不斷提高全面思考的能力，而不是寄希望於「市場先生」能夠符合自己的預期。儘管有人把「市場先生」比作「雙向障礙患者」，但每一次市場的反饋都是在提示你可能哪些東西沒有想到，或者哪些東西想到了但又出現了新的不可知因素。任何市場都不可能一成不變，市場的有效性也在變化中。

第二，學會與自己和解，保持平常心，及時接受自我反饋。當發現現實總和自己所堅持的原則衝突時，就要思考如何建立一個既有條條框框又能靈活處置的緩衝地帶，即在追求嚴謹和規律的同時，保留一些感性的出口。這個過程既是說服自己的過程，也是豐富自己的過程。要理解，自我否定是進化，自我納悅也是進化。

在與自己和解的過程中，你身邊的人是否能夠用同一套話語體系、用你們共同理解的語言把事情說清楚，對你與自己的和解過程非常重要。這就需要你先把自己的想法說出來，不僅僅是說

169

出結論，更重要的是說出形成這個想法的緣起、過程。對於不同行業、不同邏輯類型的投資，要保持靈活和開放的心態。

在投資過程中，我們曾經非常強調投資決策的重要性，認為結論很重要，而且認為結論一致是非常好的情況。但實踐中發現，很快達成一致的結論往往最後被證明是錯的，總會有一些事情沒有人想到或者想清楚，大家是為了一致而一致。經過一段時間的調整，高瓴逐漸形成了在問題起點就共同討論的決策流程，在選題和搭框架時就讓相關決策人參與進來，在最初就擁有共同的信息基礎，絕不是各說各話；同時，在剛一開始時就充分討論，這樣在最早看這個生意的時候，就有不斷反饋的過程，而不是等到有結論的時候再去反饋，因為有結論了再去反饋則需要克服更多人性的弱點。所以這個自我反饋其實是在過程中的反饋，而不是對結論的反饋。思考和邏輯推演過程的重要性遠遠大於你所得到的結論。結論固然很重要，但微判斷是載體，是一個人形成結論的過程。把許多微判斷融入邏輯推演的分析框架中，才真正顯出功力。

避開價值投資中的陷阱

前面提到要拒絕投機，同時也要警惕機械的價值投資，那麼是不是不「左」不「右」就能做好價值投資呢？這其中，還要注意價值投資當中的許多陷阱。

陷阱一：價值陷阱

第一個陷阱是價值陷阱，避開它的要義是不要只圖便宜，投了再便宜也不能投的項目。一個看上去「物美價廉」的投資未必是個好投資，因為投資標的必須有好的質量。

華倫・巴菲特對價值的理解也在不斷迭代。他在 2019 年股東週年大會上對價值投資給出了新的詮釋，這一點和我們所理解的並無二致。價值投資中的「價值」並不是絕對的低市盈率，而是綜合考慮買入股票的各項指標，例如公司開展的是不是可以讓人理解的業務，未來的發展潛力，以及現有的營收、市場份額、有形資產、現金持有、市場競爭等。

價值陷阱是傳統價值投資中極易被忽視的圈套。在分析標的時自然應該強調估值的重要性，不僅要看當前的估值，還要看企業在未來一段時期的表現，而且這個預期與企業擁有的核心技術、所在行業的競爭格局、行業週期、市場環境、組織形態以及管理層都有關係。如果一家企業的技術面臨顛覆式挑戰，而且完全沒有研發或技術上的儲備，那它的估值可能隨時會一瀉千里。如果一家企業所處的行業是贏家通吃或者寡頭壟斷的行業，那麼它的估值就很難用現在的市場份額對應的營收或利潤來判斷，因為這種行業往往會產生極端的結果。如果是典型的大型企業，那麼它的規模可能會妨礙反應速度和增長空間。對於管理層的判斷也同樣重要，儘管對管理能力進行預測是不科學的，但如果管理層盲目

追求短期利潤或者企業規模，而忽視企業的長期發展，那麼企業未來會面臨極大的不確定性。投資這個遊戲的第一條規則就是得能夠玩下去（The No.1 rule of the game is to stay in the game）。價值陷阱的本質是企業利潤的不可持續性或者說不可預知性，投資人需要看更長遠的週期或更大的格局，才能夠識別並避免價值陷阱。

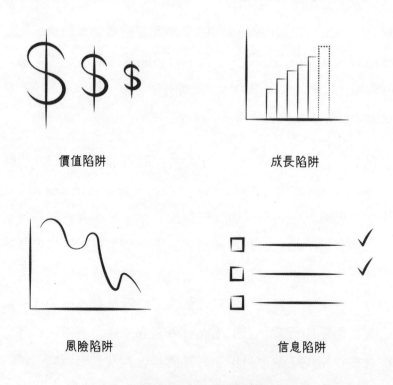

價值陷阱　　　　　　　　　成長陷阱

風險陷阱　　　　　　　　　信息陷阱

價值投資中的陷阱

陷阱二：成長陷阱

第二個陷阱是成長陷阱，避開它的要義是不要有錯判。我們強調成長型投資和價值投資之間並不畫等號，這意味着有的成長型投資不是價值投資，而有的成長型投資是價值投資。

成功的成長型投資必須能夠預測新技術的成功機會、新市場的動向以及新商業模式的演化。評估企業成長性的落腳點應該是衡量這家公司的內在機制和動能。沒有研究深、研究透以及多年摸爬滾打的經驗積累，難以對上述種種因素作出有把握的預測，因此很容易陷入成長陷阱。要堅持在預測前進行嚴謹分析，同時又要承認未來是難以準確預測的，對未來的判斷應始終保持合理的懷疑。不要高估當前的增長，也不要低估未來的成長。其實高估本身就是錯判，只有短期的快速成長並不意味着長期能夠持續不斷創造價值，因為並非所有成長都是良性的。逆向思維在這裏的應用是，要善於警告自己，很多成長型投資是沒有門檻的，長期來看許多當前快速成長的公司長期卻無法跑贏整體經濟。許多公司從財務報表上看都是在增長，但是有的公司是真正地內外兼修，而有的公司只是處在「風口」上，利潤報表的增長和這家公司沒有直接關係，只是受到當時商業週期、經濟環境的影響。就像價值陷阱的本質是利潤的不可持續性一樣，成長陷阱的本質就是成長的不可持續性。

菲利普・費雪是成長股投資策略的開創者。他的核心投資理念在於，投資目標應該處於持續成長中，增長率至少應該高於整體

經濟，否則就不能持有。很多投資人給予高成長的企業高估值，就是假設這個成長能夠持續下去，但高成長的企業要消化這個高估值，甚至超預期，這就很難了。

人們經常說「千里馬常有，而伯樂不常有」，其實「千里馬也不常有」。《韓非子》中有句名言，「伯樂教其所憎者相千里之馬，教其所愛者相駑馬」，說的就是這個道理。千里馬不常有，而駑馬常有，相比於日日鑒定駑馬的人，只鑒定千里馬的人就得不到持續的訓練；而反過來，鑒定駑馬多了，自然也就知道何為千里馬。所以，避開成長陷阱的辦法就是保持平常心，堅持第一性原理，不要為了發現成長股而定義成長股，否則很容易被「得道升天」的僥倖所迷惑。

陷阱三：風險陷阱

第三個陷阱是風險陷阱，避開它的要義是不要錯估風險。在現代金融學範疇中，風險往往被理解成市場波動，但這種理解是有前提的，即市場是有效的。從價值投資的角度看，風險更有可能是資本永久性、不可逆的損失，包括環境的不可逆、趨勢的不可逆、業績的不可逆、時間的不可逆等。要善於識別真正的風險，包括估值風險、企業經營風險和資產負債風險等。

在價值投資中，只談收益不講風險的投資都是違背常識的。計算投資收益的基本公式就是風險和成本調整之後的長期、可持續收益。只要把風險看清楚了，就知道收益是怎麼來的了，這就是

所謂的「管理好風險，收益自然就有了」（Focus on the downside and the upside will take care of itself）。

　　即使是再偉大的投資人，犯錯誤也是必然的，能否把犯錯誤的代價控制到一定的損失範圍內，在風險與利潤之間找到最佳平衡點，在「恐懼」「貪婪」的兩難抉擇面前保持平常心，是甄選成熟投資人的關鍵。也許有人覺得，避免犯錯誤的唯一方法是不進行投資，但這是所有錯誤當中最嚴重的一個。要學會寬容自己的錯誤，同時把每一次錯誤變成學習經驗。正所謂「君子不立危牆之下」，規避風險陷阱的辦法之一就是本傑明・格雷厄姆所說的尋求安全邊際。把情況想到最壞，看看最壞的情況發生後還有哪些次生傷害，有沒有反身性 [①]，看看災難來臨時有沒有自救手段或者「逃生艙」，始終對不確定性保持理性的謙卑，這些都是安全邊際的內涵。另外一個角度就是判斷企業持續創造價值的能力，持續創造價值就是最大限度地減少風險，這可以理解成以攻為守。

陷阱四：信息陷阱

　　第四個陷阱是信息陷阱，避開它的要義是不要迷信信息。價值投資是依賴基本面分析、依賴研究的工作模式，很多投資人收

[①] 反身性是指投資者與市場之間的互動影響。投資者根據其掌握的信息和對市場的了解來預期市場走勢並據此行動，而其行動也會反過來影響和改變市場原本的走勢，二者會持續、動態地處於相互影響的關係之中。——編者註

集信息的能力很強，但同時也面臨着信息過載的問題。很多時候，犯錯誤的原因並不是你收集的信息不全或者收集了錯誤的信息，而是你過於相信了自己所掌握的信息。

收集信息形成微判斷只是第一步，第二步是善於識別信息的權重，到底哪些信息已經是市場的存量信息，哪些信息是市場的增量信息；哪些信息在哪個階段是重要信息，哪些信息始終重要或不重要。給信息賦予權重，比作出微判斷要難很多，很多價值投資者做不好這一點。第三步是用第一性原理把這些微判斷和有權重的信息聯繫到一起，這才形成了真正有力量的東西，才能夠把研究轉變為決策，從研究員變成投資人。信息陷阱的本質就是信息本身不會告訴你立場或觀點，更不會告訴你它有多重要，你所觀察的角度決定了你看待信息的方式。這裏面有很多經驗性的、規律性的東西，也有很多是偶然性的、視角選擇方面的東西。當擁有許多投資項目的時候，其中很多並不是真正的機會，所以更重要的是要把握如何識別這些機會的優先級，如何判斷哪塊「雲彩真正有雨」。如果能夠不斷積累信息的賦權經驗，那麼投資能力就能達到新一輪的飛躍。規避信息陷阱的辦法只有一個，就是不斷去學習和思考，不斷重複，形成慣性直覺和本能反應。

避開價值投資的陷阱，歸根結底是保持理性，保持理性的誠實，在沒有充分地研究之前，在思維模式尚未得到檢驗之前，在沒有把風險管理好之前，平衡好自信和謙虛的心態，保持積極的克制和勇敢的主動。

價值投資無關對錯，只是選擇

投資之道，萬千法門。堅持何種投資理念，都不能以名門正派自居，更不能自認高手包打天下。武林之大，但凡修得暗鏢神劍者，亦可獨步江湖。所以門派無尊貴，只有適合不適合。在資本市場中，生存下來是第一要務，而生存最重要的是找到適合自己的投資方法。對於投資人來說，格局觀不僅僅意味着長期謀略和精準洞察，其本質是你信守的投資哲學。

底層思維決定投資方式

在做投資研究時，底層的思維方式決定了研究與否、研究甚麼，投不投資、投資甚麼，而世界觀、價值觀決定了研究對象到底是事實、數據還是原理，投資對象究竟是不是時間的朋友。

比如有的風險投資人，所投項目覆蓋了三百六十行，所有行業的項目都看、都投。其實，他的邏輯不僅是建立在行業研究的基礎上，更關注的是創業本身，是「創業」這項活動、這門生意。某種程度上說，「創業」這個領域，吸引了眾多有鬥志、有獨立思考能力和卓越創造潛力的年輕人。他們值得被關注和支持，值得通過創業這件事來得到訓練和提升。在所有決定創業能否成功的要素中，人是最主要的。因此，「培養創業者，使其擁有更為成熟的創業實踐經驗」這個項目本身，就值得投資。

再比如有的投資人，喜歡由內而外地做判斷，從內部的角度出發，更重視創始團隊和組織基因；而有的投資人喜歡從外部的角度出發，關注行業格局、盈利結構、生意屬性；還有的投資人喜歡從市場的角度出發，看宏觀形勢、政策趨勢、板塊輪動，關注時機和勢能。角度雖不同，但如果能找到自洽的邏輯，這些投資人往往就能取得不錯的成績。

還有的投資人天然對不確定性很有感覺。其實，人類生來就有一些心理認知誤區，包括對不確定性的厭惡，表現為在遇到困惑或壓力時，想盡快擺脫懷疑，追求確定的答案。但對於投資決策來說，其核心在於對不確定性的把握。每個投資人對事物認知的不確定性其實是不同的，有的人天生對大的市場走勢有感覺，有的人天生對數據背後的邏輯有感覺，有的人天生對人性有感覺。對於同一個投資標的，有的人看到了低價，而有的人能夠換一個角度來思考，看到的不僅是價格，還有協同和生態。你的不確定性在我這裏可能就是確定性，所以每個人應該用自己擅長的方法來理解不確定性。當然，這裏的前提是要有對自己的清楚認知，而對自我認知的不確定其實是每個人都必須面對的。

選擇讓你有幸福感的投資

方法論本質上並無高低之分，只是天性的自知、自省與自洽。不同的投資人有不同的看家本領，這其實是基於不同投資原則和

策略方法的不同優先選擇。某種策略方法一旦成為信仰，一定有其厲害的地方。堅持一種投資方法的關鍵在於你要遵守一套遊戲規則，就像音樂家的內心要有渾然的交響，詩人的內心要有和諧的意境，軍人的內心要有統一的信念。如果腦子裏有不同的標尺或者不同的聲音，就會造成自我意識的混亂。只要堅持的基礎原則相同，你就可以無所限制地表達，表達方式可以很豐富。所以，我們並不是以價值投資作為唯一的賺錢方法，而是把價值投資作為一種信念，一種讓心靈獲得安寧的工作和生活方式。

正所謂兵無常形，投資的科學性和藝術性在不同的人看來一定有不同的解讀。許多投資人都在潛心探索不同的投資理念和方法，由於每位投資人的價值觀不同，能力圈 [1] 和風險承受力也不同，因此各自對投資的理解也不同，各自的夢想和實現夢想的路徑自然不同。市場會對每個人的想法提供不同的反饋，即使反饋的結果相同，原因也未必一致；在每一次反饋上，每個人的所得對其效用不同，因為每個人的效用曲線也是不一樣的。所以**選擇投資方式就是選擇自己的生活方式**，出發點是你自己的內心，選擇的是能夠讓你有幸福感的東西。

---

[1] 能力圈（Competence Circle），又稱能力圈原則，是以巴菲特為代表的價值投資者堅守的重要原則之一，這個概念最早出現在 1996 年巴菲特致股東的信中，強調投資人需要有對選定的企業進行正確評估的能力。——編者註

交給我管的錢，就一定把它守護好

最後，我想談一談關於受託人責任的話題。我在從事投資的第一天就學到一句話，叫作「我寧願丟掉客戶，也不願丟掉客戶的錢」。這是價值投資者不可或缺的自我修養，因為聲譽就是投資人的生命。別人能否信任你、幫助你，很大程度上都取決於你的聲譽。

忠實，把受託人責任履行到極致

在我們推崇的投資哲學裏，第一條就是「守正」，這裏面最重要的一點正是堅持高度的道德自律，即按照最細刻度的道德標尺，把受託人責任履行到極致。道德自律是開展投資的前提，作為受託人，必須戰勝人性的弱點，在誠實、專業中牢記使命和責任，遵循職業操守，防止任何有損出資人的行為發生。這種最重要也是最基本的受託人理念，是對投資人能力和人格的雙重考驗，儘管並不是每位投資人都能夠時刻踐行，但路遙知馬力，一旦堅持下去，就能得到出資人的長期支持和在特殊時期的關鍵信任。

優秀的資產管理機構應從出資人利益出發，始終將基金持有人利益放在首位。中國古代向來將「信義」和「生死」並稱，誠信道義是中國古典哲學中極為重要的傳承。在面對投資項目時，經常會遇到各種各樣的情形，不可避免地受到外界環境、社會關係以及個人情感的影響，對於道德自律的堅守在這個時刻尤為重要。

美國最高法院傳奇大法官本傑明‧卡多佐（Benjamin Cardozo）[1]
曾經這樣表述：「受託人應該在最敏感的細節上恪守榮譽感。」把
投資道德作為第一標準，歸根到底是一種理性。忠實於客戶，堅持
在最敏感的時刻保持理性思考，這會幫助受託人建立非常長期的
信譽。

審慎，以客戶長遠利益為中心

　　以客戶為核心，並不意味着客戶想要甚麼就給甚麼，而是真
正為客戶的長遠利益、最佳利益着想。受託人責任中，不僅有忠
實的義務，還有審慎的義務。專業投資機構應發揮區別於普通投
資者的風險識別能力，在處理受託事務時，必須保持合理的審慎，
包括全面了解投資標的性質，建立充分完善的風控體系，保證財產
的長期安全和穩定收益。許多客戶容易受到外界環境的刺激而隨
波逐流，我們的投資哲學強調「守正用奇」，主張「逆向思考」，用
正確的時間維度考慮市場變化和企業演進，最大限度地降低風險
而獲得利潤，以實現客戶的長遠收益。

　　如果投資人管理的錢來自教育事業、公益事業，是傳子傳孫

---

[1] 本傑明‧卡多佐是美國司法史上最具傳奇色彩的大法官之一，被譽為有創造性的
普通法法官和法律論說家，也是美國侵權法發展史上的標桿式人物。1932 年，
因其高尚的品格和出色的判決，卡多佐被享有威望的哈佛大學校長、耶魯大學校
長、哥倫比亞大學校長、芝加哥大學法學院全體人員，以及勞工和企業界的諸多
領袖共同推舉給胡佛總統，並最終成為美國最高法院法官。——編者註

的錢，就更沒有道理不管好。在受託責任這個根本問題上，投資人應該時刻戰戰兢兢，堅持「以人為本」，無論順境、逆境，都要保持客觀積極的心態，牢記一名受託人的使命，銘記受託之重。

德國哲學家伊曼努爾・康德（Immanuel Kant）說：「這個世界上唯有兩樣東西能讓我們的心靈感到深深的震撼，一是我們頭上燦爛的星空，一是我們內心崇高的道德法則。」投資人應該始終抱有這種信念，督促自己不斷地為客戶服務，在共同認可的投資理念下，堅持做研究，堅持與優秀的創業者合作，從而建立資本、資源、創業者之間相互促進的良性循環。理解了這些，就能夠理解為甚麼說受託人責任是長期收益的真正來源。

價值投資者的自我修養，就是在長期追求內心寧靜的過程中，堅持有所為有所不為；在道德自律和紀律約束中，重複反思，尊重常識，認知自我。所謂「初有決定不移之志，中有勇猛精進之心，末有堅貞永固之力」，正是長期主義的寫照。

我對投資的思考

- 價值投資不必依靠天才，只需依靠正確的思維模式，並控制自己的情緒。

- 好奇心不受好勝心或者戰勝他人的成就感所驅動，不是為了當第一把別人比下去，也不是為了戰勝市場。

- 信念有時比處境更加重要，你的格局觀決定了你的生存環境，也決定了你的投資機會。

- 方法論本質上並無高低之分，只是天性的自知、自省與自洽。

- 選擇投資方式就是選擇自己的生活方式，出發點是你自己的內心，選擇的是能夠讓你有幸福感的東西。

- 我寧願丟掉客戶，也不願丟掉客戶的錢。

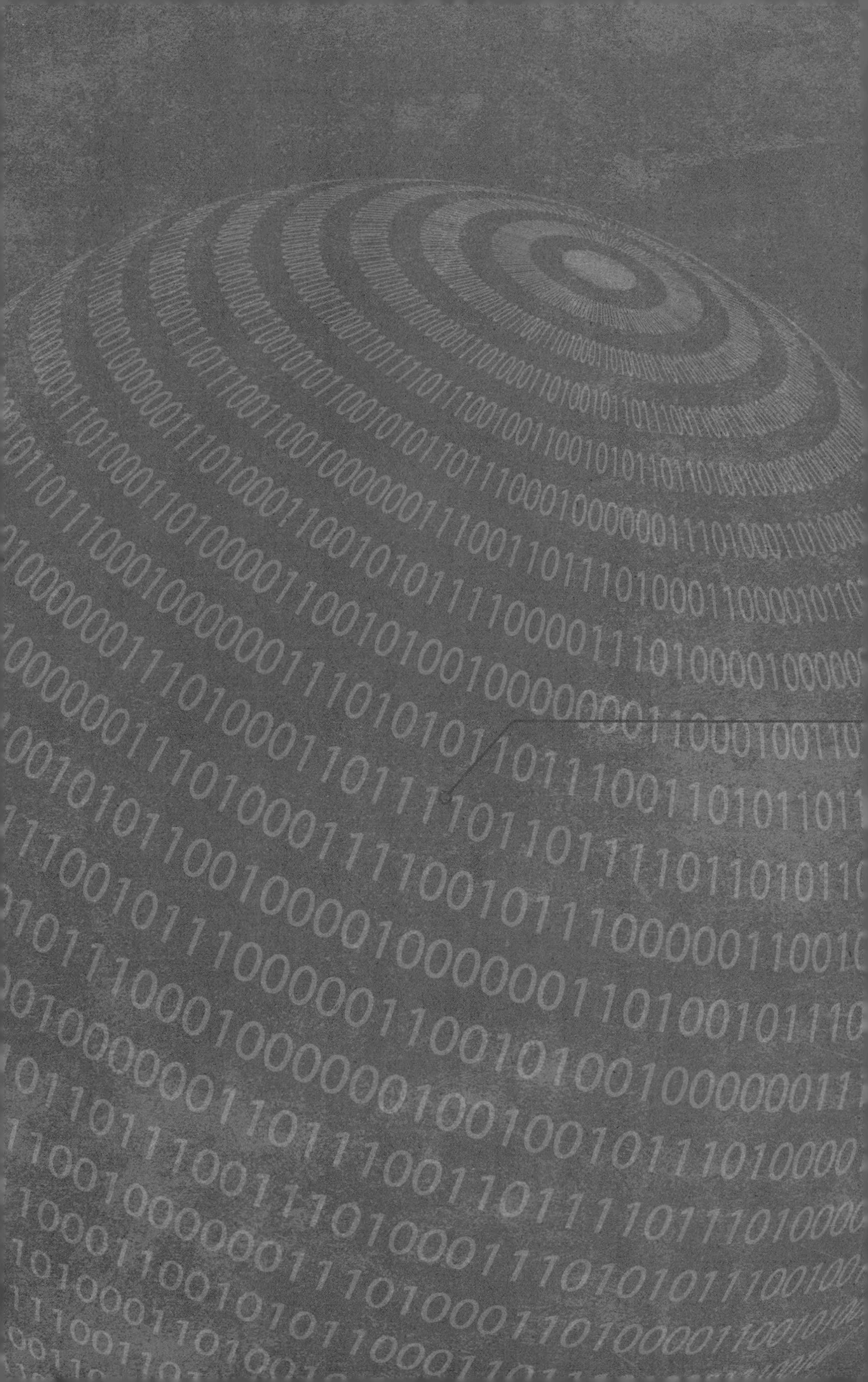

THE Formula
高 ◇ 瓴 ◇ 公 ◇ 式

基於時間的投資回報

=

$$\sum_{i=1}^{n} \text{回報}^{Ti} / \text{投資}$$

注：T＝時間，投資回報會隨着時間的增加而增長
i＝範式轉換，即在不同期限、維度或系統中理解多重複合收益

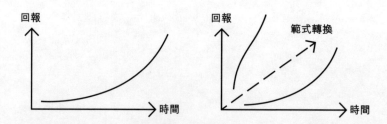

1. 時間回報公式

● 所謂時間的價值，可以從這兩個方面來理解：一方面，一筆好的投資，其投資收益會隨着時間的積累而不斷增加，時間是好生意的朋友。另一方面，真正好的投資，從某一維度來看，其收益在短時間內可能有限，但如果把時限拉長，或者從不同維度、不同系統來看，從範式轉移的動態角度來看，其收益可能已經在不斷地飛速增長，並且是複合的、高階的、長期的。

● 在與被投企業共同創造價值的過程中，高瓴在投後賦能方面的投入，不僅幫助被投企業運用科技賦能，突破發展瓶頸，還幫助高瓴自身建立了一支成熟的投後運營團隊和一套完整的賦能工具箱；更讓人意想不到的是，在產業裏的摸爬滾打，還幫助高瓴投資團隊獲得了真正理解產業發展和企業實踐的基礎性研究能力，從而形成了一個完善的、有益的價值創造循環。**這就是一筆投資、多筆回報，在不同的維度上獲得動態的、長期的收益。**

成功

=

{ 1,0 }

✕

10^n

注：{1,0} = 選擇正確與否
n = 努力程度

2. 選擇與努力公式

● 在與無數投資人、創業者、企業家的交流中，我愈發覺得，**選擇比努力更重要**。對於投資人而言，選擇是一種判斷；對於創業者而言，選擇是一種勇氣；對於個人而言，選擇是一種相信。選擇與努力的關係就好比 1 和 0：作出正確的、讓自己心靈寧靜的選擇，就獲得了那個珍貴的 1；在這個基礎上，憑藉天賦不斷學習、探索和努力，就是在 1 的身後增加無數個 0。選擇是初心，努力是堅持。

● 在投資的歷程中，有許多投資方法和原則。投資無關對錯。我們堅守價值投資，就是因為相信這是對社會最有益，也是讓自己最有幸福感的方式。一旦選擇了價值投資，就堅持研究驅動、不斷挖掘影響行業和生意的底層變量，尋找最偉大的企業家。這是一種選擇，也是最大的堅守。

價值

$$=$$

事

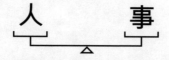

3. 選擇的定義公式

● 無論是投資還是創業，或者是從事許多別的行業，**選擇的核心是讓人與事相匹配，合適的人在合適的事業上，一定能夠取得非凡的、指數級的成功。** 這是因為一個人的專注、熱情和才華能激活一項事業的許多可能性，甚至改變它本來的發展曲線，把不可能變成可能，獲得超越預期的成就。而一項事業本來的屬性，也能夠讓一個人不斷地成長，不斷地突破自己的舒適區，成為更好的自己。**在這其中，人比事更重要。**

● 我們推崇偉大格局觀者，就是因為他們往往能洞察趨勢、深諳本質、擁抱變化、富有同理心，這些將是價值創造的最重要來源。

● 選擇與偉大格局觀者同行，就是持有共同的戰略願景，在深諳行業規律的基礎上，運用最先進的科技手段、最高效的運營方式，打造動態護城河，持續不斷地為社會創造價值。

人才密度

+

人才多樣性

化學反應 光合作用

價值

4. 組織人才觀公式

- 把最聰明、最靠譜的人聚合在一起，一定能夠產生巨大的化學反應。這種化學反應會讓人產生奇思妙想、非凡創意和許多無與倫比的思考成果，這些最聰明、最靠譜的人之間也會彼此吸引、促進和激發，從而產生巨大的勢能，包括極致效率、團隊優勢和創造性的解決方案。

- 長期的使命感和共同的價值觀，是激活人才的反應條件，就好比光合作用，它營造了一個積極向上、敢拼想贏的能量場，從而讓團隊成員之間不斷地產生化學反應，釋放層出不窮的能量。

- 無論對於一項事業還是一個組織來說，人才都是最重要的資產。所以，我們希望看到一個組織和人才和諧發展的小生態，在這個小生態裏，每個人都能夠盡情地自我成長，充分地交流學習，彼此啟發促進，把組織變成一個終身學習社區，然後再不斷地相互激發，實現夢想。

共同價值觀

＝

$$\frac{\text{不同背景} \times \text{能力} \times \text{驅動力}}{\text{組織文化}}$$

5. 組織文化與價值觀公式

● 在把最聰明、最靠譜的人聚合在一起時，產生化學反應有一個非常重要的前提條件，就是價值觀對齊，因為不同的人才，有着迥異的教育和家庭背景、獨特的能力才華和不同的內心驅動因素。

● **在所有維度或坐標中，最關鍵的是要形成多位一體的價值觀坐標。**只有在共同的價值觀體系下，團隊才能夠共同創造石破天驚的成果，而不會是成員之間水火不容或者毫無反應。

● **價值觀對齊的基礎是有吸引力的組織文化。**在高瓴的實踐中，追求理性的好奇、誠實、獨立，追求敢拼想贏不怕輸的運動隊精神，是非常長期、重要的文化基石。前者指導每個人如何思考、決策，如何獨處與自我和解；後者指導團隊如何配合、合作，靠團隊的力量迎接挑戰、實現突破。所以，把無數擁有無限發展潛力的人才聚合在正確的組織文化中，就能夠讓他們在同一套話語體系和坐標軸中快速學習和成長，這也是組織效率產生的根本。

傳統經濟的轉型升級

新經濟領域的創新滲透

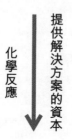

提供解決方案的資本

化學反應

價值

6. 啞鈴理論公式

● 除了人才間的化學反應，我們認為在未來的產業變革中，傳統經濟的轉型升級和創新經濟的創新滲透將成為兩股重要力量。在這其中，科技創新和傳統企業的融合，將突破傳統消費互聯網的物理連接，演變為一場能產生巨大能量的化學反應。創新經濟將向生命科學、新能源、新材料、高端裝備製造、人工智能等領域廣泛滲透，傳統經濟也將運用最新科技成果實現關鍵的能量躍遷。

● **這場化學反應的關鍵是找到最具活力的催化劑，而價值投資機構一旦成為提供解決方案的資本，就可以瞬間激活啞鈴的兩端，成為傳統與創新的組織者、協調者。**在我們的賦能工具箱中，有超長期資本、人才支持、技術賦能、精益運營等多種方式，這些方式將成為加速化學反應的催化劑，把傳統產業的長期積澱和創新領域的先進突破結合起來，成為塑造產業變革的新力量。

產業重塑

=

$$\frac{價值重估}{第一性原理}$$

+

$$\frac{價值重構}{賦能工具箱}$$

7. 價值投資創新公式

● 運用第一性原理意味着追本溯源、回歸本質,並在此基礎上升維思考,從更大的框架、更高的視角去考慮問題。

● 在價值投資的創新之路中,我們不斷解構產業的結構性變化,在超長期的視角和更廣泛的產業格局中,尋找引領產業重塑的基礎性力量。在這其中,我們運用第一性原理,在敬畏市場的同時,獨立思考商業模式的本質,實現對實體經濟巨頭的價值重估。與此同時,我們建設不同的賦能工具箱,在尊重和理解企業家的基礎上,幫助創新企業和傳統企業實現價值重構。

● 無論是以價值重估去發現價值,還是以價值重構去創造價值,出發點都是從提高產業效率、增加社會福祉的角度,通過產業重塑,持續不斷地瘋狂創造價值。

價值投資的
創新框架

BE A
FRIEND
OF
TIME

第 6 章

與偉大格局
觀者同行

選擇
與誰同行，
比要去的遠方
更重要。

　　與不同行業、不同背景的創業者們交流，是我非常激動的時刻，他們對科技創新、產業進化有着近乎本能的、天然的知覺和渴望。創業意味着永遠在路上，而且有的時候，創業者是非常孤獨的，因此在價值投資過程中，選擇好的創業者、與偉大格局觀者同行是非常重要的一環。我認為，凡盛衰，在格局。格局大，則雖遠亦至；格局小，則雖近亦阻。**想幹大事、具有偉大格局觀的創業者、企業家是最佳合作夥伴，「格局觀」就是我們與企業的接頭暗號。**

　　許多時候，成功的創業者被稱為企業家，同樣，優秀的企業家往往也被稱為創業者，因為若企業家始終保持創業者心態，企業就能不斷地自我顛覆和創新。企業家和創業者的共通屬性是創造一種「生產資料的新組合」，從而滿足消費者不斷變化的需求。在傳統經濟學的研究框架中，「企業家和企業家精神」往往是「消失的」，但在實踐中，企業家精神發揮着非比尋常的作用，所以企業家羣體應該在現代經濟學範疇中被視為關鍵研究對象和核心變量。

　　我們無法用語言勾勒出這些偉大創業者、企業家的羣像，他們各自擁有獨特的能力稟賦和戰略遠見，但在交流中，我發現他們身上有一些被公眾多次提起又常常忽略的共同特質：他們擁有比大多數人更加強大和自信的內心世界，志存高遠；他們能夠大幅度提高資源的產出，創造新的產品和服務，開拓新市場和新顧客羣，視變化為常態；他們希望在改變自我的同時，改變世界。這些

特質也時刻影響着投資人，幫助投資人更好地思考商業本質和行業規律。

芝加哥大學教授阿瑪爾‧畢海德（Amar Bhidé）在其所著的《新企業的起源與演進》（*The Origin and Evolution of New Businesses*）一書中指出，經濟學家把企業家在經濟思想史中表現出來的能力劃分為四類：對不確定性的承擔、對創新的洞察、超強的執行力與極致的協調能力。這與我們對創業者、企業家偉大格局觀的定義不謀而合：第一，擁有長期主義理念，能夠在不確定性中謀求長遠；第二，擁有對行業的深刻洞察力，在持續創新中尋找關鍵趨勢；第三，擁有專注的執行力，運用匠心把事情做到極致；第四，擁有超強的同理心，能協調更多資源，使想法成為現實。

在英雄史觀中，人們往往爭論究竟是「英雄造時勢」還是「時勢造英雄」。在我們對人、生意、環境和組織的分析框架中，對英雄和時勢的看法，只有角度和權重的差異，而無簡單的結論。我所思考的是，應該把商業進程的規律性和偉大創業者的自覺活動結合起來。創業者們因為處於商業實踐的一線，往往能夠率先感知時勢，適應時勢，並在某些時刻影響和決定時勢；他們感知和適應的時勢往往是長期的、不可逆的一般趨勢，影響和決定的時勢卻是微妙變化中的重大事件及其實現方式。這也解釋了偉大格局觀究竟因何產生，或者說何人才可被稱為偉大格局觀者。

擁有長期主義理念

　　我對偉大格局觀的首項定義是「擁有長期主義理念」，這源自我所堅持的投資標準 —— 做時間的朋友。大多數創業者在創業時沒有經營資本、行業數據、管理經驗或者精英員工，任何創業都不可能一夜成功，但如果堅持不看短期利潤，甚至不看短期收入，不把掙錢當作唯一重要的事，而把價值觀放在利潤的前面，堅信價

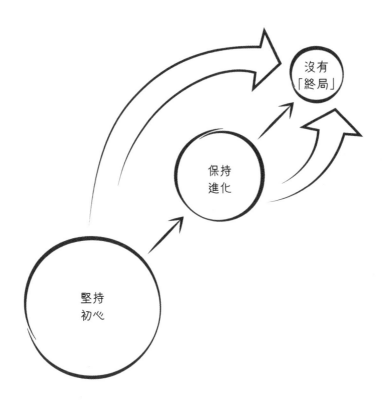

走長期主義之路

值觀是這個企業真正核心的東西，那麼利潤將只是做正確的事情後自然而然產生的結果。這是一種非博弈性的企業家精神，越是這樣的創業者，反而越能夠專注於做長期創造價值的事。對長期主義理念的理解包含三個層次。

堅持初心

對長期主義理念的第一層理解是堅持初心。我們會考量，這個創業者做事情是為了短期目標，還是從自己的初心出發，去完成崇高的使命和夙願。這個初心有多強大？

每位創業者在率領企業尋找前進方向的過程中，唯一已知的東西就是眼前充滿未知。優秀的創業者能夠不被眼前的迷茫所困惑，他的內心是篤定的，他所看到的長期是未來 10 年、20 年，甚至橫跨或超越自己的生命。在接納新事物和迎接挑戰時，他們既享受當下，又置身於創造未來的進程中，對未知的世界充滿好奇和包容。堅持初心就是關注自身使命和責任，在短期利潤和長期價值之間，作出符合企業價值觀的選擇。

比如美團創始人王興，他是一個永遠充滿好奇心和愛思考的人，喜歡讀書，愛問問題，學習能力極強。他的初心是「互聯網改變世界」。2003 年，在美國讀博士的王興，感受到社交網站的興起，毅然決然地放棄學業，回國創業。不像比爾·蓋茨、馬克·扎克伯克、史蒂夫·喬布斯輟學創業時基本有了成熟的創業思路、

靠譜的創業班底，或者至少能找到車庫作為辦公場地，王興憑着一顆初心就開啟了創業歷程。此後，王興先後創辦校內網、飯否網，之後又創辦美團網，在本地生活服務領域不斷深耕。往往初心有多大，創業的藍圖可能就有多大，正是這種樸素的想法，讓美團可以不關注「邊界」，只關注「核心」，即用戶的需求是甚麼，互聯網、科技有沒有為用戶創造價值。

再比如恒瑞醫藥前董事長孫飄揚，也十分令人感動。這位被戲稱為「藥神」的企業家，早年是藥廠的一名技術員。有專業背景的他，在很早的時候就下定決心：「你沒有技術，你的命運就在別人手裏。我們要把命運抓在自己手裏。」藥廠若不改變技術層次低、產品附加值低的問題，是沒有出路的。在他的理解中，仿製藥能夠讓一家藥廠活得很好，因為仿製藥價格低廉，有很好的銷路，但創新藥才是保證一家藥廠真正立足於市場的核心競爭力。此後，醫藥相繼在海內外成立研發中心和臨牀醫學部，構建了藥物靶標和分子篩選、生物標誌和轉化醫學等創新平台，不斷增加科研投入，打贏一場又一場攻堅戰。現在回看，10 多年來，孫飄揚始終保有創業之初的那份「精神頭」，始終不渝地研發新藥，做長遠打算。

保持進化

對長期主義理念的第二層理解是要保持進化。機會主義者往

往重視一時的成功，會給由運氣或偶然因素造成的機遇賦予很大的權重，結果影響了自己的認知和判斷。而長期主義者能夠意識到，現有的優勢都是可以被顛覆的，技術創新也都是有週期的。因此，長期主義者要做的就是不斷地設想「企業的核心競爭力是甚麼，每天所做的工作是在增加核心競爭力，還是在消耗核心競爭力」，且每天都問自己這個問題。

傑夫・貝佐斯在創辦亞馬遜時，選擇從網上書店這個很垂直的細分領域切入。亞馬遜做書店之前，美國最大的書店是發跡於紐約第五大道的巴諾書店（Barnes & Noble）。從 20 世紀 80 年代末到 90 年代末，巴諾書店在全美大規模擴張，10 年間新開出 400 多家「超級書店」，最多的時候有超過 1,000 家實體店、四萬餘名員工。在亞馬遜創辦初期，貝佐斯和員工需要把書打包，然後自己送到郵局寄送。在把實體書店顛覆之後，貝佐斯遠沒有滿足，因為亞馬遜似乎還不足以站穩腳跟。所以，亞馬遜不斷進化，從進軍零售業，到成為全球最大的雲服務提供商，再到智能家居、視頻流媒體領域，其商業版圖沒有邊界。而支撐這些的，自然是貝佐斯的長期主義理念。在他的所有信念中，「消費者為中心」是長期的選擇，也是一種精神力。所以，他可以放棄企業的短期利潤，堅持追求極致的消費者體驗，保持「Day 1」的精神，把企業資源配置到持續創新的佈局中，讓資產價值和商業模式不斷更新迭代。因此，亞馬遜難以被複製，因為它仍在不斷生長。

字節跳動創始人張一鳴對保持進化也有獨特的理解，那就是

「延遲滿足」。別人喜歡調試產品，他喜歡調試自己，把自己的狀態調節在輕度喜悦和輕度沮喪之間，追求極致的理性和冷靜，在此基礎上為了長遠的戰略目標強迫自己學習許多不願意做的事情。我經常説，懂得「延遲滿足」道理的人已經先勝一籌了，他還能不斷進化。這種進化狀態，是先把最終的目標推得很遠，去想最終做的事情可以推演到多大，再反過來要求自己，不斷訓練和進步。所以，當張一鳴在調試自己的同時，又把公司當作產品一樣調試時（Develop a Company as a Product），我們無法想像這家公司的邊界。

　　長期主義者在保持進化時，往往不會刻意關注競爭對手在做甚麼。一旦盯着競爭對手，不僅每天會感到焦慮，而且會越來越像你的競爭對手，只會同質化，而難以超越它。如果把眼光局限在未來三五年，或盯在具體的某個業務上，你身邊的許多人都是競爭對手；但如果着眼長遠，不斷進化，可以和你競爭的人就很少了，因為不是所有人都能夠做長遠的打算。所以，**保持進化最大的價值在於競爭對手會消失，而自己才是真正的競爭對手。**

沒有「終局」

　　對長期主義理念的第三層理解是「終局遊戲」的概念。商業世界的「終局遊戲」不是一個終點，而是持續開始的起點，是一場「有無數終局的遊戲」。換句話説，商業史從來沒有真正的終局，只有以終為始，站得更高看得更遠。

從創業早期的高速增長到爬坡過程中的攻堅克難，其實這些都還只是過程。擁有偉大格局觀的創業者會去推想行業發展到某個階段，市場競爭趨於穩定的時候，哪些資源是無法擴張的，哪些資源具有獨佔性或稀缺性，再去想怎麼超越這些障礙，爭取更大的發展空間。換句話說，在打「預選賽」的時候，既要想到階段性的「總決賽」，又要想到更長遠的未來，按照「永遠爭奪冠軍」的決心排兵佈陣，步步為營。這樣思考的話，就有可能始終參與這場無限遊戲，而不會被淘汰出局。當你的競爭對手還在疲於奔命地思考第二天賽況的時候，你已經看到了決戰的時刻；當你的競爭對手以為決戰到了的時候，你已經看到了更長遠的競爭狀態，這體現了不同的格局。

愛奇藝創始人龔宇對「終局遊戲」有自己的理解。在視頻服務領域，要培養用戶的收視黏性就要苦練基本功，這個基本功非常燒錢，而且會不斷吞噬創業者的意志和投資人的信心。但看待這個問題的角度決定了把燒錢換來的東西看作資本（Asset）還是費用（Cost），是否相信它在未來能夠產生價值。他曾在一次演講中說：「當時我們花了 8,000 萬元買一個劇，最後只掙了 1,000 萬元。但再想想，買下這個劇也許可以幫我們節約後面的 2 億元、3 億元。」「終局遊戲」意味着把戰略着眼點放在「後面」，思考商業模式的無限終局，超前地創造服務或產品的新範式。

再比如愛爾眼科的創始人陳邦，這位因「紅綠色盲」而被軍校退回的老兵，投身商海幾經沉浮，無意間與眼科診療結緣。在愛爾

眼科的發展歷程中，看得遠成為戰略佈局的關鍵。如何在中國的
醫療市場中，找到獨立、可持續的民營專科醫院發展路徑？陳邦
通過實踐給出了很好的答案：其一是探索分級連鎖模式，而這也
順應了「醫改」推行的分級診療大趨勢，通過把內部的資源打通，
將最好的科研成果、最好的醫療服務主動貼近患者，讓診療服務
的重心下沉，創造本地就醫的便捷性；其二是超前的、創新的人
才培養體系，通過「合伙人計劃」，激勵和充實人才隊伍，讓醫生
的成長領先於企業的發展。這些戰略構想的出發點是不斷地醞釀
和準備，一旦企業有了內生的動力，就能夠不斷拓展規模，尋求新
的市場、新的格局，始終圍繞下一場「比賽」來儲備力量。

　　哥倫比亞商學院教授邁克爾・莫布森（Michael Mauboussin）
在《實力、運氣與成功》（*The Success Equation*）一書中提到這樣一
個觀點：「凡涉及一定運氣的事情，只有在長期看，好過程才會有
好結果。」運氣總是飄忽不定的，擁有長期主義理念的創業者，本
質上是具有長線思維的戰略家。他們往往選擇默默耕耘，不去向
外界證明甚麼，而是把自己的事情做好。事情做得久了，就成了他
的核心能力。他們會重新定義因果論，重視客戶的價值主張是因，
提高產品和服務質量是因，完善組織運轉效率也是因，自然而然就
會產生很好的結果。因果輪迴，平衡調和之後來看，很多事情短期
看是成本，長期看卻是收益。擁有長期主義理念，把信念和持續創
造價值作為安身立命之本，這是非常值得欽佩的偉大格局觀。

擁有對行業的深刻洞察力

在我看來，偉大格局觀的第二項定義就是「擁有對行業的深刻洞察力」。許多在行業裏摸爬滾打多年的創業者能夠在某一時期對某一方面很熟悉，但是可能囿於原始經驗，不會跳出來重新思考，不願意與外界交流。能夠聽得進意見且聽完之後願意採納的創業者非常值得欽佩。相反，最值得警惕的是創業者一意孤行，或者投資人一說甚麼，他想都不想就去執行。

對行業的深刻洞察既需要看到長遠的整體，也需要看到微小的局部，關鍵在於對變化與不變的洞察。

從大局到細節，從轉瞬看趨勢

管理大師彼得・德魯克（Peter Drucker）將創新和企業家精神視為企業成長的基因。在我看來，企業家精神與洞察趨勢、知悉變化、擁抱創新是內在統一的。擁有偉大格局觀的創業者最難得的特質就是願意擁抱變化、推動變化、享受變化，願意打破既有的理所當然的規則去思考新的角度。由於許多事物是在用每步相差極微極緩的方式漸漸衍變的，這使人們誤以為它們恆久不變，從而對變化失去敏感度。對行業的深刻洞察，就是從大局到細節多加研判，從轉瞬看到趨勢，把握趨勢中的定式和細微中的痕跡。

214

例如，在汽車被發明出來之前，大家都在思考最好的交通工具是甚麼。人們認為是「更快的馬」，只有福特說不對，他要做大眾消費得起的汽車。**真正的企業家精神能夠在時代的進化中看到未被滿足的消費需求，這是把握住了大趨勢中的定式。**

舉一位新晉創業者的例子。國貨美妝品牌完美日記創始人黃錦峰看到了消費市場的變革趨勢 —— 新國貨勢頭，他從 2016 年 8 月成立團隊，到 2017 年 8 月起在淘寶開店，再用不到三年時間將完美日記打造成天貓「雙 11」首個登頂的國貨美妝品牌。而其中，如何抓住新一代年輕人的審美偏好，找到獨特而有趣的溝通方式，成為黃錦峰打造美妝品牌的關鍵。大牌品質、平民價格，非常符合追求極致性價比的年輕人的購物主張；此外，完美日記多次精準抓住流量窪地，如內容社交平台、私域流量、視頻直播等渠道，通過頭部、腰部、素人全覆蓋的達人「種草」、重度粉絲運營等方式，和年輕人玩在一起。事實上，消費的趨勢始終在變化，如果完美日記能夠不斷抓住新需求、新玩法，這後面的故事會更有意思。

在與黃錦峰交流時，我發現他看待行業模式、生意模式的視角都是非常具有創新性和長期性的，不僅對商業機會非常敏感，還同時擁有本土創業經驗和國際化視野。所以，我非常有底氣地告訴他：「在中國一定有機會誕生新的歐萊雅。」在探討一些長期發展的話題，比如完美日記線下店的定位問題時，我建議可以把它做得更豐富一些，不僅將其定位為一個賣貨的地方，還應該讓完美日

記線下店具備社交互動和「造美」屬性，為愛美的女生打造一個真正的時尚集散地。

那麼怎麼理解「把握細微中的痕跡」呢？我舉一位連續創業者的例子——莊辰超，他的成功之處在於能夠在細微中找到蘊藏巨大商業能量的痕跡。精通數理的他，善於將自己作為一台精密運算的儀器，運用強大的邏輯推理和計算能力在複雜的系統中尋找創新的機遇。他曾經認真地調侃道，當初在追求女朋友時他都進行了精確的概率演算和路線設計，說一定要成為前 30% 出現在這個女孩生命中的男生，成功概率才更高。

在創辦去哪兒網之前，莊辰超拿谷歌報表做過深入研究，通過分析旅遊產業鏈，在攜程、藝龍等強敵環伺的市場中發現了切入的機會。「如果你要開始一個創業項目，一定要先想清楚它的微循環是不是能賺錢。」「多層次分銷的現狀意味着機會，因為很多商業機會來自價值鏈的崩潰和壓縮。」「尋找一個行業中的叛逆力量。」這些都是他在創業之時的獨到思考。熱門的商業模式往往有着殘酷的競爭和較高的淘汰率，因此未必是一個好的機會，但通過 MVP（Minimum Viable Product，即最小可行性產品）分析、微循環檢驗、價值鏈拆解，他反而能夠在細小的垂直領域發現未被滿足的需求。

在創辦便利蜂時，莊辰超依然在細微中尋找答案。他不是看風口，而是看邏輯。當發現便利店這個生意模型可以被算法驅動，而現在中國還沒有人做得到時，他開始了再次創業。在他的推演

和場景分析中，不僅有人文的分析，還有數字化的分析，通過優化技術和數據，給出從選品、陳列到上新、促銷的個性化建議，減少人為因素；通過全程監控的冷鏈運輸、智能感知，對供應鏈進行全方位的感知，提升運行效率，實現「千店千面」。這些都需要數據支撐，從數據中洞察真相。用完整的商業數據模型，客觀地塑造一個行業，這種能力來源於見微知著的洞察。正是由於他的這種能力，無論他創辦去哪兒網，還是創辦便利蜂，我們都是他的堅定支持者。

對變化與不變的洞察

對行業的深刻洞察既包括對行業中變化的洞察，也包括對不變的洞察。只有看到變化，才能知道哪些東西不變；也只有看到不變，才能意識到哪些東西在變化。這實質上是一種持續反思的習慣，要求很強的終身學習和研究的能力，把學習和研究變成一種生活方式和工作習慣，更需要一種窮根究底的態度。

日本 7-Eleven 創始人鈴木敏文正是抓住了便利店這個生意中的「不變」，即「甚麼是顧客需要的便利」，才定義了今天的便利店雛形。在他看來，真正的壓力不是源自其他品牌，而是源於能否滿足顧客對便利性的多樣化需求。於是，7-Eleven 不僅做餐食，還可以代收水電費、設置自動取款機、售賣雜誌，無拘束地出售各種生活必需品和服務，持續地提供便利。某種意義上，7-Eleven

不是在做傳統的零售，而是在做社區的終端服務，讓顧客花費最少的時間解決最高頻的日常需求。

拼多多的創始人黃崢是一個非常理性的人，在理性得接近極致時，能夠發現許多本質的東西。當電商不斷創新業務，發展漸至「終局」的時候，他通過抓住這個生意中的「不變」，創造了電商新物種。電商的本質是人和商品的連接，核心在於解決效率問題。而促使流通加快的方式，既可以是人找商品，即以商品為中心；也可以是商品找人，即以人為中心。黃崢選擇了後一種，他認為以人為中心存在大量的可能性，拿時間和空間的統一來促使整體效率更高、成本更低。在具體的模式中，先是攢齊一羣人，把人們長週期、零散化的需求快速集結成同質化的批量需求，構成空間和時間雙維度的集結；在這個基礎上，直接打通供應鏈，連接田間地頭、製造工廠，形成 C2M（Customer-to-Manufacture，即從顧客到工廠）反向定製，這就大大降低了柔性化定製生產的難度，從而實現了商品的低價供給。這個模式把人作為促成交易的關鍵，從生產端的「最初一公里」到消費端的「最後一公里」，所有參與的人都會獲得實惠，而且商品流通效率更高。

好未來創始人、首席執行官張邦鑫在思考公司發展時，非常在意務實和創新，但對於教育行業來說，培養的學生出成績就是核心的不變。因此，他的第一個想法是謹慎擴科，不把一個學科做好絕不開新的學科，不能為了營收數據好看而壞了節奏。第二個想法是逆向思維，不能照搬照抄，好未來不能是第二個新東方。

張邦鑫說:「新東方教大學生,我們就教中小學生;新東方教大班,我們就教小班;新東方通過線下講座招生,我們就通過互聯網招生;新東方推崇名師,我們就做教研;新東方教英語,我們就做數學。」第三個想法是運用新的技術手段持續提升教學效果。一般來說,許多人喜歡小班教學,因為既有名師,又有互動。為保證更廣泛地區的教育效果,在優質教師資源短期無法滿足的情況下,好未來上線網上直播,在 K12 教育領域普及「一位名師講課 + 多名老師輔導」的互動式教學體驗。同時,好未來還在人工智能領域加大科研力度,探索人工智能量化課堂,通過計算機視覺、自然語言處理、數據挖掘等蒐集、分析教學數據,及時反饋課堂效果,提升課堂品控。把握住教育行業裏的不變,其他的創新都可以千變萬化。

創業者既要尊重行業的常識,找到不變,又不能被現有的法則所禁錮,找到變化。這其中,善於從戰略層面尋找答案尤為關鍵。戰略的核心是對變與不變的判斷,只有更深刻的洞察才能形成更好的戰略。許多人認為在創業運營中,執行更加重要,因為創業過程中充斥着挑戰。我們當然推崇有執行力的創業者,但仍然高度強調企業戰略的價值,這比戰術層面的高效執行更有決定意義。所以,把對行業的洞察轉化為戰略並將之分解成行動,是創業者的重要功課。

擁有專注的執行力

關於偉大格局觀的第三項定義是「擁有專注的執行力」。在創業的過程中，偉大格局觀的體現離不開創業者的果敢和專注。一般來說，創業者在創業初期容易高估自己的能力，而低估外界的困難，投資人應該幫助創業者把他的勇氣進一步激發出來，並幫助他不斷地投入和進化以補足高估的能力，克服沒有預料到的困難。

義無反顧地投入

在充滿挑戰的管理實踐中，創業者每時每刻都在承受高壓，他需要做的就是專注於表達自己的信念和想法，做好迎接打擊的準備。拳王泰臣（Mike Tyson）曾説：「每個人都有所準備，但直到拳擊比賽中，對手給你一記重拳以後你作出反應，才能看出你是否有勇氣面對這一切。」（Everybody has a plan, until they get punched in the face.）創業者就像運動員，在每一個商業結果都可高度量化的領域裏相互競爭。企業的用戶規模、收入、利潤、資產回報率以及每股收益，就像籃球運動員的命中率或者網球手的發球得分率一樣，所有的指標都會衡量和展現他們的業績表現。或許用「向死而生」這樣的表述來感慨他們每天的境遇過於悲情或誇張，但他們確實是在用一以貫之的勇氣來迎接挑戰，而且義無反顧，把自己的全部精力都投入認準的事業中。

　　不同的人的眼中可能有不同的史蒂夫・喬布斯，「特立獨行」「工業美學成就」「獨裁主義」「敏銳洞察」「現實扭曲力場」……這些詞可能都是對史蒂夫・喬布斯很好的詮釋，但同時他又是無法被定義的。如果把創造作為一種使命，並且相信這種使命等同於生命力，那麼喬布斯的激情似乎就是在於「生生不已」。因此，這種「活着就是為了改變世界」的內生驅動力促使他為蘋果產品注入了難以想像的激情和創造力，這不僅改變了現代通訊、娛樂、科技產業和人們的生活方式，更為重要的是，顛覆了人們對於偉大格局觀者的所有理解。

　　國內也有許多令人敬仰的企業領袖，「商界鐵娘子」董明珠是我尤為欽佩的企業家。1990 年進入格力後，董明珠從一名銷售員做起，其後屢擔重任，帶領格力在競爭最為激烈的白色家電市場中殺出重圍。凡做企業，幾乎很難不受到各種限制或阻礙，但董明珠堅持「不能讓格力受任何傷害」這個核心準則，把企業當作自己的孩子，鞠躬盡瘁，做到心居其正。**這種義無反顧的企業家精神，反而能夠打破迂腐的行業慣例，成就更有效率、更可持續發展的行業新準則。**

　　方達醫藥的創始人李松博士的創業故事也令人感動，他用「居之無倦」的態度，在藥物研發外包領域義無反顧地投入。創業之前，李松已在歐美生物醫藥行業有了 20 多年的工作經歷，曾在美國及加拿大領導多項有關藥物研發及臨牀試驗的項目。2001 年，李松博士孤身一人創辦了方達醫藥，當時，一個人、一台舊的設備和一間實驗室就是方達醫藥的全部。創業初期，研究人員湊不齊，

實驗室還遭遇過爆炸事故，特別是由於無法取得銀行貸款和風險投資，為了履行合同做實驗，李松只好把全部家當拿去做抵押，貸款去買新的設備，一路上經歷了不少坎坷。本可以做一名安靜的科學家，李松卻選擇白手起家。經過 10 餘年的發展，方達醫藥成為擁有 700 多位員工和三萬多平方米的實驗室、臨牀中心以及毒理安評中心的一站式藥物開發研究平台。李松博士的微信朋友圈中有一條很有意思的分享，説女兒叫他「Old Man」，可他覺得自己還是年輕人，還將繼續在醫藥研發領域工作，幫助中國製藥企業提高產品質量，讓中國人吃上高質量的放心藥。敢於義無反顧地投入，可能是創業者難得的氣質，每當與這類創業者交流時，我都會被他們的精神力量所感染。

把小事做到極致

現在許多人推崇匠人精神，我對此亦深有感觸。匠人精神不是把大事做好，而是把小事做到極致，相信「小我有力量」。創業者有許多宏大的願景，要幹成一些驚天地泣鬼神的大事，但歷史長河中有許多機會都誕生於很細小的一個領域。創業者可以專注於一個不怎麼複雜的方向，重點突破果斷出擊，在不斷證明自己的過程中擴展邊界。

先説一説雲端視頻會議服務公司 Zoom 的創始人袁征。在 2019 年，美國 500 強企業中有 1/3 是 Zoom 的客戶，2018 年，袁

征還以高達 99% 的員工認可度被評為「美國最佳 CEO」。當然，袁征最令人敬佩的還是他追求極致的精神。創業以前，他在一家矽谷公司工作 10 餘年，始終專注於在線會議應用領域，從寫代碼的普通員工開始，職位一直提升到副總裁，他憑藉的正是高強度的工作模式。對於視頻會議業務本身而言，從共享文件、共享桌面，到清晰流暢的音視頻質量，用戶的需求不斷提高，而且還面臨服務器和網絡環境不穩定等諸多挑戰。要知道，在視頻開會時，一旦出狀況就令人抓狂，而且是多人同時抓狂，而袁征的理念卻是「為客戶提供快樂」。為了保證視頻服務滿足用戶需要，他在每天晚上睡覺之前對「公司、產品、客戶、團隊、自己」五方面進行回顧，每天早上對自己前一天的工作進行總結，在優化技術細節、改善服務體驗的過程中樂此不疲。正是憑藉對技術的極致追求，當 2020 年初新型冠狀病毒肺炎疫情肆虐全球，改變許多人的工作方式、社交方式的時候，Zoom 憑藉穩定的服務體驗，每天的用戶數量從 2019 年 12 月底的 1,000 萬人激增到 2020 年 3 月的 2 億多人，在特殊的時間窗口裏滿足了人們的會議、社交需求。

公牛集團的創始人阮立平也在詮釋着這種「把小事做到極致」的精神。公牛在浙江慈溪起家，當時的慈溪有幾百家插座家庭作坊，是全國有名的插座生產基地。阮立平在創辦公牛以前，還幫忙推銷過別家作坊生產的插座，卻發現有的還沒賣掉就先壞了。技術出身的阮立平就開始研究插座修理，把壞的修好了再賣，在這個過程中，掌握了不少插座的構造原理。於是，阮立平索性自己創辦了公牛電器，並把「用不壞的插座」作為自己企業的生產理念和質

223

量標準。為了保證產品質量，不出安全事故，阮立平堅持嚴格的供應商和原材料篩選標準，堅持產品和科技創新，努力改變人們對插座產品的習慣性認知。他有一句從多年經驗中總結出的話，非常有哲理，叫「慢慢來，比較快，因為我們要走很遠，所以一點都不着急」。

興衰有期，生死有度，企業亦有生命週期。1988 年，伊查克·愛迪思（Ichak Adizes）寫了《企業生命週期》（*Managing Corporate Lifecycles*）一書，揭示了企業難以擺脫的「宿命」。但是，創業者的果敢和專注，卻恰恰是企業「延緩衰老」，甚至「涅槃重生」的基因。對於他們來說，創業過程中最有成就感的就是義無反顧、追求極致。這種積極的、樂觀的狀態，正是塑造常青基業的秘訣。

擁有超強的同理心

除了擁有長期主義理念、擁有對行業的深刻洞察力、擁有專注的執行力以外，偉大格局觀還有一個重要定義就是「擁有超強的同理心」。擁有超強的同理心就是懂他人。同理心是以創造力、洞察力和對他人的感知力為主要特徵的，擁有超強的同理心的企業家能更好地理解不一樣的人，理解消費者、理解合作夥伴、理解員工、理解競爭對手。

同理心 ≠ 同情心

同理心（Empathy）不等同於同情心（Sympathy）。同情心通常是對他人困難境遇的一種憐憫，而同理心則是真正站在對方的處境，來感受和判斷。同理心是一種發自內心的尊重和關愛。擁有同理心的人既能夠認可他人的成功，也能夠理解他人的失敗；既能夠雪中送炭，也能夠錦上添花；不刻意噓寒問暖，不虛以敷衍、曲意逢迎；能置身於他人的處境中，體會他人的情緒和想法，共情他人的立場和感受。特別是對於創業者而言，同理心幫助他們站在生產者和消費者之間做溝通的橋樑，站在競爭對手的角度思考共贏的可能。很多時候，世界在不同的人眼中，呈現不同的面貌，因為人們看到的世界可能只是內心價值觀的投射。有了同理心，你就能看到更多和自己不一樣的方面，能夠擁有無限視角去理解更多的事情，這種超前感知力會讓你變得無所不知。

許多人醉心於過去的成功和短期的成績，很容易產生成功的慣性，沉浸在自己的泡沫或象牙塔中，與外界脫離了聯繫，在自我實現的怪圈裏，越來越習慣用自己的視角看待世界，把成功更多地歸因於自身稟賦或者努力，而忽視外界因素。人的一生，也會面臨一些挑戰和失望，甚至有時會覺得自己非常愚蠢。所以，我們強調的同理心，一方面是能夠設想，這件事如果別人做是不是也能做好，有多少運氣或外界因素的成份，有多少是源於別人給予的幫助；另一方面，也不要太苛責自己，應該偶爾讓自己放鬆下來，尋求更多人的幫助，或許就能夠找到方法走出低谷。

華倫‧巴菲特就是擁有超強同理心的典範。比如，有一位高級管理人員可能不是最優秀的，但巴菲特總會站在對方的角度，假設自己處在那個位置和環境下，分析現有情況哪些是由管理人員本身造成的，哪些是由其他原因造成的。這才是理解並解決問題的最佳方式。

這裏有一個發生在我身上的小故事。在我前去巴菲特的家中做客時，他坐在司機位上開車接我，我習慣性地打開後座車門，就在彎腰準備進車時才注意到巴菲特坐在了司機位上，頓覺羞愧，趕緊向其致歉，他卻哈哈大笑，笑稱：「你對一個 80 多歲的司機很放心，我應該感到高興。」善於幫他人掩飾尷尬，從內心深處保持寬容，詼諧幽默的背後就是他的同理心。

做第一名顧客和第一名員工

人們經常說，好的創業者應該站在用戶的角度，與其換位思考，更徹底的做法就是做產品和服務的第一名顧客，通過感同身受的體驗，強化對自己產品和服務的理解。有創業者告訴我：「我們不會找形象代言人來為產品做宣傳，與其把 1,000 萬元、2,000 萬元給明星，還不如花在產品設計上，花在用戶身上。」還有的創業者告訴我：「如果一款飲料家長不願給自己的孩子們喝，一家餐廳顧客不願請自己的家人們來吃，產品沒有複購，服務沒有好評，那麼有甚麼社會價值呢？沒有社會價值，哪裏會有商業價值呢？」

再比如，創造微信的張小龍在開發每一個功能時，幾乎都是從自己的使用感受、生活體驗出發，與其說微信的功能來源於對用戶需求的理解，不如說來源於他對生活的理解。他苛求完美，追求極簡，這些品質被深深融入微信的設計中。張小龍在飯否上說：「這麼多年了，我還在做通訊工具，這讓我相信一個宿命，每一個不善溝通的孩子都有強大的幫助別人溝通的內在力量。」創造快手的宿華在表達產品價值觀時這樣說：「快手似一面鏡子，看着裏面的大千世界，我們希望不要去碰用戶，不要去打擾他們，讓他們自然地形成一種互動關係，讓產品自然生長。」創造知乎的周源始終認為：「做社區要尊重社區的節奏。」正因如此，知乎一直在創造一個讓用戶可以自由表達、可以相互認同的社交空間。這些社交產品的締造者不是簡單地在用技術服務於用戶，更是基於強大的同理心，在心靈的海洋中創造了無數個聲吶，能夠傾聽到人們的心跳和脈搏。

創業者往往是公司的第一名員工，所以他的工作態度和精神面貌非常重要。一名好的創業者可以時時啟發和鼓舞他人，打造有戰鬥力和人文精神的組織，這同樣是憑藉同理心。這個組織的格局觀要大，要能把人才的生態通過更好的組織方式營造起來，調動大家的積極性和能動性，這需要讓組織成員有一個共同的理想，同時，創業者的想法能與時俱進也很重要，這個很考驗創業者能不能和年輕人打成一片，**企業家精神加上 21 世紀新型組織的打造方式，就是超越僱傭關係的新型合伙關係。**能不能做到這一點，本質還在於格局觀，在於是不是在心裏相信。

全方位溝通的中心

彼得・德魯克在《管理的實踐》(*The Practice of Management*)中說，他認真研究了美國 20 世紀 50 年代大學中開設的課程，發現只有兩門課對培養管理者最有幫助：短篇小說寫作與詩歌鑒賞。小說寫作幫助學生培養對人以及人際的入微觀察，而詩歌則幫助學生用感性的、富有想像力的方式去影響他人。在他看來，真正好的領導者、管理者應該對身邊的合作夥伴的行為、態度以及價值觀有着敏銳且練達的洞察。

所以，同理心不僅能夠調動組織內部的積極性，還能夠吸引更多合作資源。在當前的時代下，商業主體需要講求與各種合作端搭配融合，成為一個產業生態共生體。許多生產要素無法自我搭建，必須依靠更多外界的資源稟賦，為自己的初始基因尋找表達方式。同理心正是「全方位溝通的中心」，能夠串起各種角色，凝心聚力，幫助彼此找到價值觀的契合點。

我所看到的很多優秀創業者之間既是競爭對手，又是合作夥伴，他們具有非常開放的精神。在許多偉大的創業者看來，**沒有一定要做的生意，但有一定要幫的朋友。**他們始終在思考如何能幫助他人。在這個過程中，或許彼此有不同的訴求、不同的思維習慣，但同理心可以使創業者更加務實和溫潤，不會夜郎自大、故步自封，而是與更多的人創造更好的溝通過程，營造創造共同價值的磁力場。

同理心是一種難得的品質，它不僅僅能夠幫助創業者換位思考，更為關鍵的是能夠讓創業者始終保持一顆平常心。有同理心的人往往節儉樸素，在他們的身上看不到太過招搖的東西；他們往往保持一種在簡陋的辦公室裏也能熱忱地投入工作的能力，因為是所從事的工作讓他們感到自豪；他們悶頭做事，服務於遠大構想和宏偉藍圖，但同時又在同樣的方向不斷積累。**任何時候，都不要讓處境、金錢、教育背景以及其他東西成為你的負擔，讓你與現實和他人產生隔閡。**平常心能夠使你更深入地了解身邊的人，這是非常有價值的東西。亞瑟·叔本華（Arthur Schopenhauer）說：「人雖然能夠做他所想做的，但不能要他所想要的。」同理心會帶給你一種寬容的力量，對他人和自己的寬容，免於過度氣餒或者對他人苛責，這會讓你更好地成就自己。

選擇與誰同行，比要去的遠方更重要

與發現偉大的商業模式相比，與擁有偉大格局觀的創業者、企業家肝膽相照、甘苦偕行更令人激動和期待。創業絕非易事，這其中的孤獨、掙扎甚至進退存亡，每一位創業者都親身經歷過。一家新企業的創立，不僅伴隨着創造性想法、某些知識產權的誕生以及創始人人力資本的消耗，通常還伴隨着有限的商業經驗、相對短缺的資本以及殘酷的市場競爭。在**奮鬥**的過程中，**難以預料前路如何，選擇與誰同行，比要去的遠方更重要。**

我們是創業者，恰巧是投資人

高瓴從創辦至今始終保持着一種年輕的創業心態。我在和許多新來的同事交流時，就告訴大家「我們是創業者，恰巧是投資人」，希望每一位同事都能把自己看作一名創業者，投入研究、投資等工作中。對於價值投資者而言，投資方法和理念決定了他如何看待市場，而初心和使命決定了他如何看待自己。那麼我們為甚麼要堅持「我們是創業者，恰巧是投資人」這份初心呢？

第一，價值投資和許多別的生意本質上並無不同，只是我們選擇用投資來表達創業的過程。在創業過程中，我們一點一滴地打造一家純粹的投資機構，摸索投資的好方法，思考公司需要哪些資源，需要怎樣的人才，並逐步搭建順暢的內部工作流程，維護公司的文化。創業的每一個節點，都是高瓴進化史的一部分，過程中屢有挫折和挑戰，時有沮喪和不甘，但我們始終堅持價值投資，不斷突破自己的能力邊界，希望能夠一直走下去。

第二，我們以「創業者、企業家的思維」來做投資，把價值投資者看作長期的創業者。價值投資是做時間的朋友，許多結果從長期來看才有意義。於我而言，最重要的工作（也是最大的樂趣）就是讓高瓴保持創業的狀態，不斷進化，始終堅持追求更好；對當前有利可圖但長期會傷害自身的行為加以防範，把目光放長遠；在這個基礎上，從更高的格局去思考問題，去做超前的事情，做組織的迭代、業務的拓展、能力的升級，站在一個創業者、企業家

的角度，身體力行地投入創新創業中。我相信投資人一旦忘我地投入，就能獲得超越預期的回報。

第三，價值投資者恰好可以參與許多創業的過程，與許多創業者共同面對創業的風險和收穫。創業是勇敢者的遊戲，從某種角度來說，投資人天天跟各種企業打交道，恰好能看到不同的創業者如何思考、決策和實踐，並發現其中許多共性的問題。有的時候，並不是投資人的思維比創業者更開放，只是我們能夠在不同的創業者身上學到許多東西，繼而通過與創業者的共同謀劃和判斷，幫助企業解決具體的問題，參與創造價值的歷程。

「我們是創業者」，是一種狀態，也是一種同理心。我自己創業的過程，幫我更好地理解創業。一旦投資人作出了決定，就把重要的資源、資本交付給值得信賴的創業者，讓創業者成為資源、資本的使用者、駕馭者，全力支持他，這也是為甚麼說「恰巧是投資人」。這種身份上的複合性，使我學會了很多，了解了許多文化、理念，也包括各種瞬時的判斷、人生的取捨，使我既能夠換位思考如何打造自己的投資機構，又能夠比較深層次地參與產業深耕，以同行者的身份幫助創業者。

做創業者、企業家的超長期合作夥伴

如果說創業者、企業家是建構者、成就者，那麼投資人則更像探索者、守護者。許多人在探討投資人與創業者、企業家應該

保持怎樣的關係，對此，我認為最好的關係就是超長期合作夥伴關係，讓創業者、企業家坐在主駕駛位上，與其保持非常靈活的合作，投資人可以最大限度地向創業者、企業家學習，又可以超脫於公司的運營細節，不必介入太深，還可以通過深入研究提供戰略建議。核心是擺正投資人的心態，與創業者、企業家共同創造價值。

首先，幫忙時別添亂，在幫忙之前要明確別幫倒忙。這裏面有一個容易闖入的誤區，就是投資人希望簡單機械地通過壓縮成本或者更換管理層來改變一家公司，或者對創業者輸出未經考證的建議。其實，更好的做法應該是相信原有管理層的潛能，以增量的方式力所能及地幫助這家公司打造新的能力，進一步強化根基、拓展外延。這也需要投資人和創業者價值觀契合、利益一致，不要額外產生風險點。

其次，讓創業者和企業家做企業的控制人，做關於控制權的設計，坐在企業的主駕駛位上。這既是對企業家和企業家精神的尊重，也是對企業經營和產業發展規律的尊重。投資人無法代替創業者、企業家去做判斷，應當鼓勵他們心無旁騖地冒險，通過不斷試錯，把最真實的想法和追求表達出來。用最快的時間、最低的代價把該犯的錯都犯了，反過來就實現了「打怪升級長經驗」的過程。**創業活動本身最大的風險其實就是保持不變、不敢去冒險，如果創業者不去冒險的話，投資人就在冒最大的風險。**

再次，投資人不應該只提供資本，在企業有需要的時候，還要能夠參與企業創新研究、快速發展的整個過程，提供針對不確

定性的預判和行動方案，根據外部環境生態的變化，與企業一同成長。投資人不僅僅要用實際行動支持創業者，還要善於問問題，幫助創業者把許多零散的思考串起來，把許多零散的行動點串起來，形成思想和行動互相驗證的閉環。在與創業者的深度交流中，可以探討彼此的研究發現，但如何把這些研究洞察內化提煉，通過有效可行的商業模式進行實踐，還是要靠創業者的本領。

最後，做事情、看項目、與人打交道的出發點應該是相互尊重和認可。我經常説「不要和魔鬼做交易」（Don't make deal with the evil），還有一句是「不要輕賤了自己」（Don't sell yourself cheap）。這兩句話的意思是，要先做好人預設，即相信對方是個好人，在此基礎上與之開展廣泛而密切的合作；一旦發現對方在道德上存在問題，就果斷拒絕與之合作，永遠不要和壞人做生意。同時，自己必須是個好人，要始終對自己保持極高的道德要求。在做個好人的前提之下，要相信自己，高看自己，對自己有信心。只要秉持正確的價值觀和道德觀，就能夠贏得長期而關鍵的信任。這裏「關鍵」的含義，就是指當你遇到危險的時候，別人不會放棄你反而會更加理解和支持你；當遇到機會的時候，別人會首先想到與你分享。做到了這些，你就會格外受到尊重。我們投資了很多創業者、企業家，他們還反過來做我們的出資人（LP），把自己的財富交由我們管理和投資，這是非常難得的信任。

我們希望能夠和擁有偉大格局觀的企業家一起，成為有情懷、有「調性」、有夢想的人，不僅是「確認過眼神」，還要在對世界的

熱愛、理解和擁抱中，共同創造更多價值和意義。因此，我經常與不同的創業者、企業家交流，一起滑雪，挑戰各種極限運動，在交流或者玩耍的同時，分享彼此對創業、投資以及人生中許多重大問題的思考，這種同行的感覺，很多時候超越投資或者合作，成為很難忘的人生記憶。

在對未來的設想中，價值投資已然不是一種單純的投資策略，而是一種價值觀。在創業、創新、投資事業中，價值投資成為創業者、企業家和投資人之間相互信賴和尊重的紐帶，正是這條紐帶，讓創業者嘗試偉大創想，將目光聚焦在未來 10 年、20 年，以超長期的視角審視未來生產、生活的變化。從某種意義上來看，為卓越創業者分擔創新風險，構成了價值投資者超額收益的本質來源。

在科技創新和新商業革命的浪潮中，人的因素不應被遺忘，企業家精神不應被忽視。長期主義者們可以把自己的經驗、感受與彼此分享，獲得對生意、創新和價值的討論和共鳴，在開放共贏的長期觀念中，促成價值在未來的流轉與創造。

我對投資的思考

● 想幹大事、具有偉大格局觀的創業者、企業家是最佳合作夥伴，「格局觀」就是我們與企業的接頭暗號。

● 把價值觀放在利潤的前面，堅信價值觀是這個企業真正核心的東西，那麼利潤將只是做正確的事情後自然而然產生的結果。

● 真正的企業家精神能夠在時代的進化中看到未被滿足的消費需求，這是把握住了大趨勢中的定式。

● 企業家精神加上 21 世紀新型組織的打造方式，就是超越僱傭關係的新型合伙關係。

● 沒有一定要做的生意，但有一定要幫的朋友。

● 任何時候，都不要讓處境、金錢、教育背景以及其他東西成為你的負擔，讓你與現實和他人產生隔閡。

● 創業活動本身最大的風險其實就是保持不變、不敢去冒險，如果創業者不去冒險的話，投資人就在冒最大的風險。

第 7 章

持續創造價值的卓越組織

重視學習和挑戰，
把學習作為
終身的樂趣和成就。

　　一家創業公司的發展歷程，有高光時刻，也有至暗時刻。在紛繁複雜的創業環境中，積極樂觀的精神氣質和管理文化能夠使其處亂不驚。因此，創業公司的組織管理逐漸成為一個被廣泛研究和討論的話題。現狀是，大多數創業者在生存與死亡的急迫問題上耗費了太多的精力，幾乎沒有多餘的精力用在組織的內部管理上；同時，在各種形態的創業組織中，難以找到統一的、有效的管理範式。但毋庸置疑，組織和管理創新是企業殺出競爭重圍的核心動力，在某些時候，甚至成為決定創業成敗的關鍵變量。

　　1912 年，科學管理之父弗雷德里克・泰勒（Frederick Taylor）[1] 提出科學管理理論。誕生之初，管理學語言發源於工程學語言，它把員工看作被使用的人力資源，把組織看作可以準確調整和控制的機器，把管理看作可確定、可預測、可計劃的事情。但是，新的商業環境、組織方式和新一代員工的特質決定了當前的管理變成了一種難以預測和標準化的動態過程。尤其是對於創業公司而言，應該選擇怎樣的內生動力和管理規則來驅動組織發展？是不是應該追求區別於傳統經濟的管理實踐，而適應新時代、新經濟的管理法則？創業公司有沒有更靈活的管理模式？這些問題或許沒有答案，但比答案更重要的是創業者在實踐中尋找答案的過程。

---

① 弗雷德里克・泰勒被公認為「科學管理之父」，也被稱為「理性效率的大師」，他的科學管理思想扎根於一系列科學實驗，讓人們認識到管理是一門建立在明確的法規、條文和原則之上的科學。他的科學管理理論包括工作定額原理、挑選頭等工人、標準化原理、計件工資制等。── 編者註

在高瓴的創業歷程中，我也時常思考，一家初創公司應該如何管理。我的文化價值觀受到許多中國古代文化，尤其是老莊哲學的熏陶，與此同時，在互聯網的快速發展中，互聯網開放、共享的精神也對我頗有影響。

任何一家創業公司都有自己的初心和使命，有獨特的企業文化，吸引合適的人才，建立適合業務發展的流程，這些都是為了塑造一個適應內生增長和外界變化的組織。在我的設想中，無為而治可能是一種比較好的目標狀態，管理者提供與公司文化契合的管理原則，而不是機械的管理制度或管理工具。管理不再是克服隨意性、約束無效者和違規者，而是搭建適合創業創新的能量場。在一個有着自我生長動力的組織中，組織誕生之初的原始動能以及與外界交互獲取的驅動力，始終大於由於管理摩擦、外界競爭帶來的阻力，這樣的組織可以營造出合適的工作氛圍，發揮每一名員工的創造力。

實踐價值管理：做一名超級 CEO

在中國過去幾十年的經濟浪潮中，太多的創業者湧現出來，成為各具特色的 CEO 羣體。他們有的擅長研發生產，有的擅長渠道經營，有的擅長組織管理。但是隨着傳統經濟向新經濟轉型、傳統商業模式向新商業模式轉型，傳統的 CEO 也需要轉型為新型

CEO，他們不再僅是業務模式的組織者、運營者，還要成為擁有持續進化能力以及實踐價值管理的超級 CEO。

與傳統的 CEO 相比，超級 CEO 意味着甚麼呢？我認為超級 CEO 至少有兩項核心能力：第一，保持自由思考；第二，真正理解並實踐價值管理。

保持自由思考

在我的理解中，對於一家初創企業而言，每天都是嶄新的一天（Every day is a new day）。超級 CEO 應該扮演最先感知外界變化、最有動力帶領企業迎接挑戰的角色。即使企業發展到相對成熟期，保持自由思考、不斷塑造新的企業形態，仍然是超級 CEO 的主要工作。如果企業像一台機器一樣按部就班地完成日常工作，那麼要 CEO 還有甚麼意義呢？超級 CEO 的使命就是保持自由思考，一方面主動適應變化，另一方面主動為企業帶來新的變化。

如果說傳統的 CEO 像是在設計和發射火箭，那麼超級 CEO 則更像駕馭一艘宇宙飛船。火箭的發射需要在圖紙上做千百次推演測算，根據已知的原理考慮各種情形和參數，在發射前鄭重地倒計時點火，這與傳統的管理活動非常相似。而新經濟、新商業模式的一切都在變化中，無法預測甚至難以感知，很多提前的設計或構想無法承受環境改變所造成的衝擊。超級 CEO 們在駕馭宇宙飛船時，需要隨時根據外界環境的變化，借助最新的科技工具和管理

策略，作出及時、正確的反應。

說到主動為企業創造變化，埃隆·馬斯克（Elon Musk）給予我們很多創新的啟示。他在南非長大，後來在加拿大皇后大學、美國賓夕法尼亞大學讀了四個專業，之後又到史丹福大學攻讀博士學位，此後不斷實踐非凡的商業計劃。我曾跟他交流過，印象深刻的有兩點。第一，他擁有真正跨行業、跨領域、跨專業的自由思考能力。與很多學習計算機、信息技術的人做科技創新不同，他在本科階段接受的是通才教育，研究生階段學的是物理，他是個很典型的跨行業思考者。第二，他對商業模式的理解永遠圍繞着創造價值，不去管傳統的商業模式或財務指標，不斷打破常規去構建新的載體。他做商業的落腳點和許多人不同。所以當他創辦太空搜索技術公司 Space X 發射火箭、創辦新能源汽車公司特斯拉顛覆汽車產業、創辦太陽能服務公司 Solar City 探索清潔能源時，誰能想到他的下一個商業模式創新在哪裏？

一旦超級 CEO 們能夠保持自由思考，就將擁有超級工具箱。這個工具箱所代表的不是具體的能力或者管理模式，而是不斷打破自己的能力邊界，重新定義 CEO 的使命，在不一樣的格局上催生奇思妙想。

真正理解並實踐價值管理

價值投資不只屬於投資人，每一位企業家都應該是價值投資

的天然實踐者。在未來的企業管理流程中，超級 CEO 的管理重心應該始終圍繞價值創造本身，從資產配置、資金管理、運營效率等角度，深刻理解商業模式的本質，讓企業的資源、流程匹配最大化創造價值的全過程，包括精細化運營、資本再配置等。

不同於大公司可以依靠慣性去運行，初創企業在一開始就需要精細化運營。精細化運營不是一味地降低成本、精簡流程，因為單純的運營效率提升存在不可持續性；與此相對應的是站在顧客視角來確定產品、服務和流程的價值結構，因為只有顧客需要的才具備價值，再在此基礎上梳理完整的價值鏈來提升整體效率。長期來看，整體供應鏈的效率提升比單獨某一個環節的效率提升更為重要。威廉・桑代克（William Thorndike）在《商界局外人》（*The Outsiders*）[1] 中講述美國首府廣播公司（Capital Cities Broadcasting）CEO 湯姆・墨菲（Tom Murphy）[2] 的核心經營理念時這樣表述：「目標不是要擁有最長的火車，而是要耗費最少的燃料第一個到達車站。」

除了精細化運營，資本再配置也是實踐價值管理的重要維度。資本再配置的方式一般有三種：再投資、儲蓄、返還給股東或者

---

① 《商界局外人》講述了八位傳奇 CEO 的管理故事，他們以投資的視角看待管理，視資本配置為核心任務，讓管理和投資在商業本質層面回歸統一，最終創造出驚人業績。——編者註

② 湯姆・墨菲是華倫・巴菲特的管理學導師，也是強生、IBM 等公司的董事。他用 29 年時間帶領首府廣播公司將收益翻了上百倍，1995 年，該公司以 190 億美元的天價被迪士尼收購。——編者註

債權人。對於不同的行業或者企業的不同階段，資本配置的選擇
會有顯著差異。初創型企業往往具備很強的成長性，因此提高資
本使用的效率尤為重要。資本再投資能力的關鍵在於清楚認識到
公司的核心動能，做自己最擅長、與環境生態最匹配的事情，不能
進行盲目的資本運作，片面地追求多元化或者協同效應；同時，需
要從更寬泛的角度思考資本再配置，包括將人力、流程和組織能
力也視為一種可配置的資源，圍繞價值創造本身，動態地調整各種
資源，強化企業的競爭優勢。

從某種程度上說，價值管理是價值投資的前提，如果沒有超
級 CEO 的價值管理，那麼大多數投資恐怕將成為空頭支票。未來
的超級 CEO 們能夠結合車庫創業者、風險投資家的特質，對自己
提出很高的要求，善於將前沿技術、商業頭腦、同理心結合在一
起，對戰略、創新有很強的敏感性，融匯學院智慧（Book Smart）
和街頭智慧（Street Smart），在自由思考和價值管理實踐中展現
身手。

打造文化：追求內心的寧靜

在實踐層面，有許多不同的企業文化。不同的創業者有不同
的性格特質，其內部文化也大相徑庭。在我看來，企業文化是重中
之重，它的重要性不亞於創業者本身，既大於商業模式，大於某一

產品或服務，某種程度上也大於團隊。可以說，讓許多創業者最欣慰的可能不是流行一時的產品，可能不是他們帶領的團隊，而是與創業夥伴們一起營造出來的企業文化。流程可以完善、產品可以迭代，這些都可以不斷改進，唯有企業文化必須在創業一開始時就建立起來，不能出問題，也無法推倒重來。

多年實踐經歷告訴我，好的創業企業文化，不應該是「你好我好大家好」，也不應該是時刻提心弔膽、視身邊人為對手，更不應該推崇靠少數幾個人包打天下。能夠持續瘋狂地創造價值的企業，應該從所處的階段、所在的行業、所服務的客戶、所構建的產品、所搭建的團隊中，提煉出相得益彰的文化。

在高瓴的創業過程中，我們先是提出學院派理念，其實質是持續追求真理的熱忱、磨煉方法論的堅持以及務實解決問題的穩健。後來，隨着組織規模的擴大，我們又提出運動隊文化，其實質是團結和追求卓越。一旦擁有了好的文化，就能夠建立文化打造組織、組織激勵鬥志、鬥志促進生意的良性循環，這是不斷進化的起點。

堅持追求真理

高瓴自誕生以來，始終強調研究驅動，堅持探究事物的第一性原理，推崇理性的好奇、誠實和獨立，學院派風格是和價值投資一脈相承的。這也就是說，學院派風格並非適用於每一家創業公

司，創業公司的文化應該是和自身的業務模式相匹配的。但是堅持追求真理，堅持將問題研究清楚，堅持按正確的方式做正確的事情，則適用於許多創業公司。

堅持追求真理往往能夠鼓勵每一名員工主動思考，用第一性原理去想事情的本質，以及應該怎樣開展工作、有沒有更有效率的方式。同時，追求真理而不是別的目標，可以很大程度上避免公司政治、內部關係這些干擾項，使得員工可以保持開放的心態，提出更多的建議，進行更多的反思，營造一個更少內部博弈、更多團隊協作的氛圍。在此基礎上，把追求真理當作一項長期承諾，將一個人的智慧、精力和激情投入創造價值的過程中，這樣的文化能夠保證企業不走捷徑，不會錯失真正的好機會。

敢拼想贏不怕輸

相對於學院派風格，我覺得運動隊文化可能適用於更多的創業公司。許多人說，最好的團建就是帶領團隊打勝仗。而且，運動隊文化本身就是企業家精神的延伸。擁有運動隊文化的公司具有以下四種特質。

第一，有運動員的運動精神和拼搏態度，敢拼想贏不怕輸。運動本身就是競爭，追求更快、更高、更強；同時，要有面對失敗的勇氣，能贏，也不怕輸，打仗就要打到流盡最後一滴血；失敗後能夠總結經驗教訓，自信開放，敢於向競爭對手學習，不斷提高自

己；專注於比賽本身，千萬不要傷害對手。

第二，有運動隊的協作精神，有同理心，相信團隊是取勝的基石。在卓越的組織中，合作不是「1+1=2」，而是每個人能夠理解同事們思考問題的角度、產生決策的根據以及採取行動的原因，以整體價值最大化的思維去判斷自己該做些甚麼，然後根據需要承擔更多或者放棄更多，能夠及時補位。當你的合作夥伴因某種原因只能承擔 30% 時，你可以承擔 70%，當他退縮 30% 時，你能夠承擔 130%。這就像在一場足球賽中，在前鋒最終射門得分前，有許多次看似無效的穿插跑位，但整個足球隊的最終目標是一致的。長期循環下去，凡是付出更多的人，收穫也會更多，這是一個動態增長的過程。

第三，可以做陪練，又不甘於一直做陪練。一家企業就像一支籃球隊，場上的球員「拼命發揮」，幫助整個團隊贏球；場下的板凳隊員既做好充足的準備隨時可以上場，又能夠為場上的球員鼓掌加油。

第四，用成績說話。不允許任何人有特權，不要認為在公司工作年限長，就可以自然而然地享受公司收益，每個人獲得的回報全憑對組織作出的貢獻和價值。即使是新人，只要有信念，努力工作，做大家認可的事情，就會得到褒獎。

坦誠溝通和交流

無論是學院派風格還是運動隊文化，一種好的創業企業文化，不僅僅強調員工個體和團隊的積極向上，關鍵還在於建立一套透明的規則，提倡基於同樣的價值觀、同一套話語體系的坦誠溝通和交流，建立最直接、最高效的反饋機制，保持信息通暢。「有話直說」，不要因為委婉的表達而浪費大家的時間。委婉的害處是你以為我懂了，我也以為你懂了，但實際雙方沒有真正理解對方表達的要點。每個人都可以用自己擅長的方式來表達，效果會更好。最讓人擔心的是由於語言體系或者表達方式的差異，同事之間產生誤解甚至積怨，或者是表達時像說寓言故事一樣，讓大家去猜去想。透明的溝通文化和高效的反饋機制，是節省大家時間、提高效率的最佳選擇。

一家創業企業的文化，應該來源於對商業規則的理解。許多人在個體利益最大化和利他主義的兩極之間搖擺，但最終應該相信道德的力量。對於一家創業公司而言，最不應該出現的現象就是：第一，眼睛緊盯着矛盾，而不是在更大的格局上思考問題；第二，高壓文化，團隊成員不協作；第三，不僅不協作，內部還互相拆台，導致組織渙散，沒有凝聚力。

在一個具有良好企業文化的創業組織中，每個人都能清楚地知道甚麼才是最優的答案。長遠利益和團隊至上不僅對組織是最好的，對組織裏的每個人都是最好的。長期來看，圍繞共同目標，

團隊成員動態均衡地高效協作,是一種帶來內心寧靜的配合方式。我們在投資上堅持反博弈,摒棄零和遊戲,在推崇的創業企業文化上,依然持相同的選擇。

「綻放」人才:和靠譜的人做有意思的事

在我的理解中,一家企業擁有怎樣的人才往往決定了這家企業的效率和邊界。對於初創企業而言,選擇和培養價值觀契合的人才,賦予他們挑戰和成就感,是企業實現長遠發展的基礎能力。

尋找靠譜的人

吸引和尊重人才不是一句口號,而是創業公司保持活力的重要選擇。在創業組織中,有許多新人能夠很快地獨當一面。美國科學史家、科學哲學家托馬斯・庫恩(Thomas Kuhn)就發現,最偉大的發明幾乎都是某個領域的新來者在相對年輕時作出的。

當創業公司初期還無法吸引有經驗的人才時,吸引靠譜的新人就成為關鍵。最佳的方式莫過於靠偉大的事業來吸引和激勵,而不是單純靠薪酬和福利。如果只有賺錢才能讓一個人開心,就像追求「第一名」的開心一樣,他一定缺少對事業最單純的熱愛。創業公司需要的是把追求偉大成就作為目標的人,而不是把獲得

獎勵或者物質財富作為目標的人。如果一位員工因為公司的工位太擁擠、福利不好，甚至水果沙拉不好吃而前往另一家公司工作，那就歡送他吧。工作帶來的最大的幸福感應該是和靠譜的人做有意思的事，把同事當成你的事業合伙人。

那如何定義「靠譜的人才」呢？有這樣幾個角度。

第一，自驅型的人。自驅型的人尋找事情背後的意義，追求人生的意義感，擁有專注解決問題的最佳效率，而不需要更大的組織規模。他們天然具有企業家精神和主人翁意識，能挖掘自身的潛能，認識並突破自己的能力圈，以最精幹的方式完成具有挑戰性的工作。

第二，時間敏感型的人。彼得‧德魯克在許多年前就提出過一個觀點：「有效的管理者知道他們的時間用在甚麼地方。他們所能控制的時間非常有限，他們會有系統地工作，來善用這有限的時間。」每人的時間都是有限的，我經常說「浪費時間」(kill time) 就是「kill people」，把有限的時間使用好，是一門非常重要的功課。時間敏感型的人既是很好的時間分配者，能夠把精力賦予權重，把時間用到最該用的地方，又能夠很好地尊重他人的時間，不拖泥帶水，這種品質能夠決定自身成長的邊界。

第三，有同理心的人。有同理心的人往往習慣於換位思考和通盤考慮，而不是機械地完成任務。他們善於把自己的腳放在別人的鞋裏去想問題，站在工作對象或者合作夥伴的角度去思考整

件事情。擁有同理心不僅是一種很好的工作方式，也是一種新型領導力。如果每一位員工都能具備更高一級管理者的視角，感受到自己與整個組織、所有層級、各個部門在解決問題中的真正聯繫，就可以通過溝通和學習，盡可能地把握業務開展的優先級及內在關聯，從而能夠從公司整體價值最優出發作出最佳判斷。

第四，終身學習者。與具有固定型思維（Fixed Mindset）的人相比，擁有成長型思維（Growth Mindset）的人更加**重視學習和挑戰，把學習作為終身的樂趣和成就**，而不是短暫的、功利性的斬獲。好的創業公司，不能要求員工無所不知、無所不能，但可以要求其無所不學、迎難而上。終身學習能夠無限地放大一個人的潛能，適應過去、現在和未來。更為關鍵的是，別的東西對人的需求曲線的刺激總是有限的，只有求知慾，能夠不斷使人得到滿足，長期走下去。

賦予長期使命感和成就感

對於創業組織來說，吸引人才還只是第一步，建立有效的人才培養和考核體系是實現人才「綻放」的核心機制。在創業公司中，因為不同的團隊需要不同的人才，在不同的時期也有不同的任務重點，所以培養人才應有兩個維度。第一是基於公司戰略層面的培養，始終把對公司長遠發展有益的工作技能作為重點培養內容，幫助新人形成好的思維模式和做事習慣；第二是基於團隊執

行層面的培養，在解決實際問題中磨煉才幹。同時，培養考核的方式應與外界環境的變化、人才成長的規律緊密相關。最後，在企業文化和核心價值觀基礎上，構建適應業務開展需要的動態人才考核體系。

在人才培養的過程中，史蒂夫・喬布斯有一個觀點值得借鑒，即「真正頂級人才的自尊心不需要呵護，每個人都知道工作表現和貢獻是最重要的」。換句話說，準確的評價比善意的評價更為重要，要相信優秀的員工能夠以開放的心態和足夠的睿智識別甚麼是對的，接受批評並且努力改正，這比忽視或「順水人情」更為善意，因為優秀的人都是極純粹的人，沒有雜念，有長期使命感和成就感。史蒂夫・喬布斯用他獨特的急躁甚至粗暴的管理方式，保證團隊由一流隊員，而不是平庸分子組成。

在創業公司中，更好的方式是把培養和「綻放」人才作為中心工作，開發每個人和團隊的能力。尤其是面對新生代求職者時更應如此，他們追求自由靈活的工作環境，在乎歸屬感和成就感，追求與公司共治、共創、共享的發展機會。公司管理者要保持對每位員工需求的敏感度，精心設計他們的工作內容，發揮其最大優勢；在此基礎上，等待每一位員工所做的貢獻，然後予以其新的鼓勵和賦能。

激活組織：創建好的小生態系統

在過去的組織創新中，管理理念經歷了幾次大的變革。先是工業革命，把機器化大生產引入產業當中，使得技術超越了技能，機器取代了體力，這樣的生產力決定了組織形式是標準的、嚴謹的，統一性和規範性是管理的重心；之後是知識革命，工作被迅速地知識化和信息化，知識也逐漸成為超越資本和勞動力的最重要的生產要素，管理的重心也不再是標準化或者計件制，而是激發和賦能，以及動機的匹配。世界上本沒有最優秀的組織，只有最適合自身和環境發展的組織，隨着新經濟、新商業模式的發展，創業公司的組織方式也一直在變化。

從僱傭關係進化到合作夥伴關係

由於強調靈活和變化，企業的組織形式正在從僱傭關係進化到合作夥伴關係，而中國的創業公司可以快速切入最新的管理模式。這樣的組織，能讓器官中的每一個細胞將自身的優勢和能力最大限度地發揮出來，每個人都能夠學習和「綻放」，實現自身最大價值。對於員工來説，不是老闆給你一張網，讓你捕幾條魚，而是你主動去尋找一片海、一個更好的捕魚方式，甚至一個更好的養魚方式，等等。

令人欣慰的是，中國正在形成更加成熟完整的職業經理人體系。創業者的企業家精神加上有戰鬥力的管理層將幫助中國創業

公司快速應對各種挑戰。美的董事長兼總裁方洪波曾經這樣講述創業者的企業家精神：在創業過程中，企業家精神不是一種地位，而是一種要素。企業家精神不是一把手才有的，不僅僅是要尊重商業文明的變革、尊重技術進步，這些都還只是視野和決斷，而且要在企業的每一個層級裏都體現出來，要「渾身上下」都有企業家精神。因此，如何重塑組織結構，如何賦能與賦權，如何激發研究、市場、銷售團隊共同協作，如何實現全球化配置與發展，如何培養人才……無數問題困擾着企業轉型，但一旦解決，這些問題同樣會成就企業轉型。把每一位員工變成創業的合作夥伴，發揮出每一個人的企業家精神，是組織持續升級的驅動力。

組織生態系統的四層含義

對於創業公司而言，最重要的是基於底層商業邏輯，建立適合自己商業模式的小宇宙、小生態系統。在我看來，這個小生態系統應該有這樣幾層含義。

第一，要以學習為基礎、以學習為取向，而不是為了最大化短時收益。具體來說，首先，學習型組織要有生命力，能夠像生命一樣去繁衍，有「傳幫帶」的精神，有生生不息的能力；其次，學習型組織要有自我免疫的功能，能夠處變不驚，在面對問題時清楚地思考、判斷和推演，有不為所動的禪定精神，不僅能夠想到彼岸，還能夠想到抵達彼岸的路徑；最後，學習型組織要有系統作戰

的機制和精神，把工具化和匠人精神結合起來，就像在現代化作戰中，一個在前線作戰的大兵的工具包是齊全的，而這些工具包由後方團隊專門開發與支持。

第二，要具有賦能型的機制或載體。不僅要持續學習，還要在學習的基礎上將思考力轉化為行動力。這就需要喚起員工的激情，給予其挑戰，如果員工的工作內容剛好匹配他內心的志趣，他就能夠自主地創造價值。組織的功能不是分配任務，而是將員工的興趣、專長和組織發展需要解決的問題進行匹配，這種組織往往是靈活的、有機的。從某種程度上說，不是組織僱用了員工，而是員工使用了組織的公共設施和服務。同時，賦能型組織是一個文化載體，員工因為享受這裏的文化，從而獲得身份認同、使命認同。所以，公共設施不再是簡單地提供後勤保障或員工福利，而是營造員工互動、交流和相互激發想法的場所。**讓最聰明的人待在一起，誰知道會碰撞出甚麼改變世界的好主意！**

第三，打造一個去中心化的組織。去中心化的核心是讓聽到炮聲的人來做決策，而不是讓聽到炮聲的人打電話請示連長、連長請示營長、營長再請示團長。打造去中心化組織的前提是培養最佳的前線人選，並賦予他們完成其工作所需的責任和權威。所有決策過程都在執行層制定，自己的員工能夠理性思考、果斷行動，可以無拘束地跨團隊交流。實現去中心化，可以大幅度減少公司的層級，比如 CEO 是一層，其他高管是一層，所有的員工是一層，每個員工和 CEO 之間只隔着其他高管這一層。當然，一些

企業非常強調管理半徑，削減層級未必可行，這樣的話，重要的做法就是精挑細選每一個員工。一旦來了新員工，就全方位地對其進行培訓，使之「全副武裝」；建立精幹的商業團隊，使每個人都成為「特種兵」，能夠獨當一面，獨立戰鬥。去中心化創造的不僅是決策和行動機制，更是營造企業文化的基本要素，這種獨立的工作方式會給公司創造一種客觀的、不用勾心鬥角的文化。

第四，不斷進化。有一個新概念叫「組織力」，即企業的內生凝聚力和驅動力。組織力越強，企業增長或轉型的加速度就越大。擁有強大組織力的組織，能夠主動尋找邊界的壓力甚至是不適感，從而不斷地進化和突圍。哲學家丹尼爾·丹尼特（Daniel Dennett）[1] 將「進化」定義為一種用來創造「不用設計師的設計」的通用算法。這種通用算法，既可以是內部挖掘，也可以是把外部資源帶進來。對於創業公司而言，由於在不斷重塑原有行業、原有秩序，它不僅需要成熟的運作經驗，還需要創新的思維。因此，不斷進化的組織不僅知道自己不能做甚麼，並加以完善，還知道自己擅長做甚麼，並加以迭代。本質上，不斷進化的組織天然沒有邊界。

彼得·德魯克說：「管理要做的只有一件事，就是如何對抗熵增。只有在這個過程中，企業的生命力才會增加，而不是默默走向

---

[1] 丹尼爾·丹尼特是哲學界泰斗、世界著名認知科學家，「人工智能之父」，馬文·明斯基（Marvin Minsky）稱讚他為「下一個伯蘭特·羅素（Bertrand Russell）」。丹尼特將其一生至今所蒐集的各種好用的思考工具傾囊相授，寫成了《直覺泵和其他思考工具》（*Intuition Pumps and Other Tools for Thinking*）這部著作。——編者註

學習型組織

賦能型組織

組織
生態系統

去中心化的組織

不斷進化的組織

組織生態系統的四層含義

死亡。」當企業必然地變得渙散、失效後，管理的第一性原理就是對抗熵增，圍繞如何發現問題和解決問題，如何溝通和反饋，如何凝聚共識，把組織更新到創業第一天的狀態。在這樣的狀態裏，每個人都能將自己的天賦轉化為組織高效運轉的驅動力，讓「小宇宙」像剛誕生一樣，擁有巨大潛能。

　　一個卓越的創業組織最好的狀態就是年輕的狀態，依靠內生的組織力，沒有包袱、滿是憧憬，不假思索、以終為始；在長期主義的範疇中，把組織的基因、商業的邏輯、外界的環境和創業者的個人稟賦貫通融合，實現組織對環境的瞬時響應和對生意的長期助力。

我對投資的思考

- 每一位企業家都應該是價值投資的天然實踐者。

- 企業文化必須在創業一開始時就建立起來，不能出問題，也無法推倒重來。

- 一個卓越的創業組織最好的狀態就是年輕的狀態，依靠內生的組織力，沒有包袱、滿是憧憬，不假思索、以終為始。

- 吸引和尊重人才不是一句口號，而是創業公司保持活力的重要選擇。

- 在創業公司中，更好的方式是把培養和「綻放」人才作為中心工作，開發每個人和團隊的能力。

- 不是老闆給你一張網，讓你捕幾條魚，而是你主動去尋找一片海、一個更好的捕魚方式，甚至一個更好的養魚方式，等等。

- 讓最聰明的人待在一起，誰知道會碰撞出甚麼改變世界的好主意！

© 1990 年，以駐馬店地區高考文科第一的成績被中國人民大學錄取，去報到之前在高中校園留影。

© 在中國人民大學讀書時，在校園內的「實事求是石」前留影。

© 大學時期開始接觸資本市場，和系裏的同學一起在校園內組織了
一場股市模擬大賽。

© 作為青年學生代表被邀請到中央電視台，與節目組一起策劃股
市模擬大賽。

© 1994 年，大學畢業後加入中國五礦集團，在辦公室裏留影。

© 離開中國五礦集團之後，到耶魯大學攻讀工商管理碩士學位和國際關係碩士學位，其間在
耶魯投資辦公室實習，並結識了大衛·史文森先生。

© 重返耶魯校園，與大衛‧史文森先生討論在中國翻譯出版他的著作《機構投資的創新之路》。

© 2014 年，受邀與華倫・巴菲特先生共進晚餐，在餐桌上愉快地討論了價值投資創新和品質投資等話題。用餐結束合影時，巴菲特先生拿出自己的錢包，並開玩笑道：「你管錢比我管得好，我把我的錢包交給你管吧！」對於年輕的投資人，這位傳奇老人總能找到合適的方式予以鼓勵，這也是對價值投資不斷發展的一份希冀。

© 與比爾‧蓋茨先生見面，探討如何讓捐贈發揮更大的價值。

© 始終心念教育和人才培養，希望幫助更多年輕人追求知識上的豐富、能力上的完善和價值觀上的正直。在中國人民大學 2017 屆畢業典禮上演講，宣佈向母校捐贈 3 億元人民幣，用於長期支持創新型交叉學科的探索和發展。

© 資助百年職校並創辦鄭州百年職校，2011 年在鄭州百年職校揭牌儀式上發表演講。

© 2015 年與一眾科學家、企業家、投資人共同發起設立「未來論壇」
的建議並資助未來科學大獎，在頒獎禮上與青少年代表合影留念。

CERTIFICATE AWARDING CEREMONY FOR FOUNDING TRUSTEES OF WESTLAKE UNIVERSI

西湖大学创校校董

证书颁发仪式

© 2017 年，作為創始捐贈人，捐贈支持創立中國第一所聚焦基礎性
前沿科學的創新型研究大學——西湖大學，擔任西湖大學創校校董。

© 2017 年成立了高禮價值投資研究院，在課堂上分享「零售行業的前世今生」。

© 在與孩子們一起玩耍時愛上了滑雪，在滑雪時
與家人共度了很多美好時光。

© 衝浪就像冥想，需要全神貫注，在控制身體和意念中尋找平衡。

第 **8** 章

產業變革中的
價值投資

科技不是
顛覆的力量，
而是一種
和諧再造的力量。

在投資實踐中，我有幸親身感受到了中國融入世界的歷史進程。在這其中，從農村走出的年輕工人，經濟體制轉型中迸發的生產活力，以及敢為人先的企業家精神成為眾多產業發展的支撐要素。然而，令許多傳統產業始料未及的是，市場更迭和科技進步沒有終點，諸如製造、零售、教育、物流等多個行業，都由於數字化程度較低，在此消彼長的競爭格局中面臨困境和挑戰。傳統經濟可能正在遭遇一場硬仗。

與此同時，新經濟在信息與計算科學、生命健康與醫學等領域，呈星火燎原之勢，各類超乎想像的創新醞釀着一個又一個突破性的「黑科技」革命。大數據、計算機視覺、語音識別、自然語言處理、機器學習等人工智能技術成為驅動科技領域發展的重要力量；基因測序、3D 打印、精準醫學、合成生物學等技術進一步推動生命科學產業的深刻變革。

今天的科技創新已經到了新的時點，不僅是在技術上、設備上、原材料上的簡單創新，而且是在基礎科學和「硬核」技術上的創新。更令人振奮的是，科技創新正在以交叉融合的方式與傳統行業相互影響，大數據、人工智能廣泛應用於交通、醫療、物流、製造業等場景，推動着經濟社會的新發展。

19 世紀末以來，美國每一代的年輕人都在享受着比他們的父輩好得多的生活。電力、醫療衛生、通訊等技術進步，讓美國最先享受到某種意義上的黃金時代。伴隨着工業化、城鎮化、信息化進程，屬於中國的最好的歲月正在到來。正是這樣的時代，提供

了探索價值投資新內涵的土壤，中國的工程師紅利、原發的技術創新、龐大的消費需求、完整的產業基礎設施以及不斷完善的政策空間和金融市場環境……這些要素體系良性耦合，內生增長的動力使中國湧現了太多好生意、好企業。

這是全球前所未有的現象，中國給世界創造了一種新增長方式。這同樣也意味着，在中國做價值投資，不僅要以全球化的視野通覽世界的過去、現在和未來，理解全球產業發展的差序格局，還要理解中國的過去、現在和未來，理解中國產業的發展縱深。

世界級的課題催生世界級的答案，而中國正在給出自己的答案。

啞鈴理論：讓科技成為和諧再造的力量

在這樣一個激動人心的時代面前，許多企業家推敲不定：能否在快速的變化中存活下來？企業應該怎樣運用科技的力量不斷創新？自經濟學家約瑟夫·熊彼特[①]提出「創造性破壞」這一概念

---

① 約瑟夫·熊彼特（Joseph Schumpeter）是「創新理論」鼻祖，與同時代的凱恩斯既惺惺相惜，又互相論爭。熊彼特因提出「創造性破壞」這一概念而聞名於世，他認為創新就是不斷地從內部革新經濟結構，不斷破壞舊的結構並創造新的結構。他將企業家視為創新的主體，認為企業家正是通過創造性地打破市場均衡來獲取超額利潤的，但除非不斷創新，否則「企業家」是一種稍縱即逝的狀態，創新是判斷企業家的唯一標準。——編者註

以來，科技創新便被世人普遍認同為顛覆者，而傳統產業受到衝擊則被認為是社會進步必須付出的代價。換言之，新經濟不僅另闢蹊徑開疆拓土，還步步蠶食傳統經濟的自有領域。新經濟來了，舊產業輸了？事實似乎並非如此。

從創新 1.0 進入創新 2.0

全球化的浪潮、科技的浪潮幫助中國從一個單純的模仿者、追趕者變成了創新的先行者、原創者、分享者，中國正在經歷從創新 1.0 到創新 2.0 的飛躍式轉變。此前，創新 1.0 時代本質上是商業模式的創新，是利用互聯網技術做「連接」。比如搜索引擎連接人與信息，社交工具連接人與人，電商連接人與商品，在線約車、團購 App 連接人與服務……伴隨着科技的發展，中國科技創新的模式正在向 2.0 版本切換。創新 2.0 時代的關鍵是融合，而不再是簡單地複製他人經驗、簡單疊加各種技術和應用場景。來自基礎科技、基礎科學的創新將以全領域、深結合的方式改變各行各業，推動製造業的全面升級，未來的創新是將真正的黑科技、硬科技與傳統產業融合起來，實現長遠價值創造和共同發展。

同時，理解創業 2.0 並非只有一個維度，不能把產業做簡單的新舊分野，真正的新經濟意味着一種全新的理念和經濟發展驅動力。這其中，包括以新能源、新材料、生命科學等為代表的新興技術發展及羣體協同應用；包括新生產效率，如工業自動化、信

息化、智能化等；包括新組織方式，如組織結構更加扁平、決策更加快速、管理更加精益化等；包括新產業鏈形態，以更有針對性的方式拉動資源和生產來及時響應定製化需求；還包括新的生產生活業態、新的規則制度、新的社會文化認知；等等。

毫無疑問，創新是最可持續的價值創造活動，而創新驅動能否實現，關鍵還在於創新要素和底層資源能否匹配到位，這包括技術、資本、人才以及與之相適應的組織形態。同時，創新的成果應該由時間來檢驗。堅持價值投資，不局限於一時一刻、一城一池，拒絕條塊化、分割化，這種投資理念正好可以成為傳統與創新、技術與應用、算法與場景、製造與消費的重要媒介。一旦經歷了複雜場景的訓練和更多維度的觀察，價值投資機構就可以自由地做很多事，不僅可以投資於互聯網等科技企業，用科技的力量為挑戰性問題提供創新型解決方案，還可以投資於真正擁有核心競爭力的傳統製造業，通過與管理層的通力合作，讓企業更加契合當代客戶的需求；不僅可以投資於中國，把全球的創新資源、創新發現引入中國，還可以投資全球創新型企業。

啞鈴的兩端，創新的滲透與轉型

面對產業變革，我們提出了「啞鈴理論」。啞鈴的一端，是新經濟領域的創新滲透。創新已不僅僅局限在消費互聯網領域，而且在向生命科學、新能源、新材料、高端裝備製造、人工智能等

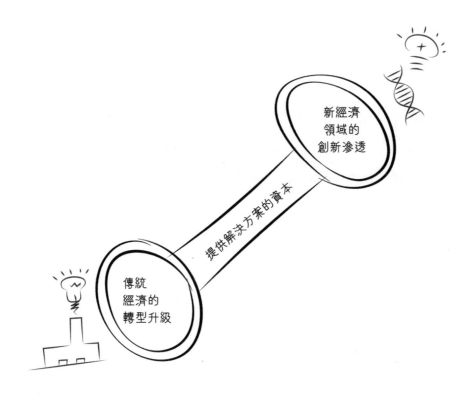

啞鈴理論

領域廣泛滲透。啞鈴的另一端，是傳統企業的創新轉型和數字化轉型，即傳統企業運用科技創新做轉型升級。這不是一場變革，而是向更優成本、更高效率、更精細化管理的方向持續迭代，幫助企業去創造價值增量。同時，啞鈴的兩端是連接的、相通的，可以隨時彼此借鑒和轉化。價值投資機構應該連接啞鈴的兩端，做提供解決方案的資本，成為兩端的組織者、協調者。

在創新滲透方面，醫學領域尤為突出。我們希望在醫療醫藥領域提供長期支持，幫助醫學創新成為改變人類命運的基礎力量。在生物技術、創新藥研發、醫療信息化和前沿醫療技術等領域有眾多創業公司紛紛湧現，尤其許多創新型製藥公司正在通過靶向（Marker）治療[①]、免疫治療、基因治療、遺傳病治療、細胞治療、激發自體免疫等多種方式，探索醫學的種種可能。

在信息領域，信息技術的創新將改變現有的消費場景、生產製造場景、供應鏈場景、管理決策場景、資本運作場景，消弭價值鏈中的角色區分，重塑商業邏輯。特別是中國互聯網的發展，使得全球互聯網創新由原來的單極驅動向雙極乃至多極驅動演進。中國從 C2C（Copy to China，複製到中國）轉型為 IFC（Innovation from China，創新源自中國），中國原生態的互聯網創新正成為世界互聯網創新的動力之一。這其中蘊藏着許多長期投資的機會。

而在賦能傳統行業的一端，從理性角度來看，我們的投資邏輯有兩個層面：其一，在線上流量越來越貴的情況下，線下有很多基本面很好的公司；其二，傳統企業一旦經過高科技賦能，就有更多的機會來創造長期價值。從感性角度來看，我有很強的激情，覺得有責任用高科技的力量幫助傳統產業通過科技驅動實現產業升級。這種激情一方面源自我們對科技的理解——科技不是顛覆的

---

① 靶向治療是指設計相應的藥物，使其在進入體內時與已經明確的致癌位點結合，使腫瘤細胞特異性死亡，並且不會波及腫瘤周圍的正常組織細胞。致癌位點可能是腫瘤細胞內部的一個蛋白分子，也可能是一個基因片段。分子靶向治療又被稱為「生物導彈」。——編者註

力量，而是一種和諧再造的力量。在本質上，科學技術應當含有人文關懷的意義。因此，我們要把科技的榮光和人文的溫暖結合起來，讓更多的人搭上科技進步的列車。比如，勞動是生而享有的權利，工作帶來的愉悅感和成就感是不可剝奪的，不能因為科技進步使得這些工作機會被替換掉。它另一方面源自我們對製造業的理解——實體經濟是國家發展的根本，而先進的製造業則是強振實體經濟的關鍵。就像福耀集團董事長曹德旺所說：「改變這個世界的，一定是製造業。」所以，一旦科技與製造業相結合，就可以實現傳統產業的再造重生，幫助製造業等傳統產業持續不斷地創造價值。這是我特別想做、特別想證明其價值的一件事情。

為此，我們堅定地支持中國製造，投資格力電器、福耀玻璃、藍月亮等製造企業，投資孩子王等使用互聯網新經濟思維和手段激活傳統產業的企業，還幫助百麗國際、公牛集團實現數字化、精益化升級。我們對傳統企業的思考是，要實現創新升級，需要完成三個方面的轉型：第一，要實現資產的動態配置，優化資產負債表；第二，要有精益化管理的思維和能力，提升運營效率；第三，要擁有全球視野，能夠走出去，進行國際拓展。

對於服務實體經濟而言，價值投資在未來的產業變革中，一定能夠發揮很大的作用。價值投資者通過敏銳洞察技術和產業變革趨勢，找到企業創新發展和轉型升級的可行路徑，整合資本、人才、技術等資源要素，幫助企業形成可持續、難模仿的動態護城河，完成企業核心生產、管理和供應鏈系統的優化迭代。高瓴希

望運用啞鈴理論，實現創新轉型和發展的化學反應：在啞鈴的一端，助力生命科學、信息與計算科學等原發創新，搭建基礎硬件、基礎算力和開放生態；在啞鈴的另一端，重倉中國製造，幫助傳統企業運用科技賦能、精益管理等方式，實現業務增量，重構商業系統。

突破生命科學：研發與創新

在高瓴內部會議上，當分享對生命科學領域的投資時，有合伙人笑説，如果你能活到 90 歲，就能活到 120 歲；如果能活到 120 歲，可能就可以永生。馮友蘭老先生也有一句很有名的話，叫：「何止於米，相期於茶。」[1] 在無數產業中，對人類社會影響最深遠、最具基礎性變革力量的，還是生命科學領域。

其實，人們對生命秘密的探索從未停止。某種程度上説，生命科學是一項古老而嶄新的科學，它作為學科門類出現是在 20 世紀中葉，但從 16 世紀開始，人們就已經對生命現象展開了觀察和探索，最早出現的是解剖學和生理學。我們可以預測，在生命科學

---

[1] 「何止於米，相期於茶」，出自馮友蘭先生曾贈金岳霖先生的一副對聯，意思是何止活到八十八歲，期望活到一百零八歲。按照中國傳統的説法，米指「米壽」、茶指「茶壽」，因為米字的形態可以拆解為「八十八」，所以米壽是八十八歲；而茶字的形態恰如米字之上加草字頭，可推想到「八十八再加廿」，所以茶壽就成一百零八歲了。——編者註

領域，技術創新的週期會更長，創新的空間也會更大，未來生物科技的創新將超乎大家的想像。

持續創新的全產業鏈醫療

在過去的醫療行業，當人們的身體出現問題時，它的表現形式和診斷方式是有限的，一些疾病往往有一些相同的症狀。如果依據症狀來診斷疾病，似乎會陷入經驗主義的盲目中。但其實，自然在創造人類時，留下了許多「密碼」，頂級科學家正在用聰明的大腦，去探究這一條條蛛絲馬跡，就像打開一張藏寶圖，去解碼生命演繹的「程序」或「進程」。正所謂「草蛇灰線，伏脈千里」，科學家通過分子診斷、基因檢測、診斷成像、大數據等技術，按圖索驥，根據疾病的成因而不僅是身體的症狀來診斷和治療疾病。人們一旦具備了精準診斷病因的能力，就能夠從根本上重塑現代醫療產業。

隨着社會經濟水平的發展、人均收入水平的提高、人口老齡化趨勢的加劇、人們健康意識的提升以及醫療保障制度的完善，醫療產業正在發生顛覆性變革，這些變革始終圍繞人們不斷變化的、未被滿足的醫療健康需求，通過跨學科研究和科技力量的融合、產業鏈端的重構和創新，形成巨大的合力。特別是在生物醫藥和醫療行業，包括創新藥、生物疫苗、藥物外包研發（CRO）、專科診療、藥品零售等細分領域，我們花了大量的時間研究和思

考，比如在醫療服務領域，如何站在患者的角度，構建全方位的院前、院中、院後健康服務體系，如何運用互聯網技術、遠程手段打造綜合的醫療解決方案；比如在藥品流通領域，如何運用數字化升級等方式解決信息不對稱、第三方支付和依從性問題；比如在藥物研發領域，如何實現產業的分層和分級，以及如何利用人工智能技術對醫療數據進行充分解讀，幫助藥物研發企業加速迭代過程；此外，我們也在思考，如何在藥物研發、藥物流通、醫療人工智能等領域進行全產業鏈重塑，促進醫療產業在技術與產業、線上與線下等多個維度融合創新，讓行業快速地發展。

不僅是思考，從投資角度來說，醫藥醫療行業具有很強的消費屬性和科技屬性，市場巨大，進入壁壘高，同時具有成長性、盈利性、抗週期性等特點，這些因素決定了這個行業具有非常長期的投資賽道，而且可以構建出一條又深又寬、持續創新的動態護城河。所以，在中國的產業版圖中，醫藥醫療行業一定會佔據非常重要的位置。在具體實踐中，高瓴從 2014 年起就開始廣泛支持包括 PD-1 創新藥、外包研發 / 外包生產研發（CRO/CDMO）、眼科、骨科、口腔、輔助生殖、腫瘤放療、微創外科、連鎖藥店、醫學實驗室、醫療人工智能等多個領域的創新企業，深度見證並參與了醫藥醫療行業發展的黃金時刻。

比如，在藥物外包研發和外包生產研發領域，高瓴投資了藥明康德、泰格醫藥、方達控股、凱萊英等多家行業領先企業，出發點就是看到了全球的醫藥研發產業鏈正在發生的重大轉移，看

到了國內創新藥產業上下游的不斷成熟。藥物研發涉及諸多環節，包括藥物發現、藥學研究、臨牀前研究、臨牀研究等，其中藥物外包研發是一個非常依賴專業性、知識性的細分行業。藥物外包研發企業所提供的專業研發服務能夠有效降低藥企的研發成本和風險，縮短研發時間，提高研發效率，形成非常有針對性的專業化優勢。隨着科技手段的豐富、中國科研人員體系的成熟，藥物研發的產業鏈正在快速地拆分重組，整個產業也更加集約和高效。這就好比二三十年前的半導體行業，行業在不斷地分層細化，企業不需要自己從頭去設計開發、搭建實驗室、生產加工、商業化拓展，而是用產業鏈細分的基礎設施去快速實現目標。一個團隊有了一個想法，只要畫一張圖紙，就可以快速地在產業體系裏「跑」出來產品原型，產業的創新速度將極大地加快，這對於中國的醫藥產業來說是非常好的創新。

以藥明康德為例，這家中國規模領先、全球排名前列的小分子醫藥研發服務企業，主營業務包括外包研發和外包生產／外包生產研發（CMO/CDMO）業務兩大類別，在藥物發現、臨牀前研究、臨牀研究及生產方面均有業務佈局，通過全球 26 個研發基地和分支機構為超過 3,000 家客戶提供各類新藥的研發、生產及配套服務。藥明康德曾於 2007 年成功登陸紐交所，由於長時期的低估值，2015 年，藥明康德完成私有化退市，當時，高瓴參與了其私有化歷程。2018 年，藥明康德先後在上交所和港交所完成上市，過程中，高瓴不斷加碼投資。我們希望藥明康德能夠不斷拓展其業務版圖，把人工智能、大數據、自動化實驗室等科技工具引入

新藥研發領域，繼續強化整個行業的發展勢頭。

還有凱萊英，它是一家全球領先的、服務於新藥研發和生產的一站式綜合服務商。其核心業務涵蓋了從新藥臨牀早期到商業化的定製生產和技術開發等服務，與排在全球前 15 名的跨國製藥企業中的 11 家建立了長期合作，核心客戶包括默沙東、百時美施貴寶、諾華、艾伯維和輝瑞等。凱萊英憑藉其高度專注和重視研發的經營理念，積累了非常前沿的技術能力和豐富的製藥工藝。作為凱萊英的長期支持者，我們將繼續推動完善旗下醫療產業平台和被投企業生態，提升凱萊英服務創新藥公司的廣度和深度，推動它們在小分子、核酸、生物藥外包生產研發以及創新藥臨牀研究服務等新業務領域開展深入戰略合作。

對醫療領域的投資，核心在於以患者為中心，發現真正能夠為醫療生態帶來創新活力的長期要素。為此，我們積極探索全球的最佳實踐和管理方案，把擁有 150 年歷史的梅奧診所醫療實踐引入中國，這些實踐包括按病種的先進醫療技術，醫院管理的知識庫、規則庫、臨牀決策支持系統和護理流程等專業的醫療管理體系，涵蓋專科醫生、全科醫生和護士的繼續教育、培訓體系和內容等。我們的最終目的是希望真正讓中國的醫護人員更有尊嚴，讓中國的病人有更多選擇、享受更好的服務，也讓中國的醫療機構能夠更加市場化。

不僅如此，我們還投資了國內最大的眼科連鎖醫療機構——愛爾眼科，深耕第三方醫學檢驗及病理診斷業務 10 餘年的創新企

業 —— 金域醫學，以及國內領先的輔助生殖綜合服務商 —— 錦欣生殖。在醫療器械領域，中國產業的快速發展也才剛剛開始，湧現了許多致力於高值器械和微創醫療的創新型企業。高瓴投資了佈局最廣的醫療器械平台型企業——邁瑞醫療和上海微創，還支持了專注於骨科、心血管微創、運動醫學等醫療科技領域的創新企業——凱利泰，國內骨科關節植入物市場龍頭廠商 —— 愛康醫療，以及沛嘉醫療、微創心通、啟明醫療等具有內生增長潛能的企業，就是希望源自中國創新的企業，能夠真正滿足中國患者的需求。

無論是圍繞藥物研發、醫療服務，還是圍繞藥品流通、健康管理，醫療健康企業都需要為以患者為中心的不同利益相關者創造價值，促進最佳醫療實踐與核心需求的融合，幫助中國建立先進完整的醫療基礎設施，從而實現整個生態的共贏。只有共贏，才能從根本上改變這個行業，讓醫療行業的發展惠及每一個人。

百濟神州，中國醫藥的「從仿到創」

對於全球飛速發展的創新藥領域，我們做了長期、大量的研究。在過去的數十年間，困擾中國醫藥行業的痛點就是低水平、高重複的仿製藥佔據主流，而中國創造的新藥寥寥無幾。中國市場對創新藥的高需求與醫藥創新的薄弱形成尷尬的對比。然而，事情正在發生變化。在醫藥研發領域，藥物研發更加精準高效，概率或者巧合不再是研發成功的關鍵。有人將當下的中國創新醫藥

行業比作 20 世紀 90 年代的半導體行業，隨着中國醫藥領域改革的快速推進，中國製藥企業的創新能力從原料藥、低端製劑到高端製劑，「me too, me better, me best」[①] 一步步進階，中國醫藥行業遇到一次不可錯過的重要機遇。

其實，對於中國藥企來説，「從仿到創」不是信手拈來，無法一蹴而就。關鍵時點和關鍵變化不僅在於外界環境，核心還在於專注研發、專注創新。畢竟仿製藥行業是靠強銷售驅動的，做仿製藥的核心不在於研發人員，而在於醫藥代表。而創新藥行業是靠強創新驅動的，具有投入高、週期長、風險大的特點。成藥性是創新藥的獨木橋，也是考驗投資人的關鍵要素。因此，業內常用「三個十」定律來描述新藥研發的艱辛：十年研發週期，十億美元投入，低於十分之一的研發成功率，沒有長期信念，無人敢為之，無人敢投之。這一特點讓「投資創新藥行業」成了最典型的風險投資，這也意味着，創新藥行業適合有着長期耐心，並且有全產業鏈判斷的投資人。

具體而言，在中國居民的死亡原因中，慢性病、腫瘤近年來一直位於前列，而絕大部分抗腫瘤藥物只能依靠進口。因此，在中國醫藥研發領域，最富有里程碑意義的就是抗腫瘤藥物的研發，而其中市場上最重磅的抗腫瘤藥物就是 PD-1 抗體藥。PD-1 的全稱是 Programmed Death-1，即程序性死亡受體 1，是一種存在於細

---

① 形容從「我可以做出同樣的藥品」，到「我可以做出更好的藥品」，再到「我可以做出最好的藥品」的進階。——編者註

胞表面的重要的免疫抑制分子。PD-1 能夠有效地下調免疫系統對
人體自身細胞的免疫應答，通過抑制 T 細胞活性來避免免疫系統
攻擊自身細胞，即促進自身免疫耐受。而 PD-1 的這些功能在癌變
的組織裏也能在很大程度上阻止免疫系統，包括 T 細胞，殺死已
經癌變的人體細胞（即癌細胞）。目前科學研究表明，PD-1 抗體
藥可以有效地結合併抑制 PD-1 的生物功能，重新激活免疫系統，
即能夠使人體免疫系統，包括 T 細胞，有效地清除癌細胞。PD-1
存在於各類實體瘤的癌變組織中，因而 PD-1 抗體藥對於眾多實體
瘤適應證均有良好的藥效，也成就了其在腫瘤領域作為重磅藥物
的穩固地位。高瓴從 2014 年起先後投資了目前中國排名前四名的
全部四家 PD-1 抗體研發藥企 [1]，一方面源於我們扶持中國冠軍級
藥企的決心，另一方面也源於我們對創新藥領域的深度研究和前
瞻性洞察。

　　其中，百濟神州令人印象深刻。作為一家根植於中國的全球
性商業化生物製藥公司，百濟神州致力於成為分子靶向藥和腫瘤
免疫藥物研發領域以及商業化創新領域的全球領導者，是首家在
中國和全球範圍同步開展註冊型臨牀試驗的創新藥企，目前已在
五大洲開展了臨牀試驗，也是國內首家在納斯達克和港交所雙重
上市的生物製藥公司。立足於自身扎實的生物醫藥研發功底，百
濟神州現已成為一家涵蓋研究、臨牀開發、生產及商業化的全面
發展型企業。

---

[1] 這四家 PD-1 藥企分別是百濟神州、恒瑞醫藥、信達生物、君實生物。

百濟神州成立於 2010 年，早期也經歷過資金匱乏、無人投資的困境。高瓴作為覆蓋企業全生命週期的投資機構，對百濟神州不是「送一程」，而是「陪全程」。2014 年 11 月，百濟神州完成 7,500 萬美元 A 輪融資；2015 年 4 月，百濟神州完成 9,700 萬美元 B 輪融資，兩輪融資中高瓴都是領投方；接着，2016 年 2 月，百濟神州在納斯達克 IPO（首次公開募股）；2016 年 11 月，百濟神州以公開發售股票的方式募集資金 2.12 億美元；2017 年 8 月，百濟神州公開募集 1.9 億美元；2018 年 1 月，百濟神州再次公開募集 8 億美元；2018 年 8 月百濟神州在港交所第二次上市；2020 年 7 月，高瓴作為錨定投資人，對百濟神州追加 10 億美元投資，其他幾個股東跟進，百濟神州共融資 20.8 億美元，創造了全球生物醫藥歷史上最大的一筆股權融資，高瓴的 10 億美元也成為全球生物醫藥史上最大的一筆投資。在百濟神州創立至今的十年間，高瓴共計參與和支持了百濟神州的八輪融資，是百濟神州在中國唯一的全程領投投資人。

業界常說，投資生物醫藥公司是一念天堂，一念地獄，但基於長期持續的研究和對大趨勢的判斷，我們深知，對於抗癌藥，尤其是創新型抗癌藥，沒有資本的長期堅決的投入，就沒有最後的成功，我們希望從資金支持的角度，轉變為百濟神州創新事業的最緊密的合作夥伴，要麼不投，要投就全力投入，全方位支持。百濟神州創始人、董事長兼首席執行官歐雷強（John V. Oyler）告訴《中國企業家》雜誌：「高瓴全力支持百濟神州實現推進生物製藥行業革新的夢想，助力百濟神州在全球醫藥產業前沿與國際巨頭競爭，

這種機構投資者對創新型新興企業的支持，在全球生物製藥史上絕無僅有。」

對於百濟神州而言，其強大的管理團隊和卓越的科研能力是投資判斷的邏輯起點。北京生命科學研究所所長、美國國家科學院院士、中國科學院外籍院士王曉東博士和保諾科技公司（Bio Duro）的創始人歐雷強這對黃金搭檔，一位擅長從科學的角度出發，深刻地理解產品研發；另一位擅長管理公司，了解公司的運作。而且，一位來自中國，另一位來自美國，他們聯手打造的醫學團隊從第一天起就具有全球化視野。

在第十七屆百華協會年會上，歐雷強獲得「百華生物醫藥終身成就獎」。這是百華協會第十次頒發該獎項，也是該獎項首次頒發給非華裔人士。百華協會在頒獎詞中提道：「歐雷強先生對中國生物科技製藥行業的發展和全球化作出了重大貢獻。在他的領導下，百濟神州作為一家起源於中國的生物科技醫藥企業，創造了眾多的『首次』」。

在創立百濟神州前，王曉東已是生物醫藥圈的風雲人物。2004 年，41 歲的他憑藉在細胞凋亡研究領域的傑出成就當選美國國家科學院院士，成為中國大陸 20 多萬留學美國的人員中獲此榮譽的第一人。這位生命科學界「牛人」在回國之後一直懷着一個願望 —— 做中國自己的創新藥，是百濟神州的「研發實力擔當」。

此外，曾經在華爾街身經百戰，擔任百濟神州首席戰略官兼

首席財務官的梁恆博士，輝瑞核心醫療大中華區前總裁、擔任百濟神州中國區總經理兼公司總裁的吳曉濱博士，這兩位人士加入後，與王曉東博士和歐雷強共同組成了星光熠熠的創始團隊，也極大地推動了百濟神州的商業化進程。

在研發方面，截至 2019 年底，百濟神州擁有 1,500 多人的研發團隊，在全球五大洲近 30 個國家和地區開展了 50 多項臨牀試驗。百濟神州在對待每一種藥物的時候，都以追求「同類最佳」為目標，在公司內部設立了極高的篩選門檻，也因此放棄了多個按行業標準衡量其實非常優秀的在研項目，把精力專注於核心研發成果上。2017 年，百濟神州的研發費用為 2.69 億美元，2018 年研發費用達到 6.79 億美元，2019 上半年研發費用達到 4.07 億美元，成為生物製藥公司的「研發投入王」。目前，百濟神州手握兩款「大藥」── 替雷利珠單抗 (Tislelizumab) 和澤布替尼 (Zanubrutinib)，並具備大分子 (抗體) 和小分子 (化學藥) 新藥的獨立自主研發能力，這在全球來看，至今都是非常少見的，哪怕是美國本土的創新醫藥企業也很少兼具這兩種能力。從百濟神州公開披露的 PD-1 藥物 ── 替雷利珠單抗治療經典型霍奇金淋巴瘤 (cHL) 適應證的臨牀數據來看，客觀緩解率[1] 明顯高於進口產品，

---

[1] 客觀緩解率 (Objective Response Rate，簡稱 ORR) 是一種直接衡量藥物抗腫瘤活性的指標，是指腫瘤體積縮小到預先規定值，並能維持最低時限要求的患者的比例。客觀緩解率一般被定義為完全緩解 (Complete Response，簡稱 CR) 和部分緩解 (Partial Response，簡稱 PR) 之和。而完全緩解是指所有靶病灶消失，無新病灶出現，腫瘤標誌物正常，並且這種狀態至少維持四週時間。── 編者註

特別是中位隨訪 7.85 個月的完全緩解高達 61.4%，這個數據表現遠遠好於兩款進口 PD-1 藥物——帕博利珠單抗（Pembrolizumab）和納武利尤單抗（Nivolumab）。百濟神州同時還具備血液腫瘤以及實體腫瘤新藥的開發能力，專攻腫瘤新藥和免疫治療，我們預測後兩者是未來 20 年全球腫瘤藥物研發的核心方向，是大勢所趨。2019 年 11 月，美國食品藥品監督管理局（FDA）宣佈，百濟神州自主研發的抗癌新藥澤布替尼以「突破性療法」的身份，「優先審評」獲准上市。這一突破不僅是全球癌症患者的福音，也是中國新藥研發的里程碑，改寫了中國抗癌藥「只進不出」的尷尬歷史。

百濟神州在創立之初的共識是：「要做就做全球最好的抗癌新藥。」其對產品和臨牀實驗的極致要求、着眼未來的戰略遠見，以及對中國創造和原發創新的強烈信念，都與我們「重倉中國」的決心不謀而合。因此，高瓴在投資以後，積極穿針引線，介紹梁恆博士、吳曉濱博士兩位「大牛」先後加入，幫助百濟神州設計恰當的股權激勵機制和董事會決策機制，組建薪酬委員會，圍繞臨牀開發和產品商業化兩大戰略發力點制定長遠戰略規劃，並撮合其與全球製藥巨頭達成全面合作，幫助百濟神州在關鍵時刻作出最佳選擇。

其實不僅是百濟神州，中國正在湧現出越來越多的創新性醫藥企業，特別是在國家推行藥品集中採購以後，沒有壁壘的普通仿製藥將回歸正常的利潤水平，而掌握藥品核心研發能力的創新藥企業將獲得很好的發展機遇。所以，除了百濟神州以外，我們還投

資支持了恒瑞醫藥、君實生物、信達生物、翰森製藥等創新藥研發企業。隨着四大國產 PD-1 抗腫瘤藥上市，中國創新藥企業進入了新的發展期。

2018 年 12 月，君實生物的特瑞普利單抗注射液（Toripalimab Injection）「拓益」和信達生物的信迪利單抗注射液（Sintilimab Injection）「達伯舒」，在一個月內先後被批准上市。君實生物主攻腫瘤、自身免疫性疾病及代謝疾病，是國內領先的創新生物藥公司。信達生物主要研發用於治療腫瘤等重大疾病的單克隆抗體新藥，並已建立了一條包括 17 個單克隆抗體新藥品種的產品鏈，覆蓋腫瘤、眼底病、自身免疫疾病、心血管病等治療領域。

2019 年 5 月，恒瑞醫藥的卡瑞利珠單抗（Camrelizumab）「艾瑞卡」也被批准上市。恒瑞醫藥是國內抗腫瘤創新藥的絕對龍頭，同時還擁有麻醉藥和造影劑兩大核心業務。創新是恒瑞醫藥多年來始終堅持的重大戰略，2019 年恒瑞醫藥的研發投入達到 39 億元，總額與佔營收比重均創行業新高。公司的業績 10 多年來連續增長，總市值也已突破 5,000 億元。

再看翰森製藥，這家成立於 1995 年的製藥企業，20 多年來一直致力於推進中國臨牀需求缺口巨大的中樞神經系統、抗腫瘤、抗感染、糖尿病、消化道和心血管等領域的藥物的創新發展，並且它在精神類藥物市場的銷售額連續五年位居國內第一。自 2016 年開始，高瓴成為翰森製藥的第一家外部機構投資者，也是翰森製藥啟動上市前投資規模最大的外部機構投資者。2019 年 6 月，翰

森製藥在港交所上市，成為港股醫藥類龍頭。

我們相信，在未來將會有更多惠及全世界人民的創新藥、「大藥」出自中國，這是產業的巨大轉折，也是中國醫藥行業升級的關鍵機遇。

「To cure sometimes, to relieve often, to comfort always.」[①] 愛德華・特魯多（Edward Trudeau）醫生的這句墓誌銘，鼓舞着無數的醫學工作者。正因如此，生命科學的探索沒有終點，需要不斷探求真理和奧秘，回歸人文和正義。所以，堅持研究驅動、以人為本的價值投資一旦和生命科學領域相結合，就不僅僅是一種方法論，更是一種價值觀，觀照生命健康，關注人類社會的長遠發展。

擁抱消費轉型：升級與細分

在對零售業的長期研究中，我們發現這個行業一直在被許多新的要素影響，同時也影響着這些要素，其中包括新世代的誕生、新場景的出現、亞文化的轉變等，這些使得消費者的需求也一直在變化。比如，隨着新世代的誕生，越來越多的孩子們在城市裏出生和成長，感受新的科技水平和物質條件，幾乎沒有經歷過戰爭、

---

① 常被譯為「有時去治癒，常常去幫助，總是去安慰」，意為「也許醫生並不總能治癒病人，但可以經常為病人緩解病痛，並且總是為他們帶去關懷」。——編者註

饑荒，對自然和社會更加關注，也更加自主和博愛。再比如，許多新消費場景、新交互體驗、新品牌主張出現，等等。這些都會導致許多新的商業模式產生。

零售即服務，內容即商品，所見即所得

在我們看來，消費的本質是消費者與世界和自我達成和解的過程，選擇怎樣的消費方式和品質是消費者內心對美好生活的映照，因此消費品包含物質性和精神性雙重維度。在向消費型社會轉型的過程中，由於城鄉、區域經濟發展的差異，以及由此產生的消費觀念、消費文化的差異，未來的消費將會不斷地發生升級與細分。消費轉型不是任何單獨維度的升級或降級，而是複合的、動態的、顛覆的，不同細分的產品領域、地域以及年齡階層都將產生新的消費趨勢。許多傳統的消費品，一旦嫁接上高科技、新思維或者代際特徵，就可以滿足特定羣體的消費升級需求；而許多消費品一旦能夠在設計中真正理解特定的消費者的需求，保持對現實世界的敏感，就能夠在某個細分的市場成為爆品，而不會曲高和寡。

關於消費品，有許多趨勢性的東西，而且這些趨勢有些是相互獨立的，有些又是相互疊加的，這就要區分在具體的品類、具體的賽道，究竟是獨立的權重更大，還是疊加的權重更大。比如，有的消費品類的功能屬性已經很完備了，消費者對功能價值的訴求就沒

有那麼高，反而很看重感性屬性，而影響感性屬性的因素太多了：
年輕人喜歡時尚感、娛樂性、社交屬性強的品牌；中年人喜歡有
高級感、經典尊貴的品牌。如果這兩類人羣堅持各自的審美趣味，
那麼就形成了相互獨立的趨勢；但如果一部分年輕人追求中年人的
審美，因為覺得這種品牌更加高大上，而有些中年人開始關注年輕
人喜歡的品牌，年輕人能夠反向影響購買力更強的中年人，那麼這
種趨勢就是疊加的了。這就使得消費品品牌出現了很多有意思的玩
法，既有新型品牌走復古路線的，又有傳統品牌玩年輕化的。

消費的問題不僅是需求的問題，還是供給的問題。我們對消
費品理解的出發點是需求決定供給，供給製造需求。有更好的產
品及服務供給，更人性化的消費體驗，更加有設計感、設計思維導
向的用戶交互過程，就能激發更多的消費訴求。當奶茶不再是一
種傳統飲品而升級為一種「網紅」新式茶飲時，喜茶成為年輕人的
輕奢生活方式；孩子王把線上線下一體化，把與用戶建立情感聯
繫作為服務目標，重在「經營老客」，而不是「追求新客」，讓服務
過程與現實的生活方式相融合；消費者在世界範圍內尋找有故事
的咖啡、有歷史感的威士忌、有「調性」的精釀啤酒，從而喝出生
活美學。人們對生活的熱愛正轉化為對生命體驗的關注，一些專
科診療服務已成為一種生活方式，牙科矯正成為時尚。

在新消費的概念中，產品及其品牌包含了在服務過程中與消
費者溝通的全方位要求，換句話說，零售即服務，內容即商品，所
見即所得，物質組成的產品力和文化組成的品牌力共同成為理解消

費新趨勢的複合視角。比如有的新品牌把創作者的思考和心路歷程很好地表達出來，與消費者在認知、審美和價值觀上產生共鳴。再比如，線下門店對構建品牌認知、塑造品牌形象也有着不可替代的作用，好的消費場景是打造品牌力的關鍵。在未來，用戶分析、產品設計、品牌定位、銷售渠道之間不再是彼此割裂的關係，而是你中有我、我中有你的關係，是一種相互影響、互有引力的關係。所以，新消費將呈現新渠道、新場景、新人羣、新品類、新設計，而核心是把供給做好，滿足消費者不斷變化的、釋放的需求。

「Retail is detail」—— 零售在於細節

再來討論一下零售業。傳統的分析方法是從人、貨、場的視角來看零售業態的升級，我想再順着「前提」「關鍵」「結果」的邏輯鏈條分析一下究竟甚麼是新零售。

首先看「前提」。新零售發展最大的前提是時代變化。我們在前文回顧過現代零售業的前世今生，但零售業還在不斷迭代演化進程中。所以不僅要思考清楚零售業發展的「存量信息」，還要注意到正在變化的「增量信息」。零售業的發展和時代的發展以及眾多生態要素的完善保持同步，這裏面既有大量基礎設施的升級完善，又有許多人口因素、文化因素的變遷。今時不同往日，新一代年輕人面對着完全不同的社會環境、人文環境和自然環境。人口結構、家庭結構、經濟購買力決定了人們如何理解這個社會，而

這又醞釀出更多的人文思潮和文化現象。基於物質和精神的不同，新一代年輕人的價值主張也會更加多元化、個性化和感性化。人們喜歡的東西往往非常跳躍、獨特和感性。這就決定了消費不再是「面向大眾」的消費，而是「以我為主」的個性化消費。在這樣的前提下，零售業的底層邏輯就不再是追求薄利多銷的「流量經濟」，而是關注個體差異化需求以及全生命週期價值的「單客經濟」。與此同時，伴隨着個體消費者認知能力的增強，海量個體之間通過社交網絡形成非常強大的交互，從而「聚沙成塔」，更好的消費體驗會吸引更多的消費者，形成產業中的「頭部效應」。

其次看「關鍵」。零售的關鍵不僅僅在於商品，還在於體驗，包括購買前、中、後的一系列體驗，使得消費者隨時可觸達、隨時可決策、隨時可終結。「Retail is detail」——零售在於細節。這裏需要思考甚麼是消費者的終身價值。從價格來看，一個商品的成本構成包括原材料成本、製造成本、研發設計分攤成本、市場推廣及廣告費用、銷售渠道費用等。而一個商品創造的真實收益，應該是用戶累計購買的價值總和。因此，好的商業模式能夠從整條產業鏈來考慮，要求各個環節的生產者把提升消費者終身價值作為根本行動指南。比如，在整體定位上，如何思考產品背後的精神實質，賦予生活更多儀式感，讓消費者體會「更多」幸福感；在銷售環節，如何從供應鏈的角度快速反饋、及時補貨，豐富可觸達的零售渠道和購買體驗，讓消費者覺得「更快」；在推廣環節，如何識別多樣化的消費者，理解真正有量級的關鍵需求，不斷推陳出新，花最少的時間下決策，讓消費者感覺「更好」；最後，回到初

始的研發設計環節，把消費者不需要的屬性或者設計去掉，減少無效的成本和浪費，讓消費者真正「更省」。這樣的「多快好省」，就是在遵循零售的本質，以消費者為中心。

最後看「結果」。新零售的結果就是用數據把前端智能化，把後台中樞化，用後台的算法指導前端的場景，減少時間的錯配、空間的錯配和屬性的錯配。**新零售的實現方式，就是用更加細分的場景滿足不斷變化的需求，好的消費場景是打造品牌力的關鍵。** 在這種邏輯下，許多零售企業已經不把自己定義為零售商。比如，盒馬鮮生把一個超級門店變成了線下購買的消費店和線上配送的前置倉，扮演着超市中心、餐飲中心、物流中心、體驗中心以及用戶運營中心的多重角色。這其中，還有許多關於新零售的整體數字化技術和解決方案。因此，未來的零售，不再是單一環節的物理交換，也不再靠規模驅動、功能驅動、供給驅動，而是靠個性驅動、服務驅動和需求驅動，價值鏈通過傳感、數據和用戶運營等技術平台融為一體，在消費者捕捉上化被動為主動，把科技元素、社交元素、文化元素和消費者體驗結合起來，重塑多場景、全渠道、全鏈路的購物方式，把體驗推向極致。實際上，實體零售的多維立體空間，創造了商家與消費者互動的無限可能。未來的消費者不局限於在哪兒購物、買甚麼產品，零售的結果是一整套體驗，從而幫助消費者實現「所想即所得」。

以良品鋪子為例，這家深耕休閒零食領域的企業，從最早的一家武漢零食小鋪發展為擁有 2,300 多家門店，佈局全國，在競爭

激烈的零食賽道，憑藉對消費者價值的理解，成為具有卓越全渠道能力的行業領導者。

值得一提的是，良品鋪子在新零售的打法中理解了前提、抓住了關鍵，也在用創新來重構更符合消費需求的場景。首先是產品品質，其核心是「全品類」擴張，滿足消費者的多樣化需求。休閒零食本身就要求口味、要求品質，因此，如何把控品質、如何調劑配方成為運營的重點環節。良品鋪子建立理化試驗室、感官實驗室，制定從化學到美學的一系列標準；將零食味道的調劑配方作為基礎科學，根據地域、季節做味道細分和產品投放。其次是渠道優化，其核心是「全渠道」模式，通過數據化和設計化，使得全渠道消費場景能夠最大化吸引潛在客戶，而其「端到端」的全價值鏈可以從源頭上保證品質，亦可直接傾聽消費者的聲音和訴求，使全產業鏈的彈性和靈活度很大。同時，良品鋪子的店面從第一代店開始，就運用數字化能力不斷升級，從街邊店、社區店升級為商圈店，到現在已經是第五代店了。升級後的第五代店淡化商業感，營造出沉浸式的體驗，打造一座「美食圖書館」。所有的店鋪既做到了高效統一，又能實現因地制宜。

在高瓴投資以後，我們對良品鋪子也提供了一些建議和支持，幫助公司持續進化。一方面，在線上紅利期逐漸消退的背景下，高瓴建議良品鋪子秉承「高端零食」的路線，提升消費者的整體體驗；另一方面，引入大數據團隊，把線上線下積累的消費者數據進一步收集加工，並通過線上電商數據、地圖數據，建立線下選址模

型，選擇最具潛力、最有活力的門店地址和銷售策略，提升門店拓展效率。作為一家零食店舖，良品舖子從上游的原料採購、供應鏈管理、產品研發，到門店銷售、品牌營銷，不斷吃透整個價值鏈條，從而像互聯網企業一樣，做到零售領域的「千人千面」。這背後不僅需要超強的大數據、供應鏈管理能力，更需要對新零售本質的理解。

正是基於對行業和新零售模式的共同思考，高瓴堅定支持良品舖子，在戰略發展、精益運營、數字化升級、會員管理等方面提供了很多幫助，過程中我們還邀請孩子王與良品舖子交流客戶關係管理經驗，進一步提升消費者的購物體驗。

說到孩子王，這家面向母嬰人羣做產品的零售企業有很多很好的新零售實踐。2009 年，孩子王在南京開設第一家實體門店，這家旗艦店的經營面積接近 7,000 平方米，這與傳統母嬰零售店一般僅佔地約 200 平方米的打法完全不同。看似大開大合、獨闢蹊徑的打法，恰恰是源自對零售行業的深度理解。儘管無法與家電零售比拼客單價，無法與超市比拼流量，但是孩子王卻在流量、單價、成本這些零售行業經典共識上又增加了兩個參數：一是頻率，二是創造性滿足需求，即通過更豐富的產品品類、更深度的消費體驗、更細微的用戶管理，實現顧客的高頻觸達，並把母嬰童主題 Mall（商城）發展為一站式服務中心。這些還只是商業模式創新的第一步，真正實現價值鏈的全面提升在於對零售理念的重塑，即從「經營產品」到「經營用戶」。這就像「王永慶賣大米」，在送大米時

做好對用戶米缸大小以及人口數量的調查，這樣就可以推測出用戶家的米何時「告罄」，下次提前送達。孩子王做了大量關於會員管理的模式創新，能夠滿足不同會員的動態需求，從規模增長變成單客增長，疊加會員從商品和服務中獲取的全方位滿足感。同時，孩子王拓展線上交流和服務平台，利用互聯網思維加速拓展 O2O（Online to Offline，從線上到線下），讓線上精準營銷與線下互動體驗相結合，並拓展豐富的線下社羣活動，讓「媽媽後援團」「媽媽社區」成為非常貼近用戶的情感空間。正是得益於這樣的新零售探索，截至 2020 年，孩子王大型數字化門店數量達到 370 多家，遍布全國 150 多座城市，擁有 3,300 萬會員以及超過 100 萬的「黑金PLUS」會員。

可以設想，在消費轉型的未來，線上和線下不再有明顯的區隔，後台的數據與前台的交互時刻更新，上游和下游連為一體，物質和精神彼此交融，品牌豐富而溫暖，產品新奇而繁多，但不同消費者卻能夠各取所需，在所想即所得、所得即所需的消費體驗中，尋找與理想生活的共鳴。

闖入智能時代：產業互聯網

「人工智能」這個名詞沉寂了 30 年之後，終於再次成為人們關注的創新焦點，人工智能革命正在深度參與人類社會的未來。人

工智能最理想的解決方案，不僅僅是實現智能機器的自主感知、自我學習、自行決策和自動執行，還要實現人與智能機器的和諧共存。

消費互聯網是物理的，產業互聯網是化學的

在討論人工智能革命之前，我們需要通覽互聯網產業的發展。本質上說，未來的信息技術革命正在經歷從桌面互聯網、移動互聯網到人工智能驅動的大數據互聯網的轉變，這其實是智能時代的驚險一躍，考驗的正是人工智能與無數產業的融合能力。

在直接服務消費者的消費互聯網領域，互聯網企業經歷了新一輪格局調整，相當多的競爭對手都「相逢一笑泯恩仇」，變成了合作夥伴。從早期的野蠻生長到現在的理性回歸，新的新陳代謝與融合再生已然形成。在「互聯網女皇」瑪麗・米克爾《2019年互聯網趨勢報告》中，高瓴提供了中國互聯網發展趨勢的觀察和思考。在中國互聯網用戶規模繼續增長、移動互聯網數據流量增速逐年加快、用戶在線時長逐漸增加的趨勢下，中國消費互聯網領域湧現出諸多創新。

一是遊戲改變支付、電商、零售、教育以及更多行業。支付寶創新推出公益遊戲，把許多線下的生活方式轉化為公益積分，用戶可以使用線上的公益積分在荒漠地區種下真樹，創造了線上線下交融的產品體驗；拼多多把社交、遊戲、電商結合在一起，「喊

朋友砍一刀」，提升交易效率和購物體驗；在零售業，百麗國際和
滔搏運動通過遊戲化的獎勵任務促使店員完成業務關鍵指標，把
工作變成競技小遊戲；在教育行業，遊戲化的小任務，把數學和編
程學習變成了趣味學習。

二是互聯網商業模式的融合創新。微信通過即時通訊帶動更
多的交易和服務，用戶在通訊軟件上，可以享用購物、交通、音
樂、支付、政務等功能，許多海外互聯網公司也採用微信策略，
陸續加入更豐富的內容；美團始於團購，不斷進化成超級 App，
聚合了 30 種以上的本地服務，包括餐館點評及預訂、電影演出預
訂、民宿酒店預訂、外賣購買、機票火車票購買等，成為生活服
務超級平台。

三是線上線下全渠道的互聯網創新。線上移動直播帶來個性
化、互動式的購物體驗，買東西成為一種娛樂方式；生鮮零售探
索多種供應鏈模式，比如自營實體店、前置倉、社區拼團、便利
店閃送等；阿里巴巴不再僅僅做線上購物平台，而且在做線下零
售數字化，將線下數據搬到線上；教育行業也在探索線上和線下
一體化，通過直播和雙師模式，實現優質教育資源的平移配置。
諸如此類的變化讓我們看到，一個層次豐富多樣、具有新陳代謝
能力、具有創新能力和可持續性的消費互聯網森林生態體系已經
形成。

而在連接工業、商業端的產業互聯網領域，一個多層次、多
維度的新生態也在快速發展。就像在不同的海拔看到不同的植被

景觀一樣，在全球，工業 2.0、3.0、4.0 同時存在，在中國，自動化、信息化、智能化更是並行發展。更為重要的是，中國是真正意義上的製造大國。一方面，按照工業體系完整度來算，中國擁有 39 個工業大類、191 個中類、525 個小類，成為全世界唯一擁有聯合國產業分類中全部工業門類的國家；另一方面，中國擁有世界上其他任何國家都無法比擬的巨大市場，很多產業的升級需要巨大的市場規模來做支撐，中國擁有最好的先天條件。

如果說消費互聯網是「物理反應」，那麼產業互聯網則是「化學反應」，新技術的紅利正在從消費互聯網領域轉向產業互聯網領域。產業升級成功的關鍵，一方面是靠算法、算力、數據。如果說消費互聯網創造了很多場景，並基於各種場景積累了一些連接方式和思維模型，那麼產業互聯網既需要運用這些場景，又需要把雲計算、機器學習這些計算力應用到價值鏈中，通過自動化、網絡化、智能化的方式，讓虛擬世界和物理世界緊密融合，使人、機器、資源間的連接更加智能，用全新的組織業態和互聯網精神整合產業鏈，產生新的協同作用。另一方面是靠行業認知的轉型。應用場景決定算法，算法決定決策質量。僅靠換設備、上軟件、加技術、搞數據，無法實現生產效率的大幅躍遷，只有真正熟悉產業價值創造的全流程，才能夠真正用好數據燃料，尋找大數據中的「高能粒子」，撞擊傳統產業鏈的痛點。

在這樣的背景下，人工智能革命正在影響着各行各業：體力工作者被智能機器替代，腦力工作者被智能算法替代，一場前所未

有的工作方式變革正在爆發。人工智能帶來一場計算能力的革命。就像蒸汽時代的蒸汽機、電氣時代的發電機、信息時代的計算機和互聯網一樣，人工智能正在成為驅動所有行業的新動能，擁有與各個產業、領域對話的可能。

傳統產業升級 = 傳統產業 +「ABC」

對於傳統產業升級的理解，我們的基礎觀點在於它是一個長期、系統的過程，不可能一蹴而就，應當有長期資本和科技賦能的雙重助力。為此，我們提出的解決方案是「傳統行業 +『ABC』」，「ABC」指人工智能（AI）、大數據（Big Data）、雲計算（Cloud），這比「互聯網加傳統行業」更豐富。傳統產業和企業的痛點的出現，與其説是由於缺乏技術，不如説是由於缺乏客戶價值挖掘、價值鏈重構、服務體驗提升等諸多方面。只有真正在傳統行業裏摸爬滾打過，有長期深厚的行業洞察、知識積累、經驗沉澱，才能做好數字化升級，提供創新的解決方案。正因如此，**傳統產業的調整和升級將隨着「ABC」的發展演進為一場以行業為「底數」，科技為「指數」的「冪次方」革命。**

以物流行業為例，無論是在怎樣的科技水平下，其商業模式的關鍵都在於「成本」和「服務」。誰解決好了這兩點，誰就能夠擁有最突出的核心競爭力。這其中，車和貨的匹配是傳統痛點所在。傳統方式是靠電話聯絡或蹲點，這種近乎隨機的撮合方式極易產

生閒置與浪費，直接導致物流成本居高不下，服務能力也良莠不齊。2013 年 10 月，周勝馥在中國香港創建的貨拉拉，憑藉創始團隊敏鋭的市場嗅覺，於 2014 年進入內地，以平台模式連接車和貨兩端，得到迅速發展。其核心亮點在於兩點：一是憑藉移動互聯網的數據賦能優勢，實現了貨主與運力的最優撮合，把最能滿足需求的運力匹配給最合適的貨主；在此基礎上，隨着用戶數據的不斷積累，運力的配置也在不斷優化，從車貨的簡單匹配升級為良性互動，比如，讓有經驗的運力服務更加個性化的貨主，提升平台的整體服務體驗。二是依託卓越的創新力、執行力和本地化服務能力，快速形成平台規模和車網密度，通過「智慧物流」等技術手段，把規模優勢真正轉化為成本優勢，降低物流成本。正是基於以上特點，貨拉拉在創辦不久，就創造了平均 10 秒內響應、10 分鐘內到達的行業新標準。貨拉拉的科技創新實踐，根植於深厚的物流運營經驗，憑藉互聯網、大數據的技術優勢，提升了物流信息化效率，改善了貨運司機的生產和生活，也詮釋了「最好的技術不是顛覆，而是激發實體產業的巨大潛能」這一重要命題。正如周勝馥所説：「每個年代都有不同的機會，我們這個時代最大的機會，就是移動互聯網。」

需要看到的是，產業互聯網進程是在各個地區、各個領域、各個環節數字化程度參差不齊的前提下進行的，因此，智能時代的首要任務，就是要加強信息基礎設施建設，彌合不同產業、地區間的數字鴻溝。

彌合傳統經濟的數字鴻溝需要兩個層面的融合和助力。第一，基礎技術領域的創新和應用。產業互聯網時代，有許多基礎設施公司在努力打造一個開放、包容的新生態。它們在芯片及處理器、操作系統、底層算法等維度為數字化製造賦能。比如許多人工智能公司都在研發新型的芯片及處理器，在計算架構與算法的配合驅動下，提升計算效率。

以自動駕駛領域為例，傳統汽車將會像手機一樣，經歷從功能機到智能機的升級，並且一旦實現自動駕駛和車聯網系統，買了車就等於買了一個司機和一處 8 平方米的房子，汽車就相當於一個移動的生活空間、工作空間。因此，自動駕駛不僅僅是改造車，本質上是在改變人們的生活。這其中，自動駕駛處理器對於自動駕駛的意義，就好像發動機之於航空業，基礎設施效應無比巨大。自動駕駛處理器在性能、可靠性、實時性、功耗效率以及對應的算法等方面都對人工智能應用提出了極高標準，其突破不僅帶動自動駕駛核心技術的完善，也將帶動整個人工智能產業的發展。從技術難度、經濟規模到戰略影響，自動駕駛處理器都堪稱人工智能世界的珠穆朗瑪峰，誰能帶頭攀上這座高峰，誰就在人工智能技術領域佔據了制高點和發言權。從自動駕駛的行業數據來看，到 2025 年，智能駕駛的軟硬件銷售（不含整車）將達到 262 億美元，其社會效益將放大到 1 萬億美元，包括緩解交通擁堵、節省燃料、減少事故以及提高生產效率。可以說，每 1 美元的自動駕駛處理器銷售將帶來 40 美元的社會效益。這就是基礎技術的作用，有極強的產業放大效應。

第二，供應鏈的數字化、智能化。數字化供應鏈對生產力提升有着脫胎換骨的效果。由於傳統的供應鏈是點到點的分散連接，無論是數據、決策還是在執行中，都會產生新的矛盾和浪費。因此，數字化供應鏈的關鍵是形成「生態集成的供應鏈」，打破傳統供應鏈的不可知性、不穩定性和複雜性。在供應鏈的所有端口，都能夠實現即時、可視、可感知、可調節的能力。這就需要通過打通底層數據、強化算力構建等方式，把需求感知、計劃總控、庫存管理、物流管控、資金配置等放在一個完整生態中，搭建「去中心化」的自動反饋體系。無論是產品研發、柔性化生產，還是用戶管理、需求預測，數據都能夠作為最優決策的參考。

以家電行業為例，憑藉需求紅利（即房地產週期與滲透率的提升）、規模製造紅利（即價格戰洗禮下的產能擴張）、渠道紅利（即中國特有的分銷體系與專賣店網絡），行業龍頭在傳統商業模式下掌控了產業鏈定價權。但傳統的分銷渠道模式是層層分銷、比拼網點，由於層級過多、成本費用高、服務能力弱，渠道變革迫在眉睫。渠道的本質是流通，在產業互聯網時代，通過數字基礎設施和互聯網的搭建，實現精準定位和高效觸達，降低流通環節成本。這其中應該有兩個「打通」：第一，打通消費者端數據，實現從生產端到渠道再到消費者這一完整產業鏈的信息化；第二，打通供應鏈，實現管理下沉，採用「類直營」「直營」等模式，從店面到物流、到倉儲、到工場，實現統一指揮和調配。

再以大居住市場為例，我們之所以投資鏈家和貝殼找房，就

是因為看到這個行業發生了內生性的變革，並且企業可以運用新技術、數字化等外生變量來促進整個行業的升級。一方面，隨着中國城市化進程的縱深發展，房地產市場的格局正從增量市場逐步轉型，存量市場比重升高，存增並重，或者說一手房、二手房市場共同發展。現在，中國已經擁有了全球最大的房地產存量市場之一，居民的房產總市值接近 300 萬億元，是美國居民房產總市值的 2 倍左右。同時，從存量房的流通情況看，雖然存量房的年交易額已超過 6 萬億元，但存量房的年週轉率大約只有 2%，明顯低於歐美國家存量房的年週轉率。這樣的現狀為存量房交易提供了非常大的機會。另一方面，互聯網創新進入了 2.0 時代，新技術紅利正在加速從消費互聯網向產業互聯網滲透，而大居住市場作為一個巨大的市場，正好處於消費互聯網和產業互聯網融合的前沿。線上居住交易市場，過去只能簡單地實現信息連接功能，現在卻能在此基礎上，發揮新技術驅動的數據處理能力，用數字化手段讓產業供給能力實現轉型和重構，賦能供應鏈上的企業和個人，大幅提高供給端的運行效率和整個經紀行業的服務能力。

貝殼找房正在做的，就是打造在未來大居住交易基礎設施中非常重要的一個平台，並且努力將科技和整個產業相結合。從需求端來看，人們過去在線下找房、看房的需求正在發生歷史性的、向線上的遷移，貝殼找房創新性地通過真房源系統、增強現實（AR）、虛擬現實（VR）等科技手段來豐富找房、看房、選房的消費體驗。從供給端來看，就「如何優化房源委託、帶看、服務、交付等環節，為消費者匹配最合適的房源、提供最好的資產配置服務」這個問

題，企業無論採用線上化的方式，還是科技賦能手段，都有巨大的發揮空間。貝殼找房從很早之前就預見到，要創造一流的消費者體驗，就必須打造一流的房地產經紀人隊伍，讓「消費者至上」的企業文化理念得到組織層面的執行保障。為此，貝殼找房花費十幾年的時間，不遺餘力地建立起經紀人合作網絡機制，並且將它對全部從業機構和從業人員開放，使得全行業的經紀人都能夠在統一的運營平台上提供服務，以確保房地產經紀人之間實現有序、透明、高效的合作，提高房地產經紀人的服務效率和房產交易效率，從而在不損害消費者利益的前提下提高房地產經紀人的收入水平，使其以更好的心態為消費者提供服務。值得一提的是，這種機制在國外往往由被稱為「多重上市服務系統」（Multiple Listing Service，簡稱MLS）的行業自律系統來維護，貝殼找房的這項創舉對於整個行業來說都是一項了不起的探索。貝殼找房結合中國國情，創建了具有中國特色的 MLS，並將其開放給了全行業，將企業目標和社會責任有機地結合起來，這的確可以說是一項了不起的成就。

最後，我們需要看到，傳統產業原有基礎設施的數字化改造，需要巨大的資本投入，並且無法帶來直接的投資收益，所以除了依靠政府政策引導和公共投入外，亟需秉持長期投資理念的社會資本積極參與，實現產業互聯網的「冷啟動」，讓更多行業受益於技術創新。在產業互聯網時代，科技與產業快速融合、重構，這決定了價值投資有望作為技術創新和實體經濟之間的催化劑，彌合技術基礎設施之間的鴻溝，這也是時代賦予「價值投資服務實體經濟」的新使命。

價值創造賦能路線圖

對於產業的數字科技化升級，我們的嘗試有很多，最終都是服務於提升各種不同的企業能力，包括戰略定位、供應鏈提升、研發設計、用戶運營等，但最大的堅持是讓傳統企業的企業家坐在主駕駛位上，互聯網和新技術的提供者則坐在副駕駛位上提供輔助決策和支持。**數字科技化賦能是在飛行中換發動機，不會改變傳統企業的行業屬性，不是「停業整頓」，也不是為了創新而創新，必須直接為業務帶來增量。**

數字化轉型實現科技賦能

構建企業的數據與分析能力，是數字化轉型成功的基石。數字化轉型不僅能夠優化成本、提升效率，關鍵是還能營造數據驅動型文化，把商業的底層邏輯用數據串起來，挖掘和釋放數字價值，拓展數據應用場景，增加有效決策，減少試錯成本。但伴隨着數據爆炸式增長，企業面臨數據碎片化，數據無法打通、無法進行深度整合和分析等問題，數字化轉型升級成為企業新功能的重要來源。以我們對滔搏運動的數字化轉型實踐為例，這個項目的出發點正是對產業互聯網的探索和實踐。

滔搏運動是百麗國際旗下的運動零售板塊，是近 20 家全球領先運動品牌在華的關鍵戰略夥伴，這些合作夥伴包括耐克、阿

迪達斯、彪馬、匡威、添柏嵐等運動鞋服品牌，其中與耐克合作了 20 年，與阿迪達斯合作了 15 年。滔搏運動從 2010 年起開始探索多品牌集合店的運營模式，先後開設了 TOPSPORTS 運動城、TOPSPORTS 多品店、TOPSNEAKER 潮流集合店等，擁有 8300 多家直營店舖，3.5 萬名員工。

在滔搏運動的數字化轉型路徑中，有一項重要的設計就是智慧門店方案，核心是對門店「人、貨、場」的數據採集，包括對進店客流量、客戶店內移動路線和屬性進行數據蒐集，形成「店舖熱力圖」和「參觀動線圖」，幫助門店了解進店客戶的產品偏好，進行貨品的陳列、擺放和優化，優化銷售策略，提升單店產出。2018 年，我們為滔搏運動的一家門店安裝了智能門店系統，在觀察期內，門店發現女性客戶佔進店人數的 50%，但收入貢獻只有 33%，並且系統提示，70% 的客戶從來沒有逛過門店後部的購物區。數據清晰展示了女性客戶的轉化率偏低，且店面後部沒有被有效利用。於是，店長將店面的佈局重新調整，增加更多女性鞋服展示，陳列更多暖色系產品，並調整客戶的動線和流向，提高後部購物區的可視度。一個月後，該店後部購物區月銷售額增長了 80%，全店銷售額增長了 17%，店面商業潛力被進一步釋放。

在此基礎上，他們積極鼓勵店員作為最接近客戶的 UI/UE[①]，用自主開發的數字化工具包和社交媒體平台，釋放終端的活力。

---

① UI 是 User Interface 的簡稱，指用戶界面；UE 是 User Experience 的簡稱，即用戶體驗。——編者註

店員可以隨時使用數字化工具包，查看客戶在店內的歷史消費數據，切換銷售數據的統計維度，及時反饋和優化自己的銷售行為；還可以運用數字化工具包，實現商品管理、店內人員管理、銷售目標管理等，實時上報採購和補貨需求，系統化地提高一線作戰能力。

同時，店員可以自主運營不同主題的社羣，從線下到線上引導客戶，通過社羣運營，發起體育運動相關的主題討論，分享專業運動知識和鞋服指南，提供最新的潮品資訊，組織線下活動等，建立長期的客戶陪伴關係。更有意思的是，滔搏運動還成立了專門的電子競技俱樂部，與迅速擴大的電子競技玩家羣體建立連接。滔搏運動電子競技俱樂部戰隊先後取得了 2018 年全國電子競技大賽第二名、2019 年英雄聯盟職業聯賽春季賽第四名，以及 2019 年 PUBG Mobile 俱樂部公開賽世界冠軍，憑藉圈內口碑吸引了非常廣泛和活躍的粉絲羣體，這也使得滔搏運動能夠直接和最年輕的客戶羣體產生互動。

通過社羣運營、門店數據採集等方式，滔搏運動積累了一筆寶貴的數據資產。2018 年底，滔搏運動在研究了 2,000 萬份買鞋數據後發現：山東人和廣東人最愛「剁手」買鞋；上海人最偏愛限量款球鞋；耐克和阿迪達斯的「迷弟迷妹」們對兩大品牌的購買力不相上下；男性仍然最愛買也最捨得買運動鞋，但女性在潮流人羣中的佔比要超過男性，體現出對於「凹造型」的重度需求。

全流程的數字化和店員創造的人性化 UI/UE 界面，使得我們

可以進一步分析門店模型，根據店舖運營基礎數據，了解不同季節、不同時期、不同周邊環境對銷售的影響，根據線上零售和用戶數據，進行用戶行為的全過程跟蹤和用戶畫像的精細化描摹，實現門店的動態調整，提升每家店的運營潛力。以用戶需求為中心，就是基於人、貨、場每時每刻的交互，將數據變成串聯各項業務的「活水」，持續分析與迭代，不產生多一分錢的浪費，不製造多一秒鐘的遲疑，打造更有效率的零售新模式。我們的總結是，**數據是生產資料，有流程才能運營，有算法才能昇華。數據、算法和流程，應形成相互促進的正向循環，對業務產生價值。**

經過上述科技和數字化的加持，百麗國際旗下運動鞋服零售商滔搏運動營收穩居行業第一，具備了分拆上市的條件，其運動產業鏈已形成集中度較高的市場格局，運動鞋服板塊快速增長。2019 年 10 月 10 日，在具備上述天時地利條件的情況下，滔搏運動正式在港交所掛牌上市，上市首日股價上漲 8.82%，市值超 570 億港元。這一數字已超過兩年前百麗國際私有化交易的整體金額。

用戶定義產品，軟件定義流程。科技賦能、數字化轉型不是顛覆再造，也不是簡單地新增渠道或者市場，而是從工業化邏輯轉變為數字化邏輯，回歸到在創造價值的「一筆一畫」中尋找痛點，利用大數據、智能化系統重新組合產業鏈，拉近生產製造和消費者的距離，創造最高的效率。

精益管理重構運營效率

福特汽車首創了汽車大規模流水裝配線，這種模式使得工業化大生產在真正意義上成為可能。生產步驟的徹底分解和標準化，使得勞動生產率大大提高。對於今天的企業來說，數字驅動的技術創新是優化核心生產和供應鏈系統的重要選擇，但企業還需要通過先進的管理理念創新、組織文化創新，重構運營效率，釋放出更大的活力。這其中，我們對精益管理有着既本源化又獨特的思考。

精益管理的概念由美國麻省理工學院教授詹姆斯・沃麥克（James Womack）等在 20 世紀 90 年代提出，起源於日本豐田的生產方式，其核心指導原則在於以最小的資源投入，準時、節約、高效地創造出盡可能多的價值，為消費者提供新產品和及時服務。精益管理的價值，在於為企業提供了超脫於各種資本運作和金融較量以外的真正創造價值的方法，並且這種創造是無止境的。有人會問，成就了「精益生產方式」以後，企業的下一步飛躍是甚麼？答案是，持續精益。

精益管理與浪費相對，如果正確識別了「浪費」，可能也就理解了精益管理 99% 的含義。在精益管理的範疇中，浪費是指一切消耗了資源而不創造價值的人類活動，包括需要糾正的錯誤、生產了無需求的產品及由此造成的庫存和積壓、不必要的工序、員工的盲目走動、貨物從一地到另一地的盲目搬運、由於上一道工

序不及時導致下一道工序的等待以及商品和服務不能滿足消費者要求等等。

許多製造業公司致力於現代化生產，大力推行智能製造，在製造環節探索變革。但精益管理的核心不僅僅在於生產環節，對於非生產環節也能夠通過流程再造、優化，實現內部運營效率的廣泛提升，消除浪費、降低成本，這些都是在創造價值。精益管理負責的是從客戶需求的輸入到客戶需求被滿足的完整流程，包括了客戶識別、價值分析、研發設計、製造生產、物流交付、售後服務全過程。

比如，高瓴在投資公牛電器之後，積極推動其生產和管理環節的升級再造，力求降本增效提速，實現符合中國生產實踐的精益管理，這主要體現在三個層面：第一，在營銷端引入 VOC（客戶聲音）、PSP（問題解決流程）、市場細分、價值銷售等管理工具，進一步協助公牛電器進行流程梳理和機會識別，幫助一線銷售人員了解市場，制定細化到每個大區、縣市和鄉鎮的市場策略，真正定義用戶認可的價值；第二，在製造端協助改善實施現場，提升生產效率和產品品質，降低產品的返修率，實現客戶拉動的生產方式；第三，在研發端導入 BPD（爆款設計工具），降低識別機會的成本，實現盡善盡美。例如，數碼立式插座是公牛的一款代表產品，高瓴的精益管理團隊與公牛研發團隊一起，通過對這款產品研發環節的精益改善，最終整合減少了 16 個零件，每個插座的成本降低 7 元多，並帶動了生產端效率的提高。這一系列的管理提升，

幫助公牛電器進一步明晰了業務定位，把市場（市場細分、市場容量、複合增長）、客羣、競爭對手等信息轉化為決策基礎，圈定發力的目標市場。在此基礎上，運用 VSM（價值流程圖）工具梳理關鍵流程，找出改善項、引爆點，完成工具匹配，輸出行動計劃。2019 年，整個公牛集團一共有 430 項改善[①]，精益管理的收益總額約 1.1 億元。更關鍵的是，精益管理不是一個階段性任務，而是持續精益的過程，會不斷創造新的效益和效率。

在實踐精益管理的道路上，最重要的事情就是認識價值。客戶是價值的定義者，以合適的價格、合適的品質滿足合適的客戶需求，這時價值才能夠充分表達；廠商是價值的生產者，如何滿足定義者的要求，這考驗了生產者的認知能力和組織生產水平。忘掉股東和高管們在意的財務情況，避免工程師和設計者的無效炫技，打破供應商和僱員們的墨守成規，剩下的可能就是客戶能夠獲取的真實價值。這構成了我們對「精益管理重構運營效率」的核心主張。

但是，在任何時候，重構商業系統都不是目的，我們對科技企業的認知是，世界上本沒有科技企業和傳統企業的分野，優秀的企業總會及時、有效地使用一切先進生產要素來提高運營效率，從而實現可持續增長。也正因如此，未來所有優秀的企業都將是科技企業。正是基於同樣的邏輯，未來所有優秀企業的商業系統，都

---

① 改善，譯自日文詞彙「Kaizen」，源自豐田精益生產體系，指小的、連續的、漸近的改進。——編者註

是在不斷地學習和進化的，通過精益生產和科技賦能，讓每位在生產線工作的人也有活力和改善工作效率的動力。理解商業系統的第一性原理是不斷創新。每一種新的商業範式、新的生產路徑、新的交易流程、新的價值鏈組織形式都可能提高商業效率，成就新的商業物種。

在堅持長期主義的實踐中，要不斷尋找驅動行業發展的創新力量，通過科技創新和人文精神消弭發展中的問題，實現更具普惠意義的價值創造。價值投資有涵蓋過去的定義，也有面向未來的啟示，這是對長期主義的理解和尊敬。

我對投資的思考

● 在新消費的概念中，產品及其品牌包含了在服務過程中與消費者溝通的全方位要求，換句話說，零售即服務，內容即商品，所見即所得，物質組成的產品力和文化組成的品牌力共同成為理解消費新趨勢的複合視角。

● 新零售的實現方式，就是用更加細分的場景滿足不斷變化的需求，好的消費場景是打造品牌力的關鍵。

● 數字科技化賦能是在飛行中換發動機，不會改變傳統企業的行業屬性，不是「停業整頓」，也不是為了創新而創新，必須直接為業務帶來增量。

● 世界上本沒有科技企業和傳統企業的分野，優秀的企業總會及時、有效地使用一切先進生產要素來提高運營效率，從而實現可持續增長。

第 **9** 章

價值投資的
實踐探索

真正的「重倉中國」，
就是要幫助中國製造業
更好更快地
實現轉型升級。

在從事投資的歷程中，有兩件事情讓我格外振奮：其一，在產業重塑和經濟發展的浪潮中不斷豐富價值投資的內涵，從在基本面研究中發現價值，發展到洞察變化和趨勢，創造價值，思考人、生意、環境和組織，在跨區域、跨行業、跨階段的投資中實現價值投資服務實體經濟的新範式；其二，在對價值投資的不斷重新定義中推動商業模式的創新、價值鏈效率的提升和產業的升級，在最複雜的案例中經受訓練，在不同的情景和場域中影響和推動產業的根本變革，與企業家、創業者一起持續不斷地創造價值。這兩件事情始終讓我扮演着雙重角色：其一是投資人，其二是創業者。

誠然，在過去的很長一段時間裏，無論是投資人，還是企業家、創業者，似乎都已經習慣了現代商業社會的慣有法則，也給創業、投資賦予了某種傳統的意義。比如，創業者大多是行業的顛覆力量，而投資人大多是資本的代言人。然而，新的價值主張和社會思潮，正在漸漸催生新的商業社會法則。創業者可以將新科技、新場景、新業態與舊有的商業模式相融合，或者不斷地微創新、再創新，投資人也可以從更長期、更普惠的角度理解資本和資源的配置，從而實現新的商業意義。

就像只有在每一次金融危機或者疫病大流行的特殊時刻裏，人們才會發現世界運轉的習慣能夠如此輕易地被打破一樣，這些時刻也令人恍然明白，同類的事情其實都曾在歷史上發生過。價值投資者只有在長遠問題上想清楚，在行業塑造、價值創造的維度上想清楚，才能經得起時間的考驗。

正是這樣的出發點,使我在一些重大的交易機會面前,敢於下重注,敢於和企業家、創業者一起,在產業的巨大不確定性面前挖掘確定性的機會。歸根到底,任何產業之中都蘊藏着不可估量的巨大潛能,我們能做的,只是點亮「星星之火」,進而期待產業的「燎原之勢」。

創造新起點:實體經濟巨頭的價值重估

在我對價值投資的理解中,「把蛋糕做大」一直是我的重要原則。在這其中,發現價值是第一步,在市場的過度悲觀氛圍裏尋找到真正的價值奇點,需要依託於對產業的長期跟蹤研究和系統性思考;創造價值則是第二步。在高瓴的多年實踐中,我們不斷積累豐富的價值投資工具箱,包括超長期資本、人才支持、技術賦能、精益運營、生態資源、醫療生態、學習平台。這些積累工具箱的過程,既是不斷把蛋糕做大的過程,也是高瓴涉足實業,幫助實體行業領先者進行價值重估的歷程。在高瓴完成的百麗國際私有化、普洛斯私有化等案例中,上述理念就有很多體現。

百麗國際私有化,重塑「鞋王」

2017 年 7 月 27 日 16 時,中國最大的鞋業企業百麗國際以 531 億港元的價格從港交所退市,此次私有化交易也創造了港交所

至今為止規模最大的一次私有化交易紀錄。在對百麗國際的投資過程中，我真正看到了中國企業家的胸懷和遠見，以盛百椒、盛放、於武先生為代表的企業領軍者，持續學習，敢於創新，不斷適應日新月異的變化，敢於自上而下地發起變革，他們身上的這種魄力和精神令人尤為敬佩。

百麗國際從 2007 年上市，到 2017 年退市，歷經十年，這不僅是百麗國際走過的路，也恰恰是中國製造業轉型升級的縮影。百麗的外文品牌名 BeLLE 取義於法語，意為「美人」，百麗國際最早在 1979 年由其創始人鄧耀先生在香港創辦，隨着內地改革開放，鄧耀先生逐步探索在內地發展。在最初的創業過程中，為了降低生產成本，鄧耀先生不斷在內地和香港穿梭，把香港的設計帶到內地鞋廠代工，再把成品帶回香港銷售。這在當時可是不錯的商業模式，儘管也有弊端，比如產銷週期長、設計和款式無法快速迭代。此後，隨着盛百椒先生的加入，百麗國際也開始在內地自設工廠、廣開門店。百麗國際的第一家店就開在深圳的東門老街，20 世紀 90 年代初，那裏還比較荒涼，可能只有很少人預想到那裏會成為黃金旺鋪。憑藉一款又一款的爆品，一間又一間的門店，百麗國際打出了「凡是女人路過的地方，都要有百麗」的口號。

然而，由於鞋服行業整體市場擴張以及百麗國際電商轉型不順利，2013 年下半年以後，百麗國際的市場佔有率逐年下降，銷量、利潤也開始下滑，百麗國際經受了新商業環境帶來的巨大考驗，旗下傳統產業業績面臨較大挑戰，不得不暫停渠道擴張。在某

種意義上，資本市場是樂觀或悲觀的放大器，百麗國際的股價不斷報出新低，從 2013 年每股 18 港元的高位下跌至每股 4 港元，市值縮水接近 80%。

從基本面來看，百麗國際不只有女鞋品牌，作為一個佈局多元的時尚運動產業集團，它旗下擁有鞋類、運動和服飾三大業務，是全球第一大女鞋公司，也是中國最大的運動鞋服零售商，擁有 400 多億元的年收入，60 多億元的稅息折舊及攤銷前利潤（EBITDA），4,000 萬雙女鞋、2,500 萬雙運動鞋、3,500 萬件運動服飾的年銷售業績，幾千萬會員，近 20 個鞋類品牌、6 個服飾品牌，旗下的滔搏運動則是近 20 個全球領先的運動品牌的關鍵零售夥伴。沒有哪個失敗的企業每年能有幾十億元的現金流。而且，百麗國際還是香港恆生指數 50 隻成份股之一，也是香港第一隻內地企業的藍籌股。我們做過估算，百麗國際的直營門店每天進店約 600 萬人次，按照互聯網行業的概念，即有 600 萬日活躍用戶數量（DAU）[①]，如此折算，它可以算是中國前五大電商之一。現在線上流量獲取成本越來越高，流量入口正從線上向線下轉移，百麗國際的兩萬家直營店，特別是八萬多名一線零售員工的線下流量入口顯得尤為可貴，這些是直接面向消費者的觸點，是百麗國際最好的 UI/UE。不僅如此，我們參觀完百麗國際之後大呼吃驚，百麗國際擁有自營工廠，原材料直接從產地採購，有極強的供應鏈和補

[①] 日活躍用戶數量統計一日之內登錄或使用了某個產品的用戶數（去除重複登錄的用戶），通常會結合月活躍用戶數量（MAU）一起使用，以衡量服務的用戶黏性以及服務的衰退週期。——編者註

貨機制，整體運營效率和庫存管理能力都在業界領先。這些無論是對於高科技公司、互聯網時尚公司，還是亞文化的創新公司來說，幾乎都無法實現，線上做得再好的人，去做線下還是需要經歷一個艱難的學習過程。不管是打造 C2M 反向定製模式、快時尚供應鏈，還是實現無縫連接，我認為有機會實現並創造出零售業新模式的公司，實際上是百麗國際，而且可能也只有百麗國際。

鞋是供應鏈最複雜的消費品類之一，因為每個人都有一雙不同的腳，全球 70 億人就有 70 億雙不一樣的腳，再考慮到同一個尺碼的鞋子又會有不同的式樣，所以做鞋的企業從設計到原材料採購、生產加工過程、配送，再到零售，每個環節的複雜程度和對管理能力的要求都是極高的。能把鞋做好的零售企業，是真正頂級的零售企業。百麗國際從皮料採購、生產加工、運輸配送到終端零售，參與和覆蓋了女鞋垂直整合的全產業鏈，百麗國際的生產商、渠道商和供應鏈全是一體的，而且它同時運營着十幾個不同顧客羣、不同價位的品牌。在 20 多年間，百麗國際從白手起家，到把做鞋賣鞋的生意做到如今這樣的體量與市場地位，毫不誇張地說，這是中國企業界的一個偉大成就，在全球的女鞋企業中也是獨一無二的。

百麗國際的另一個巨大成就，是做成了中國乃至全球頂級規模的零售網絡，它擁有 13,000 多家女鞋門店、7,000 多家運動門店，而且仍在高速發展中。百麗國際有可能是全球唯一一家擁有高達兩萬家直營門店的企業了。而且更關鍵的是，百麗國際對如

此之大的零售網絡，實現了全面自營、管理、掌控，整體運營效率和庫存管理能力在業界都是響當當的領先者。連耐克、阿迪達斯這樣的全球強勢大品牌也充分意識到百麗國際的零售網絡的價值，並積極尋找合作，它們在中國的飛速發展離不開百麗國際強大的零售能力。百麗國際管理着 12 萬員工，其中的絕大多數都是直接面向消費者的一線零售人員。這樣的管理能力，在我們接觸過的這麼多消費零售企業中都是相當少見的。

在我看來，一個商業物種的產生起源於它所處的時代和環境，其積累的生產能力、供應鏈效率和品牌價值，是對那個年代最完美的詮釋，堪稱經典，而經典的價值不可能瞬間土崩瓦解，也不會憑空消失。資本市場的報價是一種悲觀預期，但也表明一旦換一個維度來思考，就會發現不可多得的巨大機遇。在百麗國際的私有化過程中，鄧耀先生說過的一句話讓我幾乎落淚：「我不在乎是否退出，也無意於錢，我在乎的是公司是否能與更好的合作夥伴一起，帶領百麗國際的 10 多萬名員工鳳凰涅槃，重獲新生。」鄧老先生這種不論遇到多大困難都要往前走的力量，是一種「生」的力量，讓我非常感動。的確，我認為百麗國際擁有最好的基礎、最扎實的功力，只要能突破科技改造的瓶頸，拓寬並激活渠道價值，一定是最有機會創造出新模式的公司。

與此同時，在中國做併購，最好的方式未必是海外基金的通常做法，即買下被市場低估的公司，再通過成本縮減、精英治理取得巨大的經濟回報，而是必須要充分尊重管理層，尊重中國企業特

有的文化，理解產業發展的具體階段。對百麗國際而言，運用新零售模式提高管理效率和科技化水平，向市場要增量，通過競爭拿到更大的市場份額，是更好的路徑。因此，百麗國際的新型解決方案必須依附在企業原有核心競爭力之上，投資人不能做攪局者，也不能好為人師。

正是基於上述思考，我們推進百麗國際的數字化轉型時，核心理念是在百麗國際的能力和基因上面做「加法」，充分信任百麗國際的原有管理層，在此基礎上調動數字化賦能團隊、精益運營團隊進駐工廠、門店，開展數字化轉型，拓寬電商渠道，提供線上線下一體化解決方案。

在推進百麗國際數字化轉型的過程中，我們堅持三個原則：

● 第一，「錦上添花」。百麗國際擁有強大的管理團隊，組織基因好，善於學習，在傳統零售行業耕耘多年，我們想做的是把百麗國際的潛能發揮出來。我們與百麗國際一起，用好互聯網生態下的流量紅利，建設好賦能工具箱。百麗國際正在完成的，便是實現全流程的數字化，將數據作為新的驅動力。

● 第二，「務實再務實」。在數字化真正發揮作用之前，我們無法定義其產生的價值。因此，必須擁有務實精神和長期思維，建立基於數據對齊 ① 的業務流程，積跬步，至千里。

---

① 數據對齊指使來自多個數據源的多維數據保持一致的方法。——編者註

● 第三，「小步快跑」。大型集團轉型，最難的不是整體規劃、資源投入，而是創新機制、試錯機制。因此，必須採取「小試牛刀 + 試點推廣」的方式，從嘗試、小試，到中試、推廣，步步為營。

　　與大多數傳統企業一樣，百麗國際在數字化轉型前，流程割裂，有的業務條線流程不清晰，沒有分析、決策和反饋節點；底層數據割裂，商場數據無法同步給品牌商；橫向數據割裂，不同區域、不同渠道、不同門店的數據並不相通，無法「合併同類項」；上層數據割裂，宏觀數據無法快速幫助一線銷售人員答疑解惑，無法實現供應鏈的及時調整。

　　我們從第一性原理出發，思考一雙鞋的「人生」要經歷甚麼。從建模設計、生產製造、倉儲運輸、門店銷售、會員管理，百麗國際要做的就是把所有流程統統納入數據化體系，把大數據能力應用到對消費者的發現、觸達和服務流程中，連接每一雙鞋和每一位顧客，連接一線銷售和公司總部，連接過去與未來。特別是在分析決策層面，我們做了兩件事情。其一，開發終端賦能工具。通過收集門店及所在商圈的實時人流數據，以及每雙鞋的試穿率和購買率數據，調整銷售預測和庫存參數，把消費者喜好和設計生產聯繫起來，運用「單品管理」的理念，實現供應鏈的瞬時觸達，達成了賦能每一個門店的構想。其二，重新定位店長與店員。時尚產品需要在交互過程中挖掘顧客的潛在購買慾望，因此，用戶交互非常關鍵，高度依賴店長與店員的服務能力。百麗國際通過智能

門店決策平台的設計，給予一線店員更多智能化武裝。店員們不再苦於「調貨、斷貨、壓貨」的運營環節，而是從數字化工具中領任務、做遊戲，優化店面陳列和單品佈局，在指引下完成銷售和服務過程，成為消費者的時尚顧問。

這些「加法」不僅是基於對鞋服行業的理解，從更大的格局上看，其實是中國製造業轉型升級的必經之路。科技不是科技企業的專利，傳統製造業加上科技，將從產業端改造整個商業系統，適應不斷進化的商業環境。

普洛斯私有化，釋放物流巨頭新勢能

2018 年 1 月 22 日，普洛斯（GLP）宣佈從新加坡證券交易所退市，高瓴參與的這筆私有化交易金額達到 790 億元人民幣，成為亞洲歷史上迄今最大的私募股權併購案例。

由於其服務於 B 端的商業模式，普洛斯並不被人熟知，但這家現代物流基礎設施及解決方案提供商兼服務商卻是不折不扣的隱形巨頭。普洛斯在美國起家，是亞洲最大的物流地產商，在中國物流地產業的市場份額超過第二名到第十名的總和，牢牢佔據了一線城市核心交通樞紐區域，向亞馬遜、京東、菜鳥等電商提供高標準倉庫。

普洛斯的私有化歷程，需要從 2003 年說起。2003 年，普洛斯聯合創始人、首席執行官梅志明加盟 Prologis 公司，並在上海

建立了第一間駐華辦公室，即如今的普洛斯（GLP）的雛形。當時中國剛剛經歷一場「物流園泡沫」，政府出台了異常嚴厲的房地產調控政策。Prologis 在中國採取的策略是與手中已經握有倉儲土地的本土企業合作，先後取得了上海西北物流園區物流設施獨家開發權和蘇州物流園區開發權，佔據了這些城市的核心物流樞紐，其成熟的物流地產開發運營經驗也逐步受到各地的認可。

2008 年，受到金融危機的嚴重影響，Prologis 公司不得不出售最賺錢的亞洲業務。2008 年 12 月 24 日，新加坡政府產業投資有限公司（GICRE）以 13 億美元的現金收購 Prologis 公司在中國的全部資產和在日本的部分資產，並繼續延用其中文名普洛斯。2010 年 10 月，普洛斯在新加坡證券交易所上市。上市之後，普洛斯不斷擴展中國業務版圖，到 2017 年，普洛斯擁有 2,870 萬平方米的物業總建築面積、1,190 萬平方米的土地儲備，物流地產項目分佈於 38 個城市和地區，基本形成了覆蓋中國主要空港、海港、高速公路、加工基地和消費城市的物流配送網絡，佔據當時中國物流地產市場 60% 的份額。2016 年底，普洛斯第一大股東新加坡政府產業投資有限公司提出進行戰略評述，公開尋求私有化買家，打算退出。這成為普洛斯私有化交易的契機。

2015 年 5 月，憑藉對物流地產行業的深刻洞察，我們堅定看好普洛斯的長遠發展前景，通過投資成為其第二大股東。對於價值投資來說，尊重和理解行業屬性是投資的前提，物流行業看似冷門，但其具有長期、穩定並且相對較高的收益回報，普洛斯

專注於基礎設施建設，這是具有廣闊前景和長期發展價值的事業，所以參與普洛斯的私有化，是一項非常長期的投資。對於普洛斯這樣一個業務成熟、體量巨大的企業來說，如何在既有基礎上進行進一步的創新，這一點頗具挑戰。但我們看到，普洛斯不僅僅是一家物流地產公司，還可以成為一傢具有很大價值的平台公司。

物流是銷售、電子商務、現代服務業的基礎之一，所以一旦將物流當中的每一個環節，包括物流的節點、場地、倉庫連接起來，就可以在這個網絡空間裏做很多運營、增值的服務，涉及運力、設備、資金等，這種服務模式和過程是非常長期的，有着很基礎的、不可替代的價值。例如，普洛斯現在正在進行對倉庫自動化設備的投入，倉庫自動化設備建成後，可以讓人隨時獲取實時信息，包括倉庫裏面的貨是甚麼、是誰在運、運給誰。在這個基礎上，物流基礎設施還可以與許多新技術領域相結合，包括人工智能、物聯網、無人自動化，這些能夠改變整個行業，甚至影響眾多行業的價值鏈。比如，近年來隨着產業互聯網、社會化網絡等產業的迅速發展，大數據儲量迅猛增長，用於處理數據的服務器供不應求，數據中心已成為支撐新型數字經濟的重要基礎設施。某種程度上來說，在這樣一個重資產的行業中，只有大規模、大體量的頭部公司，配以長期的、巨額的資本，才能夠打破創新性成長的天花板，加速整個行業的科技化水平，促進物流生態體系與新技術、新基建的融合與升級。

更為關鍵的是，我們要投資普洛斯的堅定信念，很大程度上緣於我們對以梅志明先生為核心的管理層的尊重和欽佩。梅志明先生是將中外文化融於一身的傑出的企業家代表，他的全球化視野以及對中國本土市場的深刻理解，源自他多年來受到的中西方文化熏陶。像這樣能夠在不同的文化中，最大化地汲取優質養分的企業家，一定能夠在更廣泛的領域裏達成別人難以達成的成就。

除了從新加坡退市的普洛斯、從香港退市的百麗國際，高瓴還參與了智聯招聘從美國的退市，以及其他一些大公司的分拆案例。無論是私有化，還是其他跨境併購交易，**併購投資的出發點並不是追求投資規模或者單純的投資收益，更關鍵的，是在原有商業模式創新進入階段性瓶頸的情況下，判斷科技賦能能否成為驅動產業升級的新價值所在，能否通過科技創新對現有商業模式進行精細化打磨，通過引入新的資源改善被併購公司的長遠狀況**。中國的產業正在進入新一輪併購時代。

如果說風險投資是在為行業培育最具創新力的挑戰者，成長期投資是在為行業塑造最有競爭力的領導者，那麼併購投資更像是站在產業的角度重塑行業、引領行業轉型升級的邏輯和路徑。因為這些被併購企業往往已經非常成熟，有着獨特的成功基因，一旦被科技賦能、戰略賦能，就能夠成為更具活力的超級物種，並引領行業的發展。所以，不同的投資階段和投資方式，都有着各自的使命，但前提一定是深刻理解行業的驅動力，投資要有益於效率，有益於價值創造。

激發新動能：重倉中國製造

中國的經濟發展，是在「三化合一」的場景中非常快速地前進着的。對於中國而言，製造業不僅僅是立國之本，也是國家競爭力的重要評估基準。在我看來，真正的「重倉中國」，就是要幫助中國製造業更好更快地實現轉型升級，真正地在產業中提升數字化、科技化、信息化水平，幫助中國製造業佔據價值鏈的最高端。

格力電器，打造中國製造業新名片

以投資格力電器為例，2019 年，高瓴參與格力電器股權轉讓交易，這場重大的交易對於格力電器、國資混改以及中國先進製造業來說，都有着長遠的影響。其實，高瓴在成立的第二年，就發現了格力電器的潛力。作為中國製造業的一張名片，格力電器在家用空調市場的佔有率和產銷量多年保持第一。更加令人信服的是，格力電器管理團隊始終兢兢業業，對尊重市場規律、尊重價值創造規律的理解足夠深遠。所以，我們秉持着「一旦發現優秀的公司，就長期支持」的原則，對格力電器的支持長達十幾年之久，而且還會更久。

2019 年 4 月，格力電器控股股東格力集團通過公開徵集受讓方的形式，協議轉讓其持有的格力電器總股本的 15% 股權。消息一經放出，就吸引了眾多投資人，畢竟這場交易的意義不僅限於它

是價值 400 億元以上的巨額交易，是 A 股市場上最重要的交易之一，而且在某種意義上，它承載着一個時代和一個產業的歷史。

其實，無論是對於企業還是個人，時代都是最大的恩賜。伴隨着 20 世紀 90 年代初中國掀起的工業化浪潮，百萬移民來到珠江三角洲，格力電器就誕生於改革開放的前沿陣地珠海。格力電器的前身是「格力空調器廠」，最早只有一條組裝線，面對國際品牌的不斷湧入，以及國內競爭不斷加劇的困難局面，格力電器利用自身的資源打造了包括設計、研發、生產製造、物流以及銷售在內的完整的產業鏈，專注於技術研發，突破微笑曲線[1] 的固有格局，最終在行業內突出重圍。

回顧格力電器的發展歷程，有幾個非常重要的歷史節點。其一是格力電器於 1996 年在 A 股上市，從一家地方國企轉變為國有上市公司，利用資本市場實現公司治理的逐步規範化，並開始探索市場化的運營管理模式；其二是格力電器於 2006 年進行股權分置改革，引進戰略投資者，並建立現代企業治理結構，在市場競爭中開拓更加靈活的管理模式；其三則是通過 2019 年的股權轉讓，格力電器進一步運用市場化改革的力量，探索更加科學的治理機構、更加高效的執行效率、更加市場化的激勵機制，以及更加靈活的發展空間。

---

[1] 微笑曲線由宏碁集團創辦人施振榮先生於 1992 年提出，他認為在產業鏈中，處於微笑曲線兩端的「研發」和「銷售」附加值較高，處於中間的「製造」附加值較低，所以產業未來應朝微笑曲線的兩端發展，也就是加強研發以及客戶導向的營銷與服務。——編者註

從長遠看，中國製造業不應是簡單的生產製造，中國製造業在未來必須完整掌握高知識密度、高附加值、高影響力的價值環節，從生產要素的維度重構產業組合，掌握核心的設計、核心的技術、核心的品牌資源，才能擺脫產業鏈底端的被動性，躍升到產業鏈的高端。高瓴參與到這場交易之中，正是因為我們從格力電器身上看到了這種可能性。

格力電器的股權轉讓最終順利完成，在這之中我們最大的體會就是要尊重企業和企業家精神，尊重每一位企業員工的創造力。當然，我們後面還有更長的路要走，包括發揮長期資本的優勢、利用全球研究以及幫助實體經濟轉型升級的經驗，幫助格力電器引入更多的戰略資源，進一步改善公司治理，實現戰略發展的重新定位、核心技術的突破以及國際化、多元化發展等。以數字化轉型為標誌的產業變革，無法一蹴而就，必須局部突破，小步快跑，積累數字化轉型的經驗和信心，逐步實現產業的華麗升級。

製造時代，基礎性領域的創新潛能

再來看高瓴投資的公牛集團案例。甄別出公牛集團這樣的隱形巨頭，需要多年觀察，但這個過程在某種程度上卻能體現中國製造業的崛起之勢。

1995 年，阮立平創立了公牛集團，憑藉一款「國內最安全的插座」，成為行業「一哥」。事實上，公牛集團的主營業務插線板是一

個很難做的品類，產品更偏向於無差別消費品（Commodity）屬性，並沒有很高的技術壁壘，公牛集團之所以能做到市場第一，渠道優勢是最重要的撒手鐧，在家樂福、沃爾瑪等大型商超乃至五線小城的五金店，公牛集團都壟斷了插線板這一品類，牢牢控制了對渠道的話語權，將行業第二名遠遠甩在了身後。

這一點與高瓴之前投資的福耀玻璃很類似，汽車玻璃也是無差別消費品，但是福耀玻璃同樣做出了強溢價的品牌，在渠道上佔據話語權。公牛集團之所以能建立很強的渠道優勢，在於它把快消品的管理經驗和模式引入了民用電工領域，與同行相比，它有非常強的渠道運營和管控能力，同時有極強的工匠精神，憑藉「良心企業」的口碑成為行業第一，從而在市場上具有了壟斷性地位。

目前公牛集團的產品線包括轉換器、牆壁開關、LED 照明以及數碼配件，此外還孵化了智能電工、斷路器、嵌入式產品等新業務。從更長的週期來看，公牛集團在產品、渠道、技術、品控等方面會積累更強的優勢。

不僅如此，憑藉對產業超長期、跨地域的研究，我們在工業自動化、工業互聯網、工業智能化等領域投注了非常多的關注和支持。特別是在新型冠狀病毒肺炎疫情期間，我們敢於逆勢加倉，在中小企業最需要注入發展新動能的時刻加快出手速度，投資了眾多快速成長的創新型企業，其中不乏先進製造業企業。

2019 年 3 月，紀錄片《製造時代》聚焦東莞產業題材，展示

了以東莞製造業為案例的中國製造業在轉型升級過程中的探索和取得的成果，其中就有高瓴投資的怡合達。怡合達不是一家簡單的製造業企業，它是專門為自動化設備製造單位提供自動化零部件的一站式採購服務平台。眾所周知，像 3C（指計算機類、通訊類和消費類電子產品）、汽車、醫藥、食品、新能源等行業的普遍特點是呈頭部企業集中化趨勢發展，由於成本和人才等原因，很多中小企業的自動化改造過程比較困難。怡合達要做的就是提高國內製造業自動化應用水平，特別是要解決中小企業在自動化升級方面的痛點。

2019 年 11 月，高瓴旗下創投業務作為領投方投資了聚焦工業互聯網智能化的全應科技。全應科技憑藉對熱電行業生產工藝及流程的深度理解，以數據智能技術為驅動，為熱電行業的智能化運行提供工業互聯網解決方案。2019 年底，高瓴完成了對徐工信息的 A 輪投資。基於深厚的製造業背景和 IT 技術積累，徐工信息在工業互聯網、智能製造等業務領域深耕力拓，打造了「最懂製造的工業互聯網平台」和「讓製造更簡單」的智能製造產品與解決方案。

高瓴在先進製造領域的投資案例有很多，但每一次投資選擇的着眼點都是異常清晰的 —— 在未來產業互聯網、信息技術、先進科技與傳統產業快速融合的時間窗口，把握製造業升級的脈動，理解產業鏈底層的創新潛能，擁抱這個快速變化的時代。

開拓新世界：think big, think long

在跨地域、跨週期、跨品類的研究中，高瓴做了很多跨境的研究、投資和資源連接。一方面，我們看到中國與新興市場之間的社會經濟概貌更為接近，因此完全可以把中國的創新商業模式複製到海外，把源自中國的創新基因快速在全球推廣，在促進中國企業海外拓展的同時，也促進其他新興市場的創新產業發展；另一方面，我們也看到中國經濟社會的快速發展和消費者多元化需求的變化，因此我們與國際品牌合作，把先進的產品和模式引入中國，豐富中國的產業生態。

在我看來，全球領域的研究發現和商業資源整合，在某種程度上恰恰非常符合價值投資的應有之義，其出發點仍然是在深諳行業發展規律、熟悉本地化區域市場特徵和理解全球產業鏈重塑進程的基礎上，優化資源配置、推動價值創造。

中國創新商業模式的全球拓展

隨着互聯網與移動互聯網在全球更廣泛地區的普及和更深度的應用，正如十幾年前互聯網在中國剛剛興起時一樣，許多新興國家的消費者市場存在巨大的、尚未開發的潛力，這就給中國商業模式「出海」提供了很好的投資機會。

以佈局東南亞的社交應用平台 SEA 為例，投資這家當前市值

近 500 億美元的互聯網巨頭，高瓴的出發點就在於從它的身上看到了似曾相識的成長和成熟軌跡，即中國互聯網巨頭的成長和成熟軌跡。同時，擁有超過 6 億人口的東南亞地區，無論從經濟、文化還是交通等視角看，都是與中國最相像的海外新興市場之一，我們由此判斷 SEA 仍然具有巨大的發展潛力。

SEA 的前身是 2009 年創立於新加坡的 Garena，它在創立之初就打造了集視頻、聊天、玩遊戲於一體的社交應用平台。此後，Garena 不斷學習騰訊的商業模式，在社交和遊戲領域持續發力，並逐步試水數字支付（Airpay）、電商（Shopee）等互聯網業務，成為一個融匯了中外互聯網巨頭優勢的超級物種。2017 年，Garena 正式更名為 SEA，它旗下的遊戲、電商和數字支付三大業務板塊均在東南亞市場處於領頭羊位置。這是中國創新商業模式得以在海外實踐發展得很好的案例。

再以投資在線旅遊公司為例，高瓴對這個行業有着自己的理解。在每個國家、每個市場，都有大量的商旅預訂需求，而一些商業模式、供應鏈流程已經在中國得到了充分的驗證，並且積累了大量的線上和線下資源。一旦把中國的創新經驗複製到其他新興市場，就能夠在當地創造出許多「獨角獸」。所以，在投資去哪兒網之後，我們對東南亞的市場進行了細緻的研究，發現了印度尼西亞版的「去哪兒網」——Traveloka。Traveloka 成立於 2012 年，最初只有機票查詢和比價功能，為了提升產品功能，創始人費里·尤納迪（Ferry Unardi）專程跑到中國來尋找靈感。為此，我

們積極促成去哪兒網與 Traveloka 的戰略合作，幫助 Traveloka「抄作業」，以在旅遊和航空服務等業務上快速發展。目前，Traveloka 已經在東南亞的六個國家開展了業務，主要服務於印度尼西亞、泰國和越南等市場。

在共享出行領域，我們在東南亞市場發現並投資了當地最大的打車應用公司 Grab Taxi。投資完成以後，我們積極推動滴滴出行與其展開戰略合作，協同利用彼此的技術、當地市場知識與商業資源，使國際旅客可以通過既有軟件無縫接入當地出行網絡。此次戰略合作不僅提升了 Grab Taxi 的商業和技術實力，使其佔據更大的本地市場份額，也擴大了滴滴出行的全球版圖，促進全球出行產業的多元化發展。

在外賣領域，正是看到中國外賣市場的快速發展，我們投資了韓國版「美團」，即以用戶數量來看堪稱韓國最大的外賣公司的 Woowa Bros，幫助其開發自動機器人以及在海外市場進行擴張。其實在韓國，外賣文化已經深深融入當地消費者的日常生活。韓國餐廳密度大，人口密度大，外賣客戶羣體廣，而且由於可以使用摩托車進行配送，所以外賣配送速度更快，配送區域更靈活。這些特點為韓國外賣企業提供了很好的商業運營條件。所以，我們希望 Woowa Bros 能夠通過向中國外賣企業學習，實現更快的發展。事實上，在我們的穿針引線下，Woowa Bros 管理團隊訪華期間向美團取經，兩家企業很快找到了共同語言，通過參觀交流建立了良好的相互學習機制。

此外，我們還投資了國內二手車交易平台優信拍與印度汽車信息網站 CarDekho，CarDekho 經營着一系列在線門戶網站，在印度銷售新車、二手車和摩托車，還向東南亞擴張，在馬來西亞、菲律賓和印度尼西亞均運營着門戶網站。我們還投資了在孟加拉國、斯里蘭卡和加納等地經營的在線分類信息門戶網站 Saltside，Saltside 與 58 同城非常類似，本地居民可以在網站上發佈物品出售廣告、招聘廣告以及許多本地化的服務廣告，網站瀏覽者與賣家直接聯繫，在線下完成交易。

中國商業模式的「出海」，中國企業的「出海」，可能會成為很長遠的趨勢，這個趨勢的發展需要資本、資源、人才、知識的多方助力。而且，中國企業「走出去」，一定要放開思想，放下包袱，真正地融入當地的企業和市場環境中，和當地的環境結合，不要懼怕世界巨頭企業，不要怕跟當地企業合作。我想把這個模式一直推廣下去，讓中國企業更快、更好地實現海外化發展，同時也讓更多的海外企業學習中國。

海外商業實踐的中國化重構

基於對中國消費市場和產業升級的理解，我們積極引入了眾多海外品牌和成功企業，希望不僅是「走出去」，還能「引進來」，把全球的商業實踐和管理體系帶到中國，去推動中國產業格局的變化和發展，促進中國本土企業更長遠、更穩健地參與全球競爭。

2015 年初，為滿足國內患者對醫療品質的更高要求，提高醫療效率，改善患者體驗，我們與全美綜合排名第一的梅奧診所共同成立了惠每醫療集團，把梅奧診所先進的醫療技術、管理經驗和培訓體系引進中國。作為有着 150 年歷史的醫學研究中心，梅奧診所在糖尿病和內分泌專科、胃腸科、婦科、腎臟科、神經專科和老年病學六個專科都排名全美第一，獲得了「醫學最高法院」的美譽，素有「醫學麥加」之稱。而梅奧診所最為突出的，則是它「矢志不渝探尋準確病因，更早提出治療方案」的醫學追求，它也因此被譽為「美國最高質量、最有效率但又低成本的醫療體系的楷模」。作為一家非營利機構，梅奧診所的成功秘訣一直是人們迫切探求的。在我們看來，其真正的秘訣在於「醫者治院」理念下的整合醫療實踐模式。2017 年以來，高瓴和梅奧診所連續共同舉辦「梅奧診所中國醫院管理峰會」，圍繞「患者需求至上」的理念，搭建國內外醫療生態的交流平台，最大化聚集全球醫療健康領域的服務方、支付方、產品提供方，探討突破創新療法、醫療機構管理經驗、服務理念以及各種前沿話題。我們希望，在交流中能夠產生更多符合中國疾病圖譜的本地化綜合醫療解決方案，提升我國醫療的信息化決策和管理水平。

2017 年，我們把「星巴克的祖師爺」——皮爺咖啡（Peet's Coffee）引入中國，第一家旗艦店就開在上海的東湖路。皮爺咖啡是美國精品咖啡品牌，總部位於加州。可以說，星巴克是皮爺咖啡的門徒，皮特老爺子曾向星巴克的三位創始人傳授了烘焙、店面佈置等經驗，早期還供應咖啡豆。為了更好地符合中國消費者的

習慣，皮爺咖啡在產品和運營端都做了本地化調整，探索深度烘焙的中國口味。但是由於消費市場變化太快，在和運營人員交流時，我們更多的是探討如何提升咖啡的品質、口感及服務要求，而不是如何追求速度、規模和盈利，好品牌要慢慢做。

2018 年，位列全美前十大精釀酒廠的巨石精釀（Stone Brewing）也在上海愚園路開設了在亞洲的第一家旗艦店，這同樣得益於高瓴的助力。在精釀啤酒圈，巨石精釀堪稱「愛馬仕」級別的存在，其創始人是兩位重金屬音樂的狂熱發燒友。對於精釀啤酒愛好者來說，精釀啤酒與工業啤酒不一樣的地方是，每款精釀啤酒都有自己的靈魂，精釀啤酒的歷史也比工業啤酒長很多。我們希望能夠把更多有着獨特文化和故事的消費品牌帶到中國消費市場，豐富消費者的體驗。

不僅是精品咖啡和精釀啤酒，2019 年，高瓴還收購了蘇格蘭羅曼湖集團（Loch Lomond Group），這也是來自中國的資本第一次收購英國擁有數百年歷史的傳統威士忌釀酒企業。羅曼湖集團旗下的資產包括鄧巴頓郡的羅曼湖酒廠（Loch Lomond Distillery）、坎貝爾鎮的格蘭帝酒廠（Glen Scotia Distillery）、蘇格蘭一家瓶裝廠格倫・卡特里內（Glen Catrine）以及小磨坊酒廠（Littlemill Distillery）遺留的酒。如果從時間上來算，小磨坊酒廠最早在 1772 年就開始蒸餾威士忌，是行業中歷史最悠久的公司之一，也是蘇格蘭最古老的威士忌蒸餾廠。正是看到中國威士忌消費量和進口量的快速增長，我們決定推動羅曼湖集團設立中國總

部，並充分運用電商、移動互聯網、新零售等銷售模式，拓展亞洲市場。

在運動健康領域，我們也發現了許多好玩的趨勢，並陸續向國內引入眾多圈內潮牌，包括 Burton 單板、On 跑鞋等。2020 年 4 月，「雪圈王者」—— 單板滑雪品牌 Burton 在中國的合資公司成立，將與高瓴共同運營中國業務。説起 Burton，有很多的品牌故事有待講述，某種意義上，是 Burton 塑造了單板滑雪這項運動，賦予其「挑戰極限，追求速度、自由和冒險」的精神氣質，這非常符合年輕人追求的生活方式。特別是隨着中國冰雪運動的發展，越來越多的年輕人開始加入「雪圈」，為這個產業帶來了很強的增長潛力。

在「走出去」和「引進來」的過程中，我們能看到許多源自中國的創新，也能看到許多海外的商業模式或品牌在被引入中國後對中國的行業發展產生的巨大推動力。商業進程的交融、商業資源的整合，以及相互的驗證和借鑒，能在更大的環境中幫助不同的物種更好地演進。我相信，在未來我們還有更多好的嘗試。

從商業物種的創新，到產業的快速迭代，從早期投資、成長期投資到併購投資，從海外模式的中國實踐到中國模式的海外拓展，價值投資正在經歷更多發展和變化。這其中的核心沒有變，就是是否在為產業發展和社會進步創造長期價值，是否在堅持長期主義，是否在做時間的朋友。

我對投資的思考

- 價值投資者只有在長遠問題上想清楚，在行業塑造、價值創造的維度上想清楚，才能經得起時間的考驗。

- 一個商業物種的產生起源於它所處的時代和環境，其積累的生產能力、供應鏈效率和品牌價值，是對那個年代最完美的詮釋，堪稱經典，而經典的價值不可能瞬間土崩瓦解，也不會憑空消失。

- 科技不是科技企業的專利，傳統製造業加上科技，將從產業端改造整個商業系統，適應不斷進化的商業環境。

- 併購投資的出發點並不是追求投資規模或者單純的投資收益，更關鍵的，是在原有商業模式創新進入階段性瓶頸的情況下，判斷科技賦能能否成為驅動產業升級的新價值所在，能否通過科技創新對現有商業模式進行精細化打磨，通過引入新的資源改善被併購公司的長遠狀況。

- 真正的「重倉中國」，就是要幫助中國製造業更好更快地實現轉型升級，真正地在產業中提升數字化、科技化、信息化水平，幫助中國製造業佔據價值鏈的最高端。

永遠追求豐富
而有益的人生

教育
是對人生
最重要、最明智的
投資。

從投資人的角度來說，很多風險投資是需要退出的，但培養人才是永遠不需要退出的投資。通過這些年的實踐，我深刻意識到，**教育是對人生最重要、最明智的投資**。我希望用創新的方式倡導普惠教育，以此在社會轉型的過程中承擔責任、創造價值。

從有益於社會的角度來說，如果有更多的人實現有益於社會的夢想，就一定能夠推動社會的進步。在投資方面，我喜歡「想幹大事」的企業家，在教育方面，我喜歡與具有偉大格局觀的企業家共同發現人才、培養人才。我最大的樂趣就是幫助傑出的人發揮自己的天賦和價值，去實現夢想。就好比價值投資可以分為兩個階段一樣，教育也是如此，第一階段是發現價值，第二階段是創造價值。這裏的創造價值其實就是一個不斷地動態地打造自己的過程，要善於發現自身的天賦和價值，構建並利用自己的獨特性去創造價值，在對人生的「價值投資」中塑造自身的成就。

高瓴所堅持的投資哲學在很多方面同樣適用於教育和人生選擇。第一是「守正用奇」，就是要在堅守「正道」的基礎上激發創新；第二是「弱水三千，但取一瓢」，就是一個人要在有限的天賦裏做好自己最擅長的那部分；第三是「桃李不言，下自成蹊」，就是指只要好好做自己的事，成功自會找上門來。

還比如高瓴堅持的理性的好奇、誠實、獨立以及同理心，這不僅適用於投資，也適用於教育。始終保持好奇心對年輕人來說非常重要，世界上永恆不變的只有變化本身，變化催生創新，所以我們應着眼於變化。只有始終保持着好奇心，不斷地迎接、擁抱

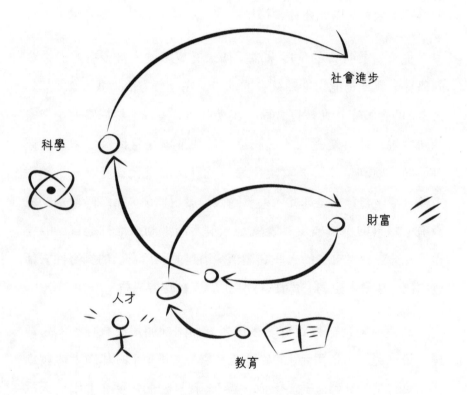

科學

社會進步

財富

人才

教育

教育是永不退出的投資

創新，才能創造善意的價值，形成讓蛋糕更大、開放共贏的局面。真正的誠實，是既不要欺騙別人，也不要欺騙自己。雖然有時候，也許有人不靠誠實也能成功，但這種成功不但不持久，還有可能會「搬起石頭砸到自己的腳」。在知識和智力上的獨立也是非常重要的，能否形成獨立的思辨能力實際上是決定年輕人能堅持走多遠的基石。如果一個人同時擁有理性的好奇心、誠實的品質、思考的獨立性，再加上一些同理心，並且有長期奮鬥的心態，那麼能否獲得成功就只剩下運氣和大數法則的問題。或者說，一遍一遍地做讓你有激情的事，並且樂在其中，那麼成功只是時間問題。

再比如動態護城河理念，強大的學習能力和對事物的敏銳洞察力，是一個人能力的護城河。所以一個人要學會堅守自己的理想，珍惜自己短期內沒有被外界看破的窗口機會，把護城河架構好，形成持續學習和創新的能力。

所以，對投資的思考，也在幫助我延伸對教育、人才和人生選擇的深層次思考，經歷得更多之後，我最大的變化是理解了這個世界與社會的複雜性與多樣性。在無數種推動社會進步的要素之中，教育、科學和人才不僅僅是創造價值的基礎力量，還是塑造並推動整個社會進步的長期力量。所以，我時常鼓勵年輕人，一定要從自己的內心出發，做真正對社會有益的事，比如去做科學家、做醫生，或者親自去創業，但不管從事何種職業，都要把創造價值，而不是積累個人的財富或者其他無益於社會的事情作為最重要的目標。

長期主義的人才觀

在投資中，最寶貴的資源是時間；在投資機構中，最寶貴的資源是人才。市場上通常把投資人簡單分為三種類型：資源型、社交型、研究型，而高瓴更重視的是最後一種，有研究特質的人。這一人才標準，不僅限於選拔投資經理，還是對高瓴所有崗位的一個基本要求。

花大量時間在員工培養上

好的研究型人才三分靠天賦，七分靠訓練。天賦是一個人的基本盤，意味着是否足夠聰明，是否足夠想贏，是否有探究事物本源的好奇心。我們相信，經過多輪人才招聘的檢驗，進入公司的新人，都是具備強大自驅能力和學習能力的璞玉，公司要做的是，通過磨煉、培養和文化的熏陶，讓他們學到正面的經驗，少走不必要的彎路，儘量邁向更大的舞台。所以，我們會竭盡所能為新人創造發展的空間、學習的條件，允許新員工有成長的過程，花大量時間在員工培養上。

員工培養的過程，其實是引導員工與公司文化、組織機制相互匹配和融合的過程。高瓴一直把自己看作永遠在路上的「創業者」，我們要隨時擁抱變化，學習全新的事物，進入嶄新的領域。所以，在高瓴，無論是新員工還是老同事，都有很多機會去跳出舒適區，接觸自己未曾涉獵過的領域，去做自己並不熟悉的事情。就

像高瓴在持續創業的過程中不斷發展一樣，每個高瓴人也是在一次次突破自我邊界的時候，理性的好奇、自我學習的能力得到最大的激發，從而收穫最快的成長。

當然，這種成長的過程也不是一蹴而就的，其間難免有失敗和挫折。我們會為員工提供充分的容錯空間。另外，我們也會創造條件，讓員工分享得失，一起幫助其分析和復盤，積累成長值。更重要的是，通過這樣的過程，我們要讓員工明白，不是所有人一開始都能做到 90 分、100 分，我們更看重潛質、價值觀、驅動力。

較好的員工成長環境還得益於足夠扁平的組織機制。扁平的組織機制能夠保證更多有價值的想法隨時被聽到，即使是一個新人的觀點也能得到足夠的尊重，會有人關心，會得到反饋。我們強調「多彙報、少請示」，鼓勵包括新人在內的員工不怕露怯，勇敢表達。哪怕是「微判斷」，也要及時提出來，不要奢望一次彙報解決問題。我們也要求團隊領導者對員工的想法迅速給出反饋，反覆消化，不斷迭代。

這個對新人來說尤其關鍵，尤其是經歷過其他層級化組織的新人，會被這種及時的反饋所鼓舞。在新人看來，有業內成熟幹練、積累深厚的一羣人在聽他們提出的策略，在幫他們分析、驗證、糾正和提高。這種文化，會迅速釋放新人的表達慾望。因為大家知道，勇敢表達，就是在爭取難得的學習和被幫助的機會。

員工的成長有兩方面：一方面是素質和業務上的提高，另一方

345

面是與公司形成情感上的連接和默契。在團隊內部，我們也會努力營造一個更好地傾聽反饋和給予關懷的氛圍，讓新員工知道，公司能看到他們的努力，理解他們。我們力爭做到，對員工提出方向性的引導更多，而具體的要求和標準更少。要引導員工往正確的方向上走，但不能特別要求事情做好的標準是甚麼。有標準，每個人都可能拿標準去比較，而一味的比較並不利於員工的長期發展。我們更希望，每個高瓴人會在公司組織文化的熏陶和引導下，找到適合自己的「好標準」。總之，條條大路通羅馬，每個人都有自身的成長路徑。還是那句話，**對於有潛質、價值觀一致的員工，我們奉行長期主義，不着急，慢慢來，給予其充足的成長時間。**

一定可以「走得更遠」

一般來說，高瓴的員工依靠自我驅動的學習熱情，加上公司文化、運行機制、業務實踐的打磨，能夠積累非常豐富的經驗和能力。

選擇做時間的朋友，對高瓴來說，是一種人才培養機制，對每一位高瓴人來說，也是一種對自我成長的期許。做時間的朋友，需要極強的自我約束力和發自內心的責任感。在多數人都醉心於「即時滿足」的世界裏時，懂得「延遲滿足」道理的人，已經先勝一籌了。毛主席在《七律·和柳亞子先生》一詩中寫道「風物長宜放眼量」，就是讓我們從遠處、大處着眼，要看未來，看全局。這常常是高瓴給創業者的建議，其實也同樣適用於每一位高瓴人的工作

和生活。堅持自己內心的選擇，不驕不躁，持之以恆，時間終將會成為你的朋友。

我們也看重對人才考核的連續性，保證高瓴人能以更長遠的眼光看待投資回報。在激勵機制安排上，我們強調長期性，並不簡單以短期回報倍數作為考核結果。

高瓴也希望為員工提供一個發現價值和創造價值的平台，通過公司全週期、全鏈條的投資生態，讓每一位員工可以盡情揮灑激情，施展抱負，得到立體的、全方位的鍛煉和提升，擁有不一樣的格局、視野和豐富經驗，最大限度地滿足每個人的職業成就感。

當然，「夢想有多大，舞台就有多大」，讓每個人能走得更遠的，歸根結底還是自我驅動力和自我學習能力，是對真理的熱愛和追求，是持續解決社會痛點的使命感。只有這樣，才能不斷吸收、消化平台和實踐提供的輸入，不斷提高自己思考的維度，與公司一起創造更大的價值的同時，實現個人價值的不斷提升。

成長型的人才培養機制

歷次產業變革，都是在新技術、新思維與社會經濟產業的碰撞融合中完成動力轉化、模式創新，並且帶來數以萬計的新產品、新物種的爆發的。能在這個時代脫穎而出的創業者，往往是能夠

多學科思考的鬼才和擁有多維視野的怪才。

而這個時代的投資人，僅有金融投資或者商業管理方面的知識是遠遠不夠的，需要多學科的知識儲備和洞察。

擁有多學科思維的多棲明星

我們通過跨時間、跨行業的研究，輸出行業洞察，並尋找具有偉大格局觀和創新精神的創業者，實際上跟創業者一樣，是在新的技術趨勢下，結合原有產業規律和現狀，進行對新的技術應用、新的商業場景的洞察和設計。這樣的設計，不是簡單的物理上的，也不是簡單的虛擬化的，它需要運用商業、技術、藝術等多維設計能力才能實現。這樣的洞察和設計，有時候甚至是在新一代消費者的心理之上進行的。

比如在新的消費品牌領域，要作出前瞻性的洞察，僅僅具有理工科思維、商業思維是不夠的，必須要有一定的文科生思維，甚至是藝術方面和心理學方面的思維。擁有多元的思維模型，才能敏銳把握最新的文化形態，精準描繪新一代用戶畫像，知道他們熱衷甚麼、喜歡怎樣表達、關心哪些事、會被怎樣的內容吸引，也才能夠理解不同的生意形態到底能在甚麼樣的環境下勝出。

比如喜茶這個新興的網紅消費品牌，它的成長固然有理性的商業邏輯在，但它的崛起又是超越了單純的商業計算的，依靠的是

對消費者心理的精確把握與觸達。所以，你會看到，除了對口味、服務、包裝設計的精益求精之外，聯名、跨界等營銷玩法層出不窮，這些是難以純粹依靠算數得出來的。

著名作家汪曾祺說，一個人的口味要寬一點、雜一點，「南甜北咸東辣西酸」，都去嘗嘗。對食物如此，對文化也應該這樣。實際上，這樣寬一點的口味，用在對人才的要求上，也是完全適用的。我們要培養能學會玩、十八般武藝樣樣精通、擁有跨學科思維的「多棲明星」。

共創、共享的「知識大腦」

我們全力打造學習型組織，倡導團隊內部的「傳、幫、帶」文化與跨團隊的交流和分享，創造一切條件促成內部的相互學習。

在高瓴，新同學的培養大多要依靠工作中的耳濡目染與逐漸熏陶。週會、雙週會、月會、專題分享、投資決策會對新同學來說都是非常好的學習機會。尤其是在投資決策會上，團隊的項目經常會收到首席投資官的直接點評，讓新同學儘量地理解高瓴的研究、思考方式，理解高瓴到底要做甚麼樣的投資。

不僅如此，知識無邊界。我們非常注重互相學習與個人認知的共享，注重每個人能否給團隊分享傳遞有效的新認知與新發現。這是一個在組織內部不斷對新人進行訓練的過程。當然，個體都

349

是有差異的，個人的理解肯定存在偏差。我們的組織文化、「傳、幫、帶」的機制，就是在努力縮小這種認知偏差，讓高瓴的方法論、價值觀得到正確的表達和傳承。

當然，這種「傳、幫、帶」不是為了消滅個性──那與我們倡導的獨立思考的文化是相悖的。我們是要在個體的獨立性、組織的不斷創新迭代，與業務的穩定向上、精神理念的傳承之間，找到一個恰當的平衡點。

跨團隊分享機制，最典型的體現就是高瓴的年會。通常，大家對年會印象最深的，除了公司領導繼往開來的總結展望，可能就是晚宴上的表演、抽獎以及各種在吃喝玩樂中的放鬆和釋放。在高瓴，這些環節當然也必不可少，但對於一個學習型組織來說，僅有這些顯然遠遠不夠。我們的年會週，又被稱為「學習週」。每年年會前的那幾天，每一個高瓴人都會收到一份「選修課」大餐──基本上每個團隊都會派出一名「老師」，拿出「乾貨」滿滿的知識與經驗，和其他部門的成員進行交流。

這樣的學習分享，會一直貫穿年會週的始終。每個高瓴人都會非常重視這樣學習交流的機會，因為，被選為「老師」的人一定有着外界難以看到的不傳秘籍，加上精心的準備、現場不設限的深入交流，最後呈現的絕對是一場場年度智識的饗餮盛宴。當然，「師資力量」不僅來自公司內部，我們也會博採眾長，邀請外部的企業家、學者以及各行各業的「大拿」過來，做各種形式的交流。如果覺得這些交流還不夠深入，每年的年會週，我們還有一個專門

設立的一對一交流環節，形式上就像一次八分鐘約會的相親大會一樣。高瓴人可以提前通過系統盡快下手去選定三個自己「心儀已久」的同事，也可以「佛系」一些，等待命運匹配的驚喜。總之，新鮮的不僅是形式，更是坐在對面的同事帶來的全新的知識，交流時間雖然短暫，但一對一的形式保證了交流的深入和高效。

實際上，這樣充分交流、無私分享的內部機制，還有更深層次的意義。我們不斷深入各種行業，收集各種信息，研究各類公司，最後不僅完成信息轉化為知識、知識成為洞見、洞見指導實踐的過程，也有機會將所有的知識、洞見，在行業、環境的空間維度，以及時代、技術、商業變革的時間維度上連接起來，形成更大的知識圖譜。

而這個「製圖」過程，是投資團隊、投後管理團隊及中後台支持團隊的每一名員工都參與的。每個部門都有自己的方法論，有自己的知識體系，大家合在一起，才是一張完整看待世界的知識圖譜，一個公司的「知識大腦」。而內部的學習分享機制，就是這一「知識大腦」神經元的連接方式之一。這一機制，讓每一名員工都有機會去共享一個超級知識庫，又同時參與了它的迭代建設。

在時間中彼此合作、學習和收穫

投資可能是世界上最具有魅力的工作之一。我們把各種各樣的聰明人聚集在一起，大家一起做研究，一起得出判斷，去押注價

值標的，參與價值創造，在時間的評判中去收穫、學習、成長。

而投資機構可能又是世界上最難管理的組織。一羣天生驕傲的聰明人如何相互配合？一羣「各懷絕技」的高手又如何密切協作？既然投資不是「智商為 160 的人一定能擊敗智商為 130 的人」的遊戲，投資機構如何做好團隊的內部協作？

在這個方面，高瓴是幸運的，因為我們從一開始就是一家研究驅動的投資機構。「學院派」是我們最鮮明的標籤。俗話說「文無第一，武無第二」，也許一羣學者型投資人聚集在一起，自然而然就形成了共同探討、相互學習、互相啟發的學術氛圍。同時，長期主義的基因在機制上保證了我們可以在喧囂的市場中保持定力，為研究安放「一張安靜的書桌」。而價值創造的理念，又讓我們在市場的潮起潮落中保持了一份心靈的寧靜，對內對外都不爭不搶，不斷去實現自己的「詩和遠方」。

當然，團隊協作文化的形成，還在於我們在多次穿越週期之後，對市場本身有了深深的敬畏。我們永遠無法真正掌握真理，只能不斷靠近它。這是一種面對真理的謙卑，它承認了個體認知的局限性，從而驅動自己向包括團隊夥伴在內的任何有益方向不斷吸收學習。

此外，作為一個創業者，我們隨時準備擁抱變化、迎接外部挑戰，這樣的狀態決定了，我們的組織內部要越簡單越好，才能同心協力、快速反應。

從某種意義上來說，面對瞬息萬變、不斷發展的外部和市場環境，我們要在巨大的壓力下，隨時作出抉擇判斷，這真的不亞於進行一場高強度的對抗賽，而你的身邊人就是你唯一可以信賴的隊友，大家只有背靠背站在一起，互相依靠，互相支撐，才能匯聚更多的智慧和力量。

而且，團隊協作還讓我們在內部形成了很好的復盤和糾錯機制。習慣於單打獨鬥的人，大多數時候很難形成自我反省的心態，因為，自己是最容易說服自己，甚至騙自己的；而在團隊之中，大家相互交流，相互提醒，甚至相互挑戰，既鼓勵大家獨立判斷，又發揮了平台糾錯機制，不僅促使我們團隊不斷反省、復盤，減少出錯的概率，爭取提高長期勝率，更有助於個人在其中不斷學習，快速成長。

很多優秀的人願意加入高瓴，也許就是因為這裏有一個終身學習的環境，一個可以相互協作、相互啟發的組織文化。這樣的文化，讓我們在彼此協作、相互學習中越來越堅信，選擇與誰同行比要去的遠方更重要。

教育和人才是永不退出的投資

為善最樂，是不求人知。高瓴堅持「桃李不言，下自成蹊」的投資哲學，就是此意。在更宏大的世界觀裏，價值投資可以發揮

353

更大的作用，可以做創新資本與賦能資本，但首先應該做「良善資本」，通過在教育、科學、扶貧等公益領域的投入，讓更多人、更基礎的力量以更包容的方式塑造未來。

教育，最重要、最明智的投資

我對教育和人才培養的理解有三個層面：第一，對於教育，首先應該培養學生拓展甚麼樣的能力？我想到的答案是創造性思維能力和對交叉學科的學習能力。第二，對於科技創新，應該培養怎樣的人引領產業未來發展？答案是具備人文精神的科學家、工程師。第三，對於更長遠的未來，怎樣培養一些人做最基礎的科學研究，做理論創新和原發創新？答案是通過設立研究型大學。

正因如此，我始終對教育和人才培養心心念念，希望幫助更多年輕人追求知識上的豐富、能力上的完善和價值觀上的正直。2010 年開始，我在中學母校駐馬店高中，以自己讀書時所在的107 班的名義設立了「107 獎學金」，持續資助優秀的學弟學妹們圓夢大學，培養探索精神和獨立人格。2011 年，我在大學母校中國人民大學捐建了高禮研究院，出發點就是看到好的教育平台可以塑造一個人的氣質與格局，與傑出商界領袖直接對話，則可以提升一個人的境界與視野。我們應當考慮的是，如何與高質量的人花足夠多的時間，做一些高質量的事情。2017 年 6 月，我

再次向中國人民大學捐贈了 3 億元人民幣，用於長期支持創新型交叉學科的探索和發展，鼓勵年輕人在紛繁複雜、選擇眾多的世界裏多學善思，以創造式、思辨式思維，作出真正有益於國家和社會發展的選擇。同年，作為創始捐贈人，我捐贈支持創立中國第一所聚焦基礎性前沿科學的創新型研究大學 —— 西湖大學，希望協助施一公師兄整合社會資源和募集社會資金，引進好的教育思想和理念，以支持學校更好地發展。

說起西湖大學，這是中國第一所靠社會各界捐贈而創辦的現代大學。截至 2019 年底，共有 44 位創始捐贈人和超過一萬名來自世界各地各個社會羣體的人士為這所大學捐贈，其中包括學生、工程師、醫生、普通工人、公務員、藝術家、教師、農民和外來務工人員、華人華僑等。

對於創辦西湖大學，我們共同的思考是如何運用社會的力量和國家的支持，創辦一所致力於高等教育和學術研究的新型研究型大學。特別是在看到許多有理想、有情懷的世界級科學家投入國家的教學科研和人才培養事業中時，這些相互交織的力量給了我們很大的鼓舞。西湖大學的創立也不僅僅是為了培養一些科學家以形成重大的科研突破，更關鍵的是，它在探索人才培養、科學研究、大學管理的創新機制，去引領全社會形成尊重科學、尊重基礎科學的氛圍。這種社會意義和長遠價值是無比巨大的，對中國甚至世界的創新發展都會產生不可估量的影響。

教育是一個很講究情感關懷和激勵的領域，越是處於一個

「機器橫行」的人工智能時代，我們就越是呼喚人性中獨特的同理心和情感互動等真正有溫度的東西。科技的創新終將引領教育的創新，人工智能給教育帶來了挑戰，但這些挑戰也給人類提供了一個更大的重新創造歷史的機會。所以，人文主義和精英意識應結合起來，精英們不能孤芳自賞，「躲進小樓成一統」①，而應當與社會發展同步，在與社會的情感關懷和互動中實現自身價值。

有一種說法是：「一個社會的今天，靠經濟；一個社會的明天，靠科技；而一個社會的未來，靠教育。」我不僅僅將自己定位為一名教育事業捐助者，更看作一名創新教育模式的踐行者。對於企業家而言，捐款是相對容易的事情，更重要的是要花費精力和時間，結合中國國情和發展趨勢，腳踏實地地探討和引進最好的教育思想和資源。中國的教育制度有很多可取之處，比如通過長期的訓練和多重考核，培養學生形成極高的韌性，這些品質對學生將來的個人發展，無論是創業還是做投資，都是非常重要的。在這個基礎上，可以引進一些新的教育思想和資源，培養能夠跨行業、跨界、跨專業自由思考的人才。

我們不能只建一座橋，而要建很多座不一樣的橋，甚至要有擺渡船，來幫助大家以各種方式到達教育和自我認知、自我豐富的彼岸。比如，我們可以探討和拓展教育多樣性，包括精英教育、普惠教育、職業教育等多種多樣的形式，支持教育的供給側改革。

---

① 引自魯迅的《自嘲》一詩，全句為「躲進小樓成一統，管他春夏與秋冬」，意為堅守自己的志向和立場永不改變，不管環境如何變化。——編者註

為此，我仍在不斷進行在其他領域的教育探索和投入，希望在未來用更多的創新方式支持教育，讓投資、教育與社會相互促進，以此來支持社會的轉型進程。

科學精神，是推動社會進步的基礎力量

我相信人類社會的基本法則是相互依存，我心中最柔軟的地方就是希望能夠更好地與人們產生關聯，更好地建立人與人之間的聯結，回歸友善和溫暖。我一直認為，**未來的構建需要無盡的想像力和踏實的執行力，這兩種力量匯聚在一起就是創新，而創新的核心正是人才。**我希望通過投資和公益把創業者、企業家、科學家連接起來，把堅持價值投資的投資人連接起來，把商業頭腦和科學知識連接起來，把商業文明和人文精神連接起來。新的產業時代根本上還是需要依靠科學技術來驅動，需要真正的科學上的創新，尤其是基礎科學、「硬」科學上的創新。因此，在這樣的環境下，人才也需要多方面的知識儲備，僅有商業管理或是金融經濟方面的知識是不夠的。未來，我們需要培養既有商業頭腦又有科學技能的跨界型人才，我們需要既有商業頭腦又有人文精神的科學家，也需要具有科學知識並尊重科學的創業者、企業家，能夠和科學家一起去工作。這是市場所提出的需求，也是社會所提出的需求。在我看來，未來的入口是科學和教育，有一條解決今天很多現實問題的根本路徑，那就是兼具人文精神的科技創新，尤其是基礎科學的創新。

　　為此，在 2015 年，我與一眾科學家、企業家、投資人共同發起設立了「未來論壇」，希望借助這個平台，能夠邀請不同領域的專家、學者進行前瞻性、啟發性和思辨性的探討與交流，打通產、學、研和投資之間的壁壘，尋找未來的新標準、新可能。在未來論壇成立大會上，我向理事會提出設立未來科學大獎的倡議，希望能夠用這個獎項鼓勵和吸引更多年輕人從事科學、專注於科學，為他們打開新的一扇窗，鼓勵他們用科學發明的成果去給人類社會做貢獻，而不僅僅是想當明星或者金融家。

　　中國的創新如果只靠商業模式的創新，總有一天會走到頭。再往後，國家競爭力的提升就需要把基礎科學打得更扎實。所以，無論是倡議設立未來科學大獎，還是支持西湖大學，本質上都是要幫助科學家做一些長遠來看有意義的事。因此，作為一家堅持長期主義的投資機構，我們有責任幫助孵化、連接並轉化基礎研究和原始創新的成果，幫助更多投資人理解和掌握價值投資理念背後的精神，將科技進步、創業創新和價值投資連接起來，成為推動社會進步的基礎力量。

　　所以，如何理解財富的意義，對於一名投資人而言格外重要，甚至能夠影響很多重要的投資決策。在我看來，財富的意義遠不止於物質和金錢，而是代表着沉甸甸的道義和責任。人們的財富既然來自社會，那麼人們就尤其需要善用這些財富去服務和回饋社會。從小處講，這是知識與財富的良性循環，從大處講，這是為了讓個人價值與造福人類的終極目標相一致，讓教育、人才、財

富、公益和社會之間形成更大更好的循環。

　　教育和人才，可能是最長遠的投資主題，永遠不需要退出。當教育驅動人才和社會蓬勃發展、不斷創造價值的時候，在更宏大的格局觀裏，投資人能夠發現更多有意義的事情，這也是最大化創造價值的超長期主義。

我對投資的思考

- 對於有潛質、價值觀一致的員工，我們奉行長期主義，不着急，慢慢來，給予其充足的成長時間。

- 教育是一個很講究情感關懷和激勵的領域，越是處於一個「機器橫行」的人工智能時代，我們就越是呼喚人性中獨特的同理心和情感互動等真正有溫度的東西。

- 未來的構建需要無盡的想像力和踏實的執行力，這兩種力量匯聚在一起就是創新，而創新的核心正是人才。

後 記

做時間的朋友

　　人的一生，可以選擇很多種生活方式。中國古代傳統思想講求「窮則獨善其身，達則兼濟天下」。在我看來，如果窮、達之間仍然可以創造價值的話，一定更有意義。與成功相比，不斷成長的歷程更令人難忘。人們在社會中接受歷練、選擇挑戰、不斷摸索，就像科學家在自然科學領域探索一樣，發現價值和創造價值都意義非凡。

　　我願做古典傳統的延續者和中國哲學的踐行者，做價值投資理念的探索者，做充滿現代主義理想的創新者，做堅持樂觀主義的投資人，但最想做的，是一個有激情、為他人提供幫助、溫暖而善良的人。

　　我時常對一些根本性問題進行反思，比如在現代經濟社會中，資本究竟應該扮演怎樣的社會力量？進入 21 世紀，越來越多的人開始反思資本的屬性，在人、社會、自然和資本之間，應該作出怎樣的平衡？如果說米爾頓・弗里德曼（Milton Friedman）式的「金融資本主義」定義了長久以來的商業價值觀，即企業有且只有一個社會責任——利用其資源從事旨在（為股東）提高利潤的活動，那麼我們是否應該用更長遠的視角思考究竟是否存在更好的商業範

式，以通過保持恰當的利潤水平，實現更長期、更持續、更健康的社會發展呢？

對資本力量的反思能夠幫助我們不被資本所控制。資本最重要的功能之一是通過資本配置對社會上的資產進行定價，而一旦這個定價發生扭曲，許多經濟問題會隨之產生。**如果通過投資實現的資本配置不能促進人、社會和自然的和諧發展，而是將社會推入一種荒蠻、冷漠、充滿浪費的漩渦，人們無法獲得伴隨經濟發展而應得的權利，企業失去了賴以生存的社會環境，那這樣的資本有何意義呢？**假如真如德國哲學家馬克斯・韋伯（Max Weber）[①]所說，現代社會的工具理性隨着現代化、官僚化的過程，變得超過了價值理性，那麼我們是否真的會被器物和財富所奴役？

在中國特有的歷史、社會和經濟環境下發展的價值投資，繼承了西方現代金融投資的基礎理論，又融合了許多東方哲學思考的文化內涵。真正的價值投資應該摒棄通過精確計算的功利方法來實現所謂成功的方式。無論處於怎樣的金融週期、經濟有沒有泡沫，價值投資者都應該依靠企業的內生增長獲得投資收益，不能依靠風險偏好或者估值倍增。提供解決方案的資本，應該從資本型的投資轉向運營型的賦能。**真正的良善資本，應當考慮短期和長期、局部和整體、個別和一般、隨機和規律的關係，用更加理性的視角思考整體價值，專注於普惠意義的創新。**在所有的價值

[①] 馬克斯・韋伯是德國著名社會學家、政治學家、經濟學家、哲學家，被公認為古典社會學理論和公共行政學最重要的創始人之一，被後世稱為「組織理論之父」。——編者註

維度中，不僅僅存在金融資本（股東利益），還存在人力資本（勞動者利益）、社會資本（社會公眾利益）和自然資本（自然生態資源）等多種角度的考量。一條可行的新法則，應該致力於整體的繁榮發展，不應該以犧牲一些人而有利於他人作為結果，不能是零和遊戲。最好的資本配置，應該是堅持長期主義，為有利於社會普遍利益的創新承擔風險，以實現社會福祉的整體進步。

在我看來，人生不僅要受到世俗規則的規範，這稱作倫理約束，更要向自己的內心反問：甚麼是最應當遵循的道德準則？就像許多哲學家提出人類對自然不僅要以科學的態度探索其奧秘、性質以及定律，還要秉持道德準則來解構人與外界的關係一樣，人們在用第一性原理探究世界、理解科技進步和商業演進的同時，更為關鍵的是要理解人文精神，這是理解歷史、現在和未來的基礎能力。在這個存在許多困惑、焦慮和不確定性的年代，難道人們不應該多加思考甚麼是真正的價值理性，從而在精神的溫暖、情感的熾熱中回到尊嚴和良知茂盛的時代，並重新充滿勇氣和希望嗎？在主張樂觀主義的年代，我們相信真理、科學，相信人文、正義。我們要做經得起時間檢驗的事，有些企業堅決不投，有些錢堅決不賺，這是內心的戒律，也是最高的受託人責任。回歸人文關懷，是我們在價值投資實踐中所必須遵循的最高準則。

我也常常思考個人與時代的關係。與原始社會的倖存者往往依賴於強健的體魄，封建社會的佼佼者往往仰仗家世、血緣，偶爾才有人通過努力考取功名不同，生於現代社會的我們遇到了最好的時代，可以通過接受教育、學習知識和探索創新改變自己的命

363

運。我是教育改變命運的典型。河南的人口基數大，人們努力追求更美好的生活，這恰恰是中國的一個縮影。在這個縮影中，我通過接受良好的教育考入好的大學，在國內好的企業工作，又去美國留學實踐，進而選擇投資事業。正因如此，感恩是我永遠的心靈歸宿。有很多人比我們聰明、勤奮，只是他們生活中沒有這樣或那樣的機遇，或者現實容不得他們誤打誤撞。所以，**任何處境下都不能高己卑人。有的時候，遭受過苦難，才能理解別人的難處。**蘇格拉底說過，未經審視的人生不值得過。

我意識到，許多偉大創業者通過更有效率的組織模式為社會創造好的產品和服務、好的生活體驗，而好的商業本身就是治癒世界的力量。與此同時，社會當中仍然有許多問題無法通過商業力量來彌合。這個時候，公益作為另外一種力量，起到了不可或缺的作用，幫助政府和社會解決應該得到解決的問題。正如陶淵明所寫，「縱浪大化中，不喜亦不懼。應盡便須盡，無復獨多慮」，價值投資完全可以既做商業投資，又在更廣闊的領域承擔起責任，在教育、科學、扶貧等方面做捐贈，支持、贊助社會企業①，創造更多更重要的價值。

思考至此，我清晰地發現，在長期主義的範疇中，做公益和做價值投資殊途同歸。任何財富都是時代所賜，因此要善用這些財

---

① 社會企業是指旨在解決社會問題、增進公眾福利，而非追求自身利益最大化的企業。社會企業的投資人在收回投資之後不再參與分紅，而會將盈餘再投資於有助於企業或社區發展的領域。——編者註

富，其中的關鍵是「運用之妙，存乎一心」，保持內心的平衡與平靜，打通「任督二脈」，最終重劍無鋒。我們所做的投資，不見得是賺錢最快的方式，也不見得是賺錢最多的路徑，但這是讓我們獲得心靈寧靜的道路。獲得心靈寧靜以後，奇跡就會因此而生，我們就能不斷創造價值，回饋社會。這不僅是為了實現個人的初心，也是在開啟知識與財富相互促進的良性循環的開端。

所以，這裏所寫的，源於我對多年實踐的思考。這些難忘的經歷，是這個時代和我遇到的每一個人共同賦予我的恩賜。我想把這本書獻給我的家人，尤其是我的妻子與我的孩子們，與他們一起滑雪、衝浪，不斷學習和成長，他們的支持和陪伴讓我永遠充滿勇氣。我也特別感激和我一起與高瓴不斷成長的 Michael、Tracy、Luke 和許多同事們，他們每個人都是我最真摯的朋友。我要特別感謝在百忙之中為本書撰寫推薦語的良師益友們，每次的攀談討論都令我獲益匪淺。最後，希望將來孩子們讀到這本書的時候，能夠明白我們為甚麼選擇長期主義之路，為甚麼永遠探求真理，為甚麼長期支持教育、人才和科學，為甚麼堅持不斷創造價值。

「尚未佩妥劍，轉眼便江湖。願歷盡千帆，歸來仍少年。」從事投資多年以後，我越發覺得大道至簡，無論是面對創業者、消費者還是出資人，我所堅持的都從未改變：追求真理，追求價值創造。天地不言，四時行焉；時光不語，真心明鑒。古人說：「人生天地間，忽如遠行客。」我們希望在長期主義的實踐歷程中，尋萬物流轉，覓進退有章，做時間的朋友，回歸內心的從容。

我的演講和文章

　　在內心深處，我一直希望與人們更好地連接，把對投資的理解、人生的感悟以及許多溫暖的東西與人分享。我也希望能有更多的年輕人通過教育、實踐和創新，不斷追求真理，推動中國在基礎科學、基礎創新上的進步，成為具有商業頭腦、人文關懷和科學精神的創業者、創新者。

　　這裏有我在內部會議、大學、未來論壇等場合發表的演講和文章，希望能夠和大家一起探討教育、人才與未來。

將綻放進行到底

非常感謝這麼多企業家、這麼多朋友從世界各地專程而來，包括來自美國紐約、矽谷，歐洲各地以及中國各地的投資人，大家歡聚一堂，一起分享今天的大會主題——綻放。

我覺得談「綻放」這個主題在當下尤為重要，因為最近大家都在談資本的寒冬。當創新遇到悲觀情緒的時候，我們能做的就是重新審視自己：我們當初為何心潮澎湃？為何放棄很多而做了這樣的選擇？這個過程究竟是在創造甚麼價值？勿忘初心，方得始終。

今天是高瓴成立十週年，我想通過一個小小的案例來回顧高瓴這十年。十年前我創業的時候，我們募得的第一筆資金只有2,000萬美元。今天，我們一些最早期的投資人也在這裏，包括耶魯捐贈基金的大衛・史文森。那時候我一個人帶了四五個人一起創業。他們有一個共同點，就是沒有一個人做過投資，但我們都有一個想法，就是要自己搞明白正確的投資應該是怎樣的、應該怎麼做，而不是拷貝流行的做法。所以說，勿忘初心的第一點，就是要回到事物的本質，去真正地思考甚麼是正確的、應該做的事情。

高瓴自己的長期投資理念到底是甚麼？

很簡單，就是找一羣靠譜的人，一起做點有意思的事。今天在座的企業家也是我們一直在找的靠譜的人。大家一起做有意思的事情，就是不斷去創造價值。

做投資有很多種方法，有的人相信零和遊戲，有的人認為自己總能比別人更擅長在中國這樣的資本市場中博弈。高瓴要做正和遊戲，大家一起把蛋糕做大，做能夠傳播正能量的事情，這是我們的初衷，也是我們每一步都在堅守的理念和信仰。

怎麼做到這一點呢？

我們非常強調深入研究，並把我們的研究成果分享給我們投資的企業。昨天我們做了一整天的內部分享。我們認為這個世界永恆不變的只有變化本身，變化催生創新，所以我們投資於變化，而不是投資於壟斷所賺取的超額利潤。我們認為從基因角度來看，壟斷不能形成創新。只有不斷地迎接、擁抱創新，才能形成一種善意的價值創造，形成讓蛋糕更大的、開放共贏的局面。

我們投資於偉大格局觀。擁有偉大格局觀的企業家的願景遠不同於簡單地賺取短期利潤。一個賣商品的企業家不能光想着「我的生意是賣商品」，應該想「我的生意是創造幸福」，而創造幸福的方式之一是賣商品。

我們要充分發揮高瓴在投資形式上的靈活性。我記得在高瓴第一期基金設立的時候，我們就選擇了做常青基金。常青基金到底是一個怎樣的模式呢？就是我們跟出資人之間的投資契約規定，

任何事情只要合理、有意義，我們都可以做。這可能是世界上最簡單的一種模式──出資人給你開了一張空白支票，「你可以幹任何你認為合理、有意義的事情」。但我認為這也是最大的挑戰，需要你在無數誘惑下更加專注，捫心自問甚麼是最有意義的事情。今天高瓴秉承「守正用奇」的理念，做正確的事情，但是不拘泥於一級市場、二級市場，或者早期投資、風險投資、私募股權投資、企業併購、私有化等某種或某幾種形式，而是根據實際需要靈活投資。

我們不斷問自己，甚麼是我們覺得合理、有意義的事情。**我們要做有意義的事情，同時也要避免為了做事而做事**，這也是高瓴的一個投資原則。我們不會像天女散花一樣做很多投資，我們要把最好的精力、最好的資源，集中投資給我們最信任的企業家。

我希望能夠把高瓴這種「我們不急着做任何事，我們做的事情一定要有意義」的模式長期發展下去。為甚麼今天我們站在這裏，用十年經驗來跟大家分享，和大家一起探討？因為我相信我們生活在一個偉大的時代，一個激動人心的時代。我們要怎麼對這個時代表達感恩？答案是相信中國，重倉人才。**重倉人才，就是我們要幫助人才形成正能量、能量圈，綻放自己，溫暖別人，這是對未來最好的投資**。

最後我想講的是，大家都會遇到很多的挑戰和困難，現在有很多人說資本寒冬來了，我想跟每一個人說，只要我們勿忘初心，苦練內功，重新回到事情的本質上，就不會害怕寒冬。當你做好準

備的時候，你就會發現一件神奇的事情降臨，那就是幸福來敲門了。當幸福來敲門的時候，我們一定要在家。讓我們一起綻放，讓我們一起等待幸福來敲門。

2015 年 11 月 17 日，在高瓴舉辦的中國企業家峰會暨高瓴成立十週年慶典上的演講。

選擇做時間的朋友

非常榮幸能夠作為校友代表參加今年的畢業典禮。今天還是母校 80 週年大慶的日子，看到台下這麼多年輕的面孔，我特別開心！

今年畢業的師弟師妹好多都是「90 後」吧，其實我也是個「90後」，我是 1990 年考入人大的。1994 年畢業後，我去美國留學和工作，2005 年回國創業成立了高瓴，公司的名字就來自「高屋建瓴」四個字。所以高瓴還是個「00 後」。說起高瓴，不見得大家都熟悉。但是如果問在座的大家，有沒有用過微信、騎過摩拜，是否用滴滴打過車、在京東上「剁過手」，我估計答案是肯定的。京東是咱們 1992 級的校友劉強東創立的。

剛才提到的這些企業，都有高瓴的投資。套用現在流行的話說，它們都是高瓴的 CP[①]。高瓴管理的基金規模已從 2005 年最初的 2,000 萬美元擴張到現在的 300 億美元，高瓴從創辦到成為亞洲最大的私募股權管理基金之一，用了 12 年，然而我覺得，高瓴的起點應該從我 1994 年從人大畢業時算起，因為沒有人大就沒有今天的我，更不會有今天的高瓴。回想這 23 年的經歷，我感慨萬千，

---

① 網絡流行語，英文單詞 Couple 的簡寫，此處意為「親密夥伴」。——編者註

確實有滿肚子的話想跟大家說。但我思考之後，決定今天跟大家談談選擇的問題。

跟大家分享一個小故事。當年我在美國耶魯大學讀研究生期間曾去波士頓的一家諮詢公司面試。面試官讓大家分析整個大波士頓區域需要多少加油站。別人都在做數據分析論證時，我向面試官提了一連串問題：為甚麼要有加油站？所有的車輛都需要加油嗎？可能是我「懟」面試官太狠，結果他現場就把我「KO」（淘汰）了。後來這樣「一輪遊」的面試我還參加了不少。就在所有的門似乎都要關閉的時候，我在耶魯投資辦公室找到了一份實習生工作，在那裏我找到了自己事業的坐標系，從此選擇進入投資行業。

現在回想起來，我如果按照面試官的要求建模型做論證，今天可能還在華爾街做諮詢或投行。當然這也不錯。但我選擇的是誠實面對自己的內心，坦誠表達自己的想法，選擇不走「尋常路」。就像羅伯特・弗羅斯特（Robert Frost）在他最著名的詩《未選擇的路》（*The road not taken*）裏說的：「我選擇了一條與眾不同的道路，而這對我此生意義非凡。」（I took the one less traveled by, and that has made all the difference.）

人生其實就是由一個又一個選擇組成的，每一個路口選擇的方向，決定了你帶着甚麼樣的心情上路，以及最終看到甚麼樣的風景。親愛的師弟師妹們，衷心恭喜你們四年前就做了一個極其明智的選擇，加入人大，成為「中國好校友」的一員。離開學校的日子越久，我相信你們越能感覺到這個詞的力量。

在人生的道路上，選擇與誰同行，比要去的遠方更重要。今年畢業的同學，你們現在就好好看看身邊的人吧。他們或許是你的老師、好友，或許是你的摯愛，或許你們之間交集並不多，甚至互不相識，或許你們以後會經常見面，或許從此天各一方、再會無期，但無論任何時候，無論你們身在何方，人大永遠會是將你們緊密聯繫在一起的一條紐帶。我很幸運，通過這條紐帶認識了很多靠譜的人，和他們一起做了很多有意思的事情。

珍惜你身邊的人，因為你不知道甚麼時候會說再見。而你們一塊兒走過的知行路，看過的教二草坪，一起犯過的傻，一塊兒流的淚，都將成為你人生最寶貴的財富之一。

此外，我希望大家選擇做時間的朋友。作為投資人，我自己的感觸是，用長遠的眼光看問題、做選擇，時間自然會成為你的朋友。2011 年我在人大捐建高禮研究院，在那裏我經常對大家說，這個世界不變的只有變化本身。毛主席在《七律・和柳亞子先生》一詩中寫到「風物長宜放眼量」，就是讓我們從遠處、大處着眼，看未來、看全局。我常常給創業者建議，要學朱元璋「高築牆，廣積糧，緩稱王」。這個戰略在創業中有效，也同樣適用於你我的生活。

做時間的朋友，需要極強的自我約束力和發自內心的責任感。在多數人都醉心於「即時滿足」的世界裏時，懂得「延遲滿足」道理的人，已經先勝一籌了。我稱之為選擇延期享受成功。

希望大家都能堅持自己內心的選擇，**不驕不躁，好故事都來自有挑戰的生活；持之以恆，時間終將成為你的朋友**。在這裏與同學們共勉。

除了要做好選擇外，作為人大的校友，我覺得還有一點很重要，那就是我們不僅要掌握科學思辨的能力，還要心中長存人文精神的火種。當今時代，伴隨基因技術、機器人和人工智能技術的發展，科技爆炸、奇點臨近，人類將進入新紀元，我們的生活也會迎來巨大的挑戰。而大家在人大的學習生活，恰恰賦予了我們廣博的視野和人文情懷，這將幫助我們處變不驚，面對紛繁複雜的世界，不斷去追問問題的本質。我本科是學國際金融的，沒有學過編程也沒有技術背景，但是我後來照樣投資了一批科技企業，它們現在在各自領域內引領世界潮流。我感謝咱們人大的人文教育，相信同學們也會從中獲益無窮。

作為投資人，我常說起我的三個投資哲學：「守正用奇」；「弱水三千，但取一瓢」；「桃李不言，下自成蹊」。雖然現代金融投資的工具和方法大多源於西方，但要使用好這些工具，我還是更推崇我們優秀的中國哲學思想和傳統民族文化。我們要有充分的文化自信，要珍惜人大給我們的人文土壤，好好汲取營養。過去未去，未來已來。我希望我們人大學子，以後不管進入哪個行業、從事甚麼工作，都能保持樂觀和激情，用人文的情懷去雕琢自己，美化身邊。贈人玫瑰，手有餘香。

今天畢業典禮之後，我將與學校簽署捐贈協議，捐贈 3 億元

人民幣，用以支持創新型交叉學科的探索和發展，這也是我送給母校 80 週年校慶的一份心意。

願你出走半生，歸來仍是少年。

從今天開始，你們會被師弟師妹們稱為「校友」；從今天開始，人大的時光就將變成我們心中一處溫暖的存在，這處存在有着一個共同的名字 —— 母校。在這裏衷心祝福大家，用捨我其誰的魄力去勇敢擁抱變化，用第一性原理去不斷探究世界的價值原點，用人文精神去點亮心中的燈塔。 Think big, think long！

2017 年 6 月 23 日，在中國人民大學 2017 屆畢業典禮上的演講。

有一條解決當今很多
現實問題的根本途徑

大家早上好！我是未來論壇理事會輪值主席張磊。

我之前看到過一個數據：在深圳，平均每天會創造出 60 多項國際專利。也就是說，在我們開會的同時，可能就有幾十項專利正在源源不斷地產生。深圳就像一個不斷裂變、進化的生物體，通過驚人的、高頻度的創新，以及支流密佈的產業網絡，參與着經濟產業形態的即時刷新，參與着億萬人生活場景的改造升級。希望生於改革、成於開放的深圳，既有掌控自主創新節奏的底氣，也能繼續融入世界，保持開放式創新的勇氣。未來論壇技術峰會落地深圳，本身就是對深圳這座城市進行國際開放和技術創新的支持。

我也堅信，科技進步，尤其是基礎科學的進步，是解決今天許多現實問題的根本途徑。科幻大師艾薩克·阿西莫夫（Isaac Asimov）曾經提出一個「電梯效應」的預言：如果讓 1850 年的人看到 100 年後曼哈頓的摩天大樓，他們會提出一系列有關大樓生活的焦慮，因為他們認為樓太高，上下樓很難，所以關於大家怎麼去生存，會萌生各種各樣的問題。但實際上，電梯的出現，讓許多問題都不再是問題。「In science we believe.」（我們的信仰是科學。）我們必須要有所相信，而我們最相信的是甚麼？是科學。**基礎科**

377

學創新，就是引領社會發展的「電梯」，是文明進步的燈塔。最終，我們還是要回到共同推動人類進步這個方向上來。2015 年，我們和很多在座的理事一起發起創立了未來論壇，這正是源於大家支持基礎科學創新的共同願望，希望用科學改變未來，用民間資本帶動社會力量促進科學和社會發展。今天，未來論壇在各位未來科學大獎捐贈人、理事和科學委員會專家們的努力和支持下，已經凝聚了一大批全球極有影響力的頂尖科學家，正越來越成為中國極具影響力的、以支持基礎科學和科學家創新為宗旨的跨界交流和傳播平台之一。

當未來已來，未來論壇將努力扮演好三重角色。

首先，我們要做民間資本激勵科學突破的「推動人」。在 2015 年初未來論壇成立大會上，我就向理事會提出了設立「未來科學大獎」的倡議。2016 年，未來科學大獎正式宣佈成立。在這個過程中，未來科學大獎正式推出了「生命科學獎」「物質科學獎」「數學與計算機科學獎」三項大獎。目前共有 12 位捐贈人分別支持這三大獎項，有 12 位科學家獲獎。通過未來科學大獎，我們希望聚集起志同道合的長期資本，以持續的投入，去支持基礎科學領域的寂寞前行者。雖然我是「延遲滿足」的堅定支持者，但我希望在這些科學家身上，獎勵和支持能夠來得早一點，幫助他們在探索未知的道路上攻堅克難，激勵他們不斷創造新的輝煌，同時又能帶領更多的年輕人投身於基礎科學的研究和創新。未來論壇即將設立未來科學大獎的博物館。

　　其次，我們要做科學界和產業界的「對接人」。基礎創新要摒棄急功近利的實用主義，但也並不是「躲進小樓成一統」，僅僅依靠實驗室的單兵突進，而是越來越需要從基礎理論突破到應用科技再到產業落地的協同反應。早上跟彼得・舒爾茨（Peter Schultz）和周以真教授[1] 兩位科學家交流，談到美國基礎科學最大特點就是跨學科和跨界的交流與融合，我深受啟發：如何讓基礎科學的各個學科之間實現跨界交流？如何讓基礎科學突破與產業創新之間產生協同創新的化學反應，甚至是裂變效應？我們需要怎樣的催化機制？今天，馬大為老師也來到了我們的現場，他是未來科學大獎 2018 年物質科學獎的獲獎人，是我們這個星球上最懂催化劑的人之一，也許能給我們一些融合創新方面的建議。自創辦至今，未來論壇舉辦了 23 場促進產、學、研對接與發展的小型研討會，我們稱之為「閉門耕」；6 場針對前沿科技交流的座談會，我們叫作「未來・局」；以及多場推動科技創新與產業融合的城市峰會，包括今天的未來論壇深圳技術峰會。通過構築多層次的對接渠道和平台，未來論壇想做激發產、學、研三者發生化學反應的「催化劑」。

　　最後，我們還要做面向公眾的科學「傳播人」。未來論壇的任務之一就是以有激情和好玩的方式，吸引更多年輕人把興趣投向

---

[1] 彼得・舒爾茨是美國 Scripps 研究所總裁，是化學及合成生物研究領域的先驅，致力於以非營利的方式促進轉化研究，試圖解決產業與學界不匹配、不對稱的問題，在基礎研究與藥物研發之間搭起一座橋樑。周以真是哥倫比亞大學計算機系教授，哥倫比亞大學數據科學研究所 Avanessians 主任，計算機科學研究和教育領域的開創性人物。——編者註

科學。我們最早設計了「請科學家走紅毯」的形式，讓科學家成為年輕人崇拜的偶像。未來論壇創辦以來，已經成功舉辦了近 50 場「理解未來」科學講座，超過 120 位科學家參與。2018 年未來科學大獎頒獎典禮暨 F^2 科學峰會的直播觀看人數超過 750 萬人，微信和微博閱讀量超過 2.5 億，逐步成為全民性科學盛會，而不僅僅是象牙塔的內部研究會。除此之外，未來論壇還聯合北京大學、清華大學、中國科學院等國家頂尖院校、科研院所，舉辦了 12 場獲獎者學術報告會，並多次為青少年提供與獲獎人面對面交流的機會，啟迪青少年的科學思想。今天，深圳大學、南方科技大學的同學們也來到了我們中間，歡迎你們，你們是未來的希望！

其實這也正是未來論壇創立的意義：讓科學家得到尊重，讓科學精神得到弘揚，讓對科學的堅持得到獎勵，讓科學和產業找到交點，讓社會變得更美好。

「Science is fun, science is cool.」[①] 希望通過我們的努力，能為有想法的年輕人開一扇窗，激勵他們投身科技創新，不斷推動人類文明進步。剛才彼得和周以真教授還提到，回想他們自己的成長，最有創造力的年代是他們還沒有拿到終身教職、沒有得到各種獎項的時候，是不受約束的年輕時代。我們希望更多的年輕力量能夠發揮他們的想像力，開一扇「腦洞的天窗」。

---

① 此處的三句英文是遞進關係，其整體含義為「科學很有趣，科學也很酷；科學是奇跡，科學也是未來；科學帶來光，科學讓陽光普照」。—— 編者註

「Science is wonder, science is future.」我們希望為企業家、投資人開一扇窗，讓企業家精神與科學精神交相輝映，以跨界互動、融合創新去創造未來。

「Science is light, science is sunshine.」我們更希望為所有人開一扇窗，使更多人可以感受當代科學殿堂的恢宏，讓科學之光普照每一個角落。

2019 年 5 月 25 日，在未來論壇深圳技術峰會上的演講。

用「科技＋」做正和遊戲

歡迎來參加高瓴 CTO（首席技術官）峰會的同學們！大家可能很好奇我們為甚麼要辦這個 CTO 峰會。首先，談一談我們辦 CTO 峰會的初心。我們發現很多時候，做技術的一方，不管是採購方，還是提供方，並不一定全面了解對方的需求。我們希望創造一個比較友好的環境，大家能在這裏真誠地分享。我們做了很多的「speed dating one on one」，像快速撮合伴侶的婚姻介紹所一樣，把大家撮合在一起，讓彼此之間做一下交流。

高瓴投了很多互聯網企業，其中「to C」（面向終端客戶提供產品和服務）的創業公司也投了很多。那麼「to B」（面向企業提供產品和服務）和「to C」的公司之間的最大區別是甚麼？我一直在想這個問題。以前我講，「to C」的生意本質是連接，比如百度、谷歌連接人與信息，騰訊連接人與人，阿里、京東連接人與商品，美團連接人與服務，都是在技術和人之間做連接，「to B」的公司則連接了另外一面。「to C」的公司最大的特點就是「贏家通吃」，搜索領域做得最大的是谷歌，人與人連接方面做得最好的是微信，競爭者很難雙贏，這樣就很容易造成在每一個領域裏都是「你死我活」的局面。而我認為「to B」和「to C」的公司最大的區別在於，「to B」端是正和遊戲，不是零和遊戲，不是「你死我活」，「to B」的公司更多的是大家一起拓展邊界、培育市場，一起把蛋糕做大。

今天我們在這裏聚會，無論是技術賦能的提供商也好，還是技術賦能的採購方也好，在座的有一半是 CTO、CIO（首席信息官）以及各個行業的技術領袖，大家實際上是在用「科技 +」來做正和遊戲，所以我們要創造一個平台，讓玩正和遊戲的人一起把蛋糕做大。為甚麼？因為大家要一起培育「科技」這個市場，一起去孵化適合「科技 +」的人才，這樣我們才有機會長遠地發展。

其次，談一談為甚麼是高瓴在做這件事。任何一個科技大廠都可以自己做這件事，那麼投資機構與科技大廠做這件事的區別是甚麼呢？區別在於高瓴是中立的，我們是一個投資機構，不管是做技術的採購方，還是做技術的提供方，我們希望幫助大家取得共贏。只有中立的平台，才有機會把技術雙方都聚集在一起。

投資機構這麼多，為甚麼是高瓴來做？因為高瓴是覆蓋全產業鏈、全生命週期的投資機構，我們從風險投資（VC）、私募股權投資（PE）到二級市場全都涉獵。目前，高瓴在中國管理着 4,000多億元的資金，投資了 800 多家公司。我們投資的傳統行業企業有一個共同特點，就是都在各自的行業裏做到了技術領先、科技領先，否則高瓴不會投。這些傳統行業企業，不管是賣鞋的百麗、賣空調的格力、做眼科診療的愛爾，還是給貓狗看病的、中國最大的貓狗醫院瑞鵬，都是科技賦能、技術驅動，在用技術的手段，更好地打造一個敏捷性的組織。

高瓴的特點是甚麼呢？第一，我們是超長期投資人，主張做時間的朋友；第二，我們是全產業鏈投資；第三，我們是全天候投

資，不管明天是冬天還是夏天，即使是再寒冷的經濟寒冬、技術寒冬，我們都堅持做長期投資。這些是高瓴的特點。

所以我們把大家聚在一起，希望大家能互相交流，關起門來，在這樣的氣氛裏真誠地去講「我在做甚麼」、「我的挑戰是甚麼」、「我的需求是甚麼」，以及「希望大家能一起來做甚麼」。因為只有這樣，我們一起做的才是一個正和遊戲，是抱着共同把蛋糕做大的心態，這就是我們做「to B」生意的人、做科技人的驕傲，「讓我們共同創造一個更美好的世界，更重要的是，我們不必自相殘殺」（Let us work together to make our world a better place, and more importantly, we don't have to kill each other）。最好的情況是，我們和所有的競爭對手一起去打造這個生態，我們希望沒有兩個產品是一模一樣的，即使是一模一樣的，大家也可以一起培育這個市場。現在還有 95% 的企業沒有使用科技，不用「科技 +」，我們共同的目標是把更好的技術帶到一些沒有使用科技，或者是科技落後的企業裏面去，用「科技 +」去賦能它。

我剛才和一位去年我們剛剛投資的、特別喜歡的新銳創業者在一起交流，他有澎湃的激情，希望全世界都能很快、很好地使用他的技術，他特別希望與人分享。我今天要與他分享兩個建議，分別借助好市多和藥明康德的案例。

首先，我要講好市多的案例。2009 年，好市多希望我做它的獨立董事，我跟創始人一起參加了好幾次董事會，每次都交流得非常好。好市多創始人給我講的就是，零售這個生意太大了，但最重

要的是先做減法，即想辦法把它最想要的那些客戶帶進來，而不是讓所有人都來享受它的產品。剛開始做的時候，好市多就在想如何減少客戶、如何聚焦它真正要服務的客戶。那時好市多一半的客戶是企業、餐廳、酒店客戶，他們進去以後一車一車地採購，好市多的創始人就說「我受不了，客戶服務也不好，一堆人在那等結賬，我得做減法」。所以說在剛開始的時候，好市多的創始人就努力用最好的科技做減法。想來想去，他決定乾脆「在門口收錢」，讓客戶先交 65 美元的會員費才能進門。當然，我並不是讓大家回去以後對所有的客戶都趕緊漲價，我的意思是，你要聚焦。初創公司要思考，誰是我的核心客戶、甚麼是我的核心產業，雖然你的產品是全中國、全世界、全人類都能用的，但是你要聚焦。做減法比做加法更難。

其次，我要用藥明康德的案例講如何用科技的手段來重振產業鏈。藥明康德是我投了十幾年的一家企業，前前後後投了許多輪次。其實我對製藥一點都不懂，但是我懂得要跟對最好的人，我們的核心就是投人。當時最打動我的就是創始人以及他的理念。人從來不是虛無存在的，他背後一定有一個理念。今天大家想想，20 年前的半導體行業是怎麼來的？那時候所有的半導體公司全是集成元件製造商（Integrated Device Manufacturing，IDM），每一家公司都是以英特爾為基礎，自己從研究、開發、設計、測試再到製造全都做。今天台積電起來了，各種設計公司起來了，所有的事情都變成大家分層來做，每一層都做得非常好。今天的製藥行業就像二三十年前的半導體行業，這是我的看法。十年前我開始

有這樣一個觀點，即全球最大的行業是醫療行業，美國的醫療行業已經佔全美 GDP 的 23%，醫療行業裏最大的是製藥產業，其次是醫療服務產業，其中有市值達幾千億美元的公司。藥明康德所做的事情，就是把整個製藥產業，用科技的手段重新切分，把整個產業進行重組。以前的輝瑞、禮來等公司都是「集成元件製造商」，都是「英特爾」，自己養很多研發人員，搞很多實驗室，自己設計、開發、製造、銷售、管理品牌。

但是創新越來越快，人們對科學的理解越來越深。最初人類被「創造」時，就已經被「編碼」了很多的東西，可能到 50 多歲會得心臟病，到六七十歲會開始得癌症，如果沒有被癌症殺死，那麼到八十幾歲可能會得阿爾茨海默病……生命在被設計每一條路徑的時候，都留下了一些痕跡，就看人們是否找得到。隨着科技的發展，我們在逐漸破解生命的密碼，並且破解的速度越來越快。我們很早就已經把整個心腦血管循環領域研究透了。現在，在三期以前發現的癌症中，有三分之二以上可以轉化為慢性病，即使已經發生轉移的，也有三分之一能被治癒。因為我們發現了分子靶向，用新的方式去治療癌症。我們對阿爾茨海默病還沒有完全攻破，但是我們對帕金森病越來越了解，對腸道菌羣的問題也越來越了解。

實際上，藥明康德就在用科技的手段做產業的重組。它把所有科學家解放出來，不用再在一個跨國公司裏做一羣人中的一個。藥明康德如今自己管理兩萬多名科學家，比任何一家公司的科學家之和都多，然後把科學家、實驗室、實驗人員全都外包出去。

如果你有了藥物研發的想法，可以自己先畫一張圖，放在藥明康德的 App 裏試一下是否靠譜，然後就直接找高瓴要投資，這是在重新構造整個行業，讓我非常驚喜。今天藥明康德這家市值 2,000 多億元的公司，銷售收入的 50% 以上已經來自小公司，而非大廠了。藥明康德在成立最初的一二十年裏，都只是給大廠做研發外包、生產外包的，但現在有 50% 以上的小公司通過借力風險投資、通過科技人員作出創新，改變了整個行業。這些小公司具有最大的創新活力，比大廠的效率更高。

今天，有很多高科技企業的 CTO、製藥公司的 CTO 在這裏，大家各司其職，更專業地去改變各自的領域，我講以上兩個例子是想表達兩個觀點：第一，聚焦，不管是聚焦產品本身，還是聚焦客戶或產業，都是在聚焦；第二，大家做正和遊戲，一起去把這個蛋糕做大，一起去培育這個市場。

最後，談一談我們到底需要甚麼樣的人才。新時代 CTO 應具有四個特質。

第一，真正地理解趨勢。這個很簡單，做到這個不難，經常參加高瓴的峰會就可以了。

第二個比較難，即真正理解和做到擁有同理心。同理心不只是理解你的客戶，還包括理解你的競爭對手、理解你的員工、理解行業生態中的所有人，甚至還要理解你客戶的客戶，我覺得這是最難的。

　　我 8 歲的兒子告訴我，他看了一幅漫畫，這幅漫畫講到了同理心（Empathy）和同情心（Sympathy）的區別：你看見一個人掉到井下面，你在上面喊人救他，那叫同情心，是對他人關心，為別人的遭遇感到心裏難受；如果你立即跳到井裏，那叫同理心。真正讓自己跳到「井」裏的人不多，新時代的 CTO 對客戶、對客戶的客戶、對競爭對手、對員工，都要有同理心。

　　第三，對這個世界保持好奇，對圍繞這個生態的所有東西，甚至超出這個行業的東西保持好奇。我之前在未來論壇上講，「人類生而好奇」，如果說我們生來就有一個特質的話，那就是好奇。

　　第四，做全面的通才。因為科技不斷在變，你自己也要變，變得更加全面。總是在進化的人，未來才有機會。

　　理解趨勢，擁有同理心，保持好奇，做全面的通才，這就是新時代 CTO 的四個特質，謝謝大家！

2019 年 11 月 23 日，在高瓴 2019 年度 CTO 峰會上的演講。

數字化轉型時要讓企業家
坐在主駕駛位上

　　很高興能在這裏見到很多企業家和各行業、各領域的朋友。雖然大家來自不同的國家和地區、不同的行業，有着不同的背景，但我們今天論壇的主題「產業數字化」已經成為大家共同關心的話題。我們都已意識到「數字化轉型」已經成為所有企業的必答題。因為，在以數據、算法驅動的未來，將不再有科技企業和傳統企業之分，只有一種企業，就是數字企業。

　　這些年來，高瓴與各種行業背景的企業一起，在科技創新、數字化轉型方面做了很多實踐與探索。可以説，我們遇到過很多坑，邁過了很多坎，更積累了很多有益的經驗。

　　今天，站在投資人的角度，我想分享其中最重要的一條經驗，就是尊重。我認為，這也是產業數字化的關鍵詞。

　　首先，要尊重企業家精神，尊重企業和企業家在產業變革中的主體地位。產業數字化，本質上是要完成企業運作方式的數字化轉型，是對企業的數字化重塑。但是企業家精神作為企業發展的核心源動力，它所代表的勇於創新、堅韌執着和偉大格局觀是無可替代的。所以，在過去的十幾年中，高瓴一直強調和堅持「讓

企業家坐在主駕駛位上」。實際上，這也是我們與企業家攜手進行數字化探索中始終堅守的第一原則。

高瓴的投資佈局，無論是在互聯網和生物醫藥等新興產業，還是在消費和生產製造等實體經濟領域，形式雖然不一樣，但萬變不離其宗，本質都是通過基礎研究，找到最好的商業模式和最好的企業家，給他們配置長期資本，通過科技賦能和持續創新，幫助企業家和創業者綻放，不斷創造價值。如果企業是一艘揚帆遠航的巨輪，那麼高瓴作為投資方、資本方希望扮演好「大副」的角色，與企業家和創業者們同舟共濟、堅定同行，做時間的朋友，一起不斷地創造長期價值。

其次，要做好產業數字化，還要尊重行業規律，重視通過科技創新發揮企業的核心競爭力。我們認為，任何行業規律，都是長期演進的結果，不是一家科技企業通過簡單的創造性破壞就能夠實現的，而一家企業的核心競爭力，是企業長期在市場中打拼積累的立身之本。因此，企業的數字化進程，要以第一性原理，深入洞察行業規律，明確企業的核心競爭力，然後通過科技與業務的融合創新，讓人工智能、大數據和雲計算等前沿技術，幫助企業的核心競爭力得到綻放，最終實現新維度上的強者更強。

當然，我們也逐步認識到，數字化不是一場狂飆突進的運動，不應該妄想畢其功於一役、一次性解決所有問題。在我們用 531 億港元的估值戰略收購百麗國際之前，我們也曾憧憬，要為企業加互聯網、加人工智能、加精益製造……恨不得一股腦地把我們

的十八般武藝都嫁接給企業。後來我們意識到，企業數字化戰略欲速則不達，要根據企業特點，抓住當下重點，局部突破，小步快跑，不斷地打小勝仗，不斷累積企業從上到下的信心，最終才能積跬步至千里，積小勝為大勝。

很高興向大家彙報：在高瓴投資百麗國際將近三年以後，百麗旗下的運動業務已經取得輝煌的成績，並在香港重新分拆上市，現在市值已經遠遠超過當時我們收購時的全部市值。這個成績說明，我們正在逐步探索出一條企業數字化轉型的路徑圖：抓住行業特點，用科技賦能，小步快跑，取得最終的勝利。

最後，我想說，產業數字化要以人為本，最終要落到對企業員工的尊重上。中國億萬產業工人，無數平凡的勞動者，與企業家一樣，都是中國經濟奇跡的創造者，他們的創新和創造力，是我們幾十年經濟發展中積累的最寶貴的財富。今天，以數字化為代表的產業變革，對企業來說，是發展新動能的開始；對每一名企業員工來說，則是新工具、新思維、新文化的重裝上陣。產業變革的進程，不僅應該是高效的，而且要有包容性、有溫度，要重視基礎教育和技能教育的跟進，讓包括企業員工在內的更多普通人搭上產業數字化和科技發展的快車，讓他們通過學習新工具，駕馭新未來，讓奇跡創造者再創奇跡！

2019 年 10 月 21 日，在第六屆世界互聯網大會產業數字化論壇上的演講。

人工智能是對話未來的語言

2017 年，我和高瓴公益基金會作出向母校中國人民大學捐款 3 億元的決定，用於支持學校創新型交叉學科的探索和發展。為了讓捐贈發揮更大的價值，母校的各級領導以創新務實的精神，經過嚴謹的論證和耐心細緻的籌備，支持創辦成立高瓴人工智能學院。

教育是永遠不需要退出的投資，能在這個過程中參與母校的「雙一流」建設，對我本人來說，意義非凡。更重要的是，如果說人工智能引領的技術革命是一輛漸行漸近的列車，我認為，與之相關的交叉學科研究，將為這輛列車的鏗鏘行進，鋪上關鍵的，同時也是不可或缺的一段鐵軌。在這個方面，人大作為國內人文社科及跨學科研究的高地，可謂當仁不讓。

今天，創新已經進入 2.0 階段，原發創新此起彼伏，並且向智慧零售、生物醫藥、精密製造、新一代網絡技術等廣泛的領域滲透。這種多點開花的創新局面，必然形成星火燎原的技術革命之勢。當人工智能遇見零售，大數據加算法將會幫助零售企業深刻洞察消費者的需求，真正實現從消費端到生產端的柔性化生產；當人工智能邂逅醫學，人類將以速度更快、成本更低、準確性更高的方式研發新的藥物，個性化醫療將成為可能。人工智能將成為對話未來的語言，它會以全領域、深結合的融合創新，深刻改變

各個行業的面貌。從這個意義來説，高瓴人工智能學院的成立，也是正當其時。

今天到場的還有許多科技企業代表，你們對正在發生的跨界融合，恐怕有着更切身的體會。一場以智能化、數字化為標誌的產業互聯網大潮正在到來。我認為，這次深刻的產業調整和升級將隨着人工智能等產業的發展演進為一場以行業為「底數」、科技為「指數」的「冪次方」革命。人工智能的算法，以尊重、洞察和還原不同產業規律為基礎，全面開啟與各行各業的連接，將產生無限放大的可能性，形成持續的創新。今天，溝通產、學、研，打通行業結界的高瓴人工智能學院，完全有機會成為科技企業與實體企業的連接器、激發雙方化學反應的催化劑以及培養行業急需的跨界人才的孵化器。

今天，新的智能「內燃機」開始轟然作響，因此，新的智能「公路」的鋪設與規則的建立，也必然要提上日程。在這個過程中，以人為本的價值立場、人文主義的精神旗幟，就成為人工智能發展的根本性路標。康德説：「這個世界上唯有兩樣東西能讓我們的心靈感到深深的震撼，一是我們頭上燦爛的星空，一是我們內心崇高的道德法則。」人工智能作為一場計算能力的革命，就像前兩次科技革命中的蒸汽和電一樣，是一種可以驅動所有行業的新動能，擁有與各個產業、領域對話的可能。在這場人工智能與未來的對話中，我們要相信科技的力量，更要相信人類的力量，相信人類有足夠的智慧和能力，在擁抱技術變革的同時，去做創造性思索，以第

一性原理去提出建設性問題，以人類最可貴的理性和樂觀，去創造美好的未來。

　　自從 1994 年畢業離開母校，我一路走來，每一步的發展都從教育中獲益良多。堅信教育的力量、堅持對教育的投入、堅守公益的精神，是我和高瓴公益基金會秉持的初衷。所以，對我來說，教育不僅是永遠不需要退出的投資，也是最具幸福感的投資。高瓴人工智能學院的成立，將有機會讓更多的人分享偉大時代的創新成果。希望通過我們的共同努力，人工智能將成為最有溫度的變革力量。

　　最後，讓我們共同期盼，未來的高瓴人工智能學院：

在教育之上，更關注多維的思考；

在效率之上，更關注普惠和公平；

在技術之上，更關注心靈的豐盈；

在擁抱變化時，守護好人類的尊嚴、權利、文化的永恆價值；

在持續創新中，一起迎來高揚科學與人文精神的美麗新世界。

2019 年 4 月 22 日，在中國人民大學高瓴人工智能學院成立大會上的演講。

這是一門需要用一生去
研習的必修課

我是未來論壇理事會的輪值主席張磊。歡迎大家出席未來科學大獎的頒獎典禮，特別要歡迎來自北京十多所學校的中學生朋友。我估計，很多同學是放棄了週末的課外班來到這裏的。我跟同學們保證，也請家長們放心，你們一定不會後悔。科學，是最好的「課外班」；而科學所代表的理性、好奇、求真精神，則是需要我們每個人終其一生去研習的必修課。

如果說，科學發展帶來的知識和信息密度，決定了人類文明的程度，那麼，此時此地，我們頒獎典禮的現場，可能是「文明」程度的一處極致展現。今天，這裏匯聚了近百位頂尖的科學家，也有眾多來自科研院所、高校的青年才俊，更有四位未來科學大獎的新晉得主，他們是：密碼學家王小雲女士，實驗高能物理學家王貽芳先生、陸錦標先生，以及生物化學家邵峰先生。這幾位，都在當今科學界「最卓越的大腦」之列。高瓴的一位同事說，看了他們的故事，感覺自己是來這個世界湊數的。請允許我在這裏，再次介紹一下他們創造的奇跡。

王貽芳先生和陸錦標先生，通過最小的物質結構去探索宇宙的起源和秘密，「仰觀宇宙之無窮，俯究萬物之運動」。

王小雲女士，用和宇宙對話的語言 —— 數學，去破解一個又一個頂級密碼，以無窮之數問萬物之象。

邵峰先生，研究另一個神奇的宇宙 —— 人體自身，觀測細菌和受體之間隨時發生的「星球大戰」，「一物從來有一身，一身自有一乾坤」。

他們分屬不同的領域，卻又同樣站在了探索宇宙、認知自我的邊界上。天文學家、科幻作家卡爾·薩根（Carl Sagan）說：「你我皆為星辰之子，每一個細胞，都書寫着整個宇宙的歷史，當你凝視自己，也望見了宇宙的輪廓。」推動人類文明前進的，從來都是我們人類與生俱來的對真理、對未知世界的好奇心和求知慾。

為甚麼要研究基本粒子？因為希格斯粒子就在那裏。

為甚麼要探尋人體炎症反應？因為受體蛋白就在那裏。

為甚麼要研究數學？因為媽媽從小就告訴我們，學好數理化，走遍天下都不怕 —— 開個玩笑。因為以數學為代表的基礎科學，代表的是我們對最終極的宇宙真理和自我極限的探索。

所以，向未知世界開疆拓土，不斷重構我們認知體系的科學家，就是這個時代的英雄和先知。而我們，都是科學的追隨者和信徒，感受理性精神，沐浴科學之光。這次大獎週，我們集結了歷屆獲獎者與國際知名藝術家，共同創作了「物演 —— 科學觀與藝術觀」主題展覽。我們不僅要倡導科學、感受藝術，還要讓「科學和

藝術在山頂重逢」。當科學回歸本質，我們就有機會以第一性原理去發現科學之美，領悟科學之美，像文藝復興時期一樣 —— 藝術激發科學進步，科學讓藝術大放異彩。楊振寧先生今天也在座。他曾說過，科學之美是「無我」的美，藝術之美是「有我」的美。未來論壇就是希望在兩者之間搭建橋樑，在認識世界與自我中，窺見天地大美。

美國詩人愛默生告訴我們，「人們總是愛異想天開，這就是科學的種子」（Men love to wonder, and that is the seed of science）。我們創辦未來論壇的初衷，就是希望撒下異想天開的種子，讓大家更好地享受科學的樂趣。Science is fun, science is cool（科學很有趣，科學也很酷）！

2019 年 11 月，在 2019 年未來論壇上的演講。

論一個投資人的自我修養

　　巴菲特說，投資並非一個「智商為 160 的人一定能擊敗智商為 130 的人」的遊戲。巴菲特提出了論題，卻沒有給出答案。但在張磊與邱國鷺的思想激盪中，你將了解，在投資這項世界上極具魅力的活動中，如何把各種各樣的高智商的人聚合在一起，同時保證大家相互學習、一起去做判斷、一起去做決策，並通過時間來驗證、復盤、持續成長，最終不斷創造價值。

投資人最重要的特質是理性的誠實

　　邱國鷺：今天很高興能夠有機會跟張總進行對話，大衛・史文森先生提出了優秀的投資人需要具備六種特質：好奇心、自信心、謙遜、敬業、判斷力和熱忱。張總，在您漫長的投資生涯中，您覺得一個優秀的投資人最重要的特質是甚麼？

　　張磊：史文森說投資是世界上最具魅力的活動之一。我覺得這句話蠻有意思的，投資是非常有魅力的，因為它把各種各樣的聰明人聚合在一起，大家一起去做決策，一起去做各異的判斷，最後在不同的時間維度上丈量不同決策的對錯，並從中學習。從這一點上就能看出投資人最重要的特質是甚麼。

在招聘年輕人的時候，我們最初都會按圖索驥，試圖對標所有的東西，包括理性的好奇、誠實與獨立等。但其實很多品質是簡歷上看不出來的。為甚麼呢？有的人的簡歷看起來非常光鮮，在每一次競爭中都拿第一名，不管做甚麼都能做到最好，但他不一定適合做投資。他可能會說他非常想做投資，當我們問到原因時，他往往能給出很多很好的理由。但歸根結底是因為，他認為他們班裏最聰明的那些人都去做投資了，所以他也要做投資，因為他自認比其他聰明人還要更聰明一點，學習成績還要更好一點。我覺得像這樣就是錯誤地理解了投資這個行業。剛才邱總問投資人最重要的特質是甚麼？我覺得最重要的是能否做到理性的誠實，是能否誠實地面對自己，客觀地衡量自己。在你總怕錯過一趟班車、總怕錯過一個人的時候，你的誠實實際上就打了一個折扣。

能否誠實地面對自己，是作為投資人的第一重考驗，這不僅對於年輕的學生來說是考驗，而且對於在事業上非常成功的人來說更是巨大的考驗。如果聽到同事的稱讚就揚揚得意、沾沾自喜，那麼接下來你就離失敗不遠了；如果所有人都和你說你真正地掌握了真理，並且你真的這樣相信了，那麼你也離失敗不遠了。評判一個投資人首先要看他能否誠實地、客觀地面對自己，尤其是誠實地面對自己的失敗。有人跟我說，「我只是對我的出資人吹吹牛，要不然大家都不投資我了」。但如果你在講了一百遍以後，真的相信了自己吹的牛，那就麻煩了。我們還是要相對誠實地面對自己，誠實地面對所有人，這樣生活才會變得更簡單。邱總，我也問你一個問題，你見到過很多聰明的投資人，你覺得聰明的投資人

容易犯甚麼錯誤？

　　邱國鷺：我覺得聰明的投資人很容易犯的錯誤首先是過度自信，高估了自己的聰明程度；其次是有時候他會低估市場的「傻」。也許他知道一個投資標的只值 100 億元，他覺得市場再「傻」，頂多也只能將估值搞到 200 億元、300 億元，結果這個投資標的的市值可能最終會達到 500 億元、800 億元。聰明的投資人經常會低估市場犯「傻」的時間跟維度。我們見過很多成功的投資人，他們的獨立思考能力往往特別強，但他們在獨立思考的時候又容易陷入「一根筋」，有時候會低估了市場與他們的預想相偏離的時間長度。

　　張磊：邱總，這是不是你成立高毅資產的初衷？因為高毅的每個基金經理都是最聰明的人，最聰明的人聚合在一起就能夠互相彌補不足，幫助對方看到其看不到的盲點，所以也能互相拆拆台、提提醒，你成立高毅資產是不是出於這個原因？

　　邱國鷺：這在很大程度上構成了我們的初衷。因為投資本身是一件很孤獨的事情，有時候一旦我們形成了一個見解、看法，就總覺得自己特別有道理。但就像你說的，「我們不可能擁有真理，我們只能無限接近它」。那這時你就需要一個能做到「理性的誠實」的人和你一起對同一件事情從不同的角度去爭論，去辯論，去討論，真理總是越辯越明的。智識是一種在辯論中，讓參與的每一方都受益的奇妙的東西，所以我們一直想把高毅做成一個投資人的俱樂部，大家能夠互相切磋，這是我們的初衷。

　　張磊：史文森有一個觀點非常有意思，他説做投資你得有自信心，因為不管你是買方還是賣方，你都是在賭別人是錯的；同時你又要很謙遜，因為有時候別人是對的，這是個平衡問題。我想問，你怎麼看這個問題？你甚麼時候知道自己是對的、別人是錯的？或者説你甚麼時候知道自己是錯的、別人是對的？投資人怎麼去培養這種判斷力？

　　邱國鷺：這就回到了您剛才提到的理性的誠實。投資人需要有自我糾偏的機制，因為「市場先生」經常跟我們想得不一樣，當這種差異產生時，你會想説是市場在犯錯誤，還是承認自己所想的是跟事實不符的？對自我誠實，這個是很重要的，要能夠用客觀的心態去對待自己，對待價格的波動和市場的反饋。我不知道您在這方面是怎麼想的。

　　張磊：我覺得理性的誠實很重要，客觀的自我心態也很重要，但怎麼在日常工作中培養這種客觀的自我心態呢？據我觀察，許多做投資的人很多時候是在單打獨鬥，我覺得會比較難以形成這樣一種客觀的自我心態。就像你説的，有時候自己説着説着就把自己説服了。自己是最好騙的。那怎麼才能在相對具備團隊合作條件的環境中，通過相互考驗也好，相互挑戰也好，去培養一種客觀的自我心態呢？我也可以講講在高瓴我們是怎麼做的。我們做一個決策要經過幾層的討論，在討論的過程中讓大家去提意見，甚至通過跨行業的交流去溝通不同的意見，同時我們會反思和討論。但我不知道怎樣能夠更好地把它變成一個習慣，一個工作的習慣。

邱國鷺：在高毅，我們主張共同研究，獨立投資。高毅的幾個基金經理，彼此之間並不知道對方的持倉跟交易，但是我們對於一家公司、一個行業，會各自從不同的角度提出自己的看法，我們在討論之中總是會產生很多不同的意見，這之中的各種爭論、討論和辯論其實能夠幫助我們更好地認識行業規律，認識公司的核心競爭力，在這個過程中每個人都能夠得到提高，其核心在於不要固執己見。

如果市場情況和我們想的有很多偏差，我們總是先自省，分清哪些是事實（Facts），哪些只是論點（Opinions），所有的論點都需要事實和數據的支持。沒有事實和數據支持的論點是站不住腳的，還是需要經過客觀論證的過程。很多人一起討論的時候別人就能很容易地指出你論據的不足、論證的不足，你就不會太固執己見。否則你就可能會自己騙自己，會過於主觀，會在論據的權重或數據的解讀上不夠客觀。投資人和企業家的思維方式是有所不同的，投資人更多地需要批判性思維，而企業家更多地需要同理心。如果幾個優秀的投資人之間用批判性思維相互交流，就更容易發現彼此在論據上的不足或者論證上的不足，就不會去堅持一個錯誤的論點。

張磊：我覺得高毅這點做得非常好，大家共同研究，又獨立決策，既發揮了大平台上大家互相糾錯、互相反饋的機制優勢，同時又能讓大家擁有獨立判斷的自由。你剛剛講得也很好，把事實和論點區分開，這是非常好的做法。我會再加一點——復盤的重

要性。我們會經常帶着團隊回頭看，復盤當初是怎麼做的，過程中我們到底犯了哪些錯誤，這是很痛苦的過程，但是希望大家能在此過程中有所提升。

邱國鷺：是的，我們 2019 年第一次嘗試做復盤，確實很有幫助。回顧之前的那些「坑」我們是怎麼踩的，至少能吃一塹長一智，讓「學費不白交」，所以復盤確實重要。

擁有同理心，站在企業家的角度理解企業

邱國鷺：張總你既做投資，又做實業，既是高瓴的創始人，同時也參與經營很多像百麗國際這樣的被投企業。你覺得一個優秀的投資人和一個優秀的企業家有甚麼相似之處，又有甚麼不同點？你在做投資和做企業的過程中肯定要同時做一些投資方面的決策和一些實業方面的決策，在這兩個決策過程中你考慮的側重點會有所不同，還是都遵循一樣的流程、貫穿一樣的理念？

張磊：高瓴有一句話：**我們是創業者，恰巧是投資人。**我們是投資人，但首先是創業者，是企業家，要站在企業家的角度想問題。這是一個很重要的出發點，這樣你才有同理心，才能真正地理解企業。創業很艱難，永遠在路上。**我覺得高瓴本質上是個創業集團**，就像電影《岡仁波齊》表達的一樣，永遠在路上，「每一步都算數」。投資就是永遠在路上的過程。不管是好的企業家，還是好的投資人，我覺得本質上是一樣的、是相通的，兩者都擁有對卓越

的追求、對創造價值的認可，對長期打造一個偉大的組織都抱有非常強的信念，這是很難得的。

當然我認為企業家所面對的環境更加複雜，咱們作為投資人，面對的環境相對簡單得多，咱們的企業文化也比較簡單，比如像高瓴文化，就是理性的好奇、誠實與獨立，同時倡導團隊文化，如此簡單就可以概括了。但作為企業家面對的環境要更複雜，比如說企業家要管理十幾萬名一線員工，如果他在各個方面、每件小事上都要做細緻徹底的辯論，那最後可能甚麼事都做不成了，所以說在執行層面還是得依據具體情況有所區分的。當然，當你做到一定程度以後，你會發現最偉大的企業家都具備一些投資人的特質，比如說他們會十分懂得怎麼做資產配置，怎麼分配時間，因為資產配置中最重要的資產是你的時間，這可能也是你最大的瓶頸。同時，好的企業家也會反過來去重新思考他的投資回報率（ROI），這個投資回報率不單指資本的回報，也指時間的回報。這些都是一個好的企業家和一個好的投資人所共通的東西。

邱國鷺：對，提到時間這個最寶貴的資源，像您管理這麼大的投資機構，做了這麼多一級和二級市場投資，從早期到晚期投了這麼多企業，您怎麼管理時間呢？日常的行程是甚麼樣的呢？

張磊：在這個問題上，我們首先要區分疫情發生之前和疫情發生之後。疫情之前是一個狀態，之前我總是忙忙碌碌，總是在路上；疫情發生之後是另一個狀態。說句實在的，過去四五年高瓴的資產規模確實增長了很多，業績也不錯，但是我明顯感覺工作的負

擔大幅度下降了，可能從以前超負荷的 120% 的工作飽和度，到現在 80%、90% 的工作飽和度，下降了大概三分之一，這是挺不錯的。我可以講講我的日常，我現在每週都會跟我老婆和女兒跳四次拉丁舞。

邱國鷺：厲害了，厲害了。多才多藝。

張磊：沒有，我本來是去給老婆和女兒當「衣架」的，我老婆為了鼓勵女兒跳舞，自己去學了，我就給她們當衣架，結果卻越跳越上癮，現在每天跟她們一起抻筋，為我的第一個劈叉做準備。此外，夏天我會每週滑水、衝浪兩次，冬天每年雪季去滑雪，這些都是我比較喜歡的運動。我也陪小兒子打壁球，這同樣是我比較喜歡的。我小兒子在壁球、乒乓球方面已經有要超越我的架勢了，我很緊張的。

邱國鷺：要加強訓練。

張磊：對，加強訓練。

高瓴的農耕文明：精耕細作，春播秋收

張磊：疫情期間，我靜下心來讀了很多書。為甚麼現在我的時間安排會比原來好很多？我覺得核心原因是我們打造了一個非常高效的組織，我們打造了非常強大的、高效的價值觀和企業文化。今天的高瓴讓我最為自豪的，不是我們的資產規模，不是我們

405

的業績，不是我們投的多少家公司上市了，或者我們擁有多少資產類別，都不是，**讓我最為自豪的是看到高瓴的同學們的成長，包括他們的獨立判斷能力、自我驅動力以及他們之間的團隊文化，其中我最喜歡的是團隊文化。**高瓴人，是非常受團隊文化驅動的。市場上很多機構的內部同事之間都是互相踩腳，互相搶 deal[①] 的，但在高瓴，大家完全是由團隊文化驅動起來的。這對我們的長期業績是有好處的：第一，長期來看投資人能夠獲得心靈的寧靜；第二，這種文化使大家很舒服。回到我們的初衷 —— 和靠譜的人做有意思的事。在這個過程中我們不但能賺錢，而且賺的是讓心靈寧靜的錢，賺的是創造價值、給社會做貢獻的錢，同時自己又做得很高興，每天很舒服，能夠「跳着拉丁舞去上班」。現在我覺得這個組織已經打造得足以讓我有更多的時間去探索自己的興趣了，這是讓我很高興的事情。

邱國鷺：所以還是要快樂投資，愉悅生活。

張磊：不管是投資人也好，最好的企業家也好，做到一定程度都是孤獨的。他可以很成功，但很多時候就沒有人可以一起交流。像高毅這樣，能夠提供讓大家既能作出獨立判斷，形成獨立決策能力，同時又有系列性交流的平台，當然很好。像我們做私募股權投資、風險投資的時候，很重要的一點就是跟企業家一起交流，跟他討論長期的發展，討論他生意的本質是甚麼、遇到的問題是甚麼。當然，有很多投資人有不一樣的做法。有的投資人就是狼

---

① deal，在這裏指投資項目或交易。—— 編者註

羣戰略，出去到處跑，搶 deal 能力很強。高瓴表面上看可能相對懶一點，人聚合在一起，做事的風格有點像農耕文明，而不是狩獵文明──一大堆獵人出去搶 deal，或者一大幫狼羣出去搶 deal。高瓴搶 deal 的能力不夠強，但是農耕文明有一個好處，就是能夠靜下來深耕。

邱國鷺：精耕細作。

張磊：對，精耕細作了以後，真正能夠春播秋收，播下種子就是播下希望，慢慢地，收穫的季節到了，就會有很多注重創造長期價值的企業家主動找過來。我們的商業模式跟別的投資機構不太一樣，我們的商業模式是把農耕文明做好，把自己的事情做好，真正能夠創造價值，用這種方式把好的企業家吸引過來，這樣我們才能夠主動地進行一定的篩選。最好的企業會希望讓高瓴來投，會希望跟高瓴一起走得更遠，在這個過程中我們能創造更多的價值。這是我們跟那些熱衷於搶 deal 的機構的區別。當然兩種方式都會帶來成功，如果搶 deal 可以搶得很快，那麼在企業快速成長的一段時期內，這家機構的成績也會很好；但是我覺得如果你能多創造價值，那麼你的路就能走得更遠、更寬，你可幹的事情也會更多。從某個角度來講，高毅做二級市場跟高瓴做一級市場的理念實際上是相通的。

從發現價值進化到創造價值

邱國鷺：您剛才提到創造價值，也説到不斷地瘋狂地創造長期價值。我們説價值投資可以分成三個流派：第一個流派是像格雷厄姆，賺被低估標的的錢，賺「市場先生」的錢；第二個流派是像巴菲特，賺優質企業的錢，做時間的朋友，利用複利的價值不斷增長；我們覺得高瓴是第三個流派，自身也參與企業的價值創造，參與價值的釋放和增長，能夠幫助企業在戰略定位、科技轉型、運營升級上創造更多的價值。這樣做的難度和挑戰是不是巨大的？我們有一種觀點是，在投資的時候應該要守在自己的能力圈範圍內，要有一個很清晰的邊界。我們看高瓴過去 15 年的發展，其實是在不斷地演進、演化、升級的。從二級市場投資到一級市場投資，從互聯網到創新藥，再到人工智能，你們很多時候都可以早於投資界，甚至在一定程度上早於產業界進行一些前瞻性的佈局，那麼你們是怎麼拓展能力圈邊界的？如果在這個過程中又要堅守自己的能力圈，這之中是怎樣的矛盾關係呢？

張磊：我覺得這個問題很好，這是困擾很多投資人的一個問題。第一，我認為傳統的價值投資永遠都有它存在的空間和道理，但是這個世界是不斷發展變化的，傳統的價值投資存在的空間會被逐漸壓縮。我們拿傳統的深價值（deep value）舉例，越深它就越會變成一個深洞，變成一個價值陷阱。

邱國鷺：價值陷阱我經常踩。

張磊：對，價值陷阱你踩下去以後，我馬上給你梯子，我的梯子就是科技賦能，幫你爬出來。像百麗國際這種公司可能就是價值陷阱，但如果你通過科技改變它，它就能創造價值。所以說，關鍵在於你能不能發現價值，並且去創造價值。**我覺得對高瓴來說，最重要的就是發現價值和創造價值，並且對我們來說這兩者是一個融合。**那怎樣才能夠走出自己的能力圈邊界（comfort zone）呢？這是不容易的。這和一個人的成長過程是一樣的道理，我最早是學文科的，學金融的，但現在我要學計算機，我們最近在研究各種各樣的軟件公司，怎麼做編程、怎麼用 Python 等。以前我都不知道怎麼做這些，很多東西都得自己現學。這本身就是一個平衡。你的平衡在哪裏？是守住自己的能力圈邊界，還是不斷地往前去創新？我的結論是，這是一個逐漸演變的（evolution）的過程。是，你有一個邊界，但是你可以逐漸擴大你的邊界。

怎麼擴大呢？高瓴為甚麼 2014 年就知道投創新藥？那時候全世界都沒有多少人投 PD-1/PD-L1[1] 這種免疫療法。在 2012 年、2013 年大家還不知道的時候，我就帶着好幾個企業家去波士頓，跟實驗室裏的科學家一起討論新型的免疫療法靶點。那時候，跟國外製藥公司一起討論非常有意思，我們學到很多，後來就堅定了投資的信念。那麼怎麼能夠走出自己的能力圈邊界呢？這就是很多很優秀的人願意加入高瓴的原因，也是很多很優秀的人願意加入高毅的原因，因為這裏創造了一個終身學習的環境。**這個終身**

---

① PD-L1 的全稱是 Programmed Cell Death 1 Ligand 1，細胞程序性死亡配體 1，是人類體內的一種蛋白質。—— 編者註

學習的環境倡導的是，與誰同行比要去的遠方更重要。在我們創造的這個環境中，每個人都有十八般武藝絕技中的一兩項，大家聚在一起，每個人就又從身邊人那裏學到了很多。這樣的組織、環境、企業文化和價值觀培養出的人，是任何一個單打獨鬥的人都很難超越的。

如果一個環境裏牛人很多，但牛人之間互相踩腳，很難互相學習，那麼你在其中心情也不會很愉快。牛人很多，大家又比較謙虛，願意互相幫助，互相學習，不斷拓展，這才是根本。從某個角度來講，高瓴的成功就得益於這種企業文化、價值觀和實踐。高毅作為一個崛起中的平台，在這麼短的時間做成中國最大的私募資產管理機構之一，背後也是因為其創造的企業文化、價值觀和倡導了終身學習的環境，而不是故步自封的環境。我覺得這些都是本質。

總的來講，我們做了一件核心的事情，就是把牛人聚合在一起，創造了這樣一個好的價值觀、環境和企業文化給他們，讓大家能夠一起互相學習，一起拉着手往前走，不斷拓展自己的能力圈邊界。但難就難在這兒，能不能創造這樣的企業文化和環境？找聰明的人容易，但創造這種企業文化和環境、創造這種價值是不容易的。我們創立高禮價值投資研究院，本質的原因就是我們想把高瓴和高毅的環境放在一個相對公開的講堂上，創造一個類似的環境。雖然無法完全複製，但能建立一個對我們的價值觀和企業文化的真實映射。

410

邱國鷺：希望創造一個追求真知灼見，能夠致真知，通過研究和學習掌握行業和事物的內在發展規律的場所，這是我們希望做到的。

張磊：對。

邱國鷺：談到能力圈，我們知道高瓴的能力圈確實比較廣，從一級市場投資到二級市場投資，從投資到實業。很少有人能真的橫跨一、二級市場投資，我們覺得這其中的思考方式很不一樣。天使投資、風險投資甚至成長期投資所面向的公司的特性跟二級上市公司的特性是很不一樣的，對企業家或者組織文化的判斷角度也是很不一樣的。這麼大的能力圈，你在做一級市場投資跟二級市場投資的過程中，覺得彼此之間是互補的 ── 你對一級市場的理解加深了你對二級市場的理解，還是覺得兩者需要不同的思維方式和判斷框架？

張磊：我覺得都有。最重要的還是要找到真正熱愛這些的人，就像史文森講的，「最重要的是熱愛」（Above all, passion）。如果你只是為了做投資而做投資，那你不容易走得很遠。要麼你賺了很多錢之後早早退休了，要麼你賺不了很多錢。那麼這份熱愛是怎麼來的？還是要回到創造價值上。

我舉一個我們的合伙人的例子，他在公司成立的第一年就加入了，本來做投資也做得很好，二級市場投資做過，一級市場投資也做過，但他就願意花很多的時間到企業中去。他覺得「我以前做投

資，做資產配置，把錢投給偉大的企業家，賺了很多錢。但我現在就願意到企業去幫這個企業家，做他的助手」，用了兩三年的時間，他幫助這個企業實現了騰飛。這些都能夠使他成為一個更好的投資人。在他的帶動下，我們的好幾位同事，在投資上已經「露出尖尖角」了的非常有前景的職業生涯階段，說他們也要到企業中去。他們去我們投資的企業，在實業中幹了幾年以後回來，又去做投資。當然現在還有很多人在企業裏面。我們還有新興領袖培養項目 ELP（Emerging Leader Program），每年從市場上找很多人，用投資理念培訓他們，之後把他們放到企業中去。**我們通過各種各樣的方式把實業和投資融合在一起，真正回到剛才所講的創造價值的理念上面，這也幫助企業解決了一些實際問題，而不只是資本的問題。** 創造價值與對創造價值的追求和熱愛是非常重要的驅動力，而不是簡單地說我想把一級市場投資做好，或者我想把二級市場投資做好。

在喧囂的市場中擺一張安靜的書桌

邱國鷺：張總，我想問一下你創建高禮價值投資研究院的初衷是甚麼？我記得我們第一次提到這個，是在 2015 年的 5 月。那時候我們去美國參加巴菲特年會，我記得在曼哈頓中城，我們剛拜訪完幾位很知名的投資人，在車裏你就提到說其實我們應該成立一個價值投資研究院，找一批優秀的學員，大家互相切磋，共同學習，共同進步。當時你的初衷是怎麼樣的？希望招一批甚麼樣的人？怎樣才能夠打造一個終身學習社區呢？

　　張磊：關於這一點咱們一直有交流，現在回頭來看我覺得有幾件事咱們堅持做是做對了。回到咱們做事情的初衷，就像我成立高瓴的初衷是「和靠譜的人做有意思的事」一樣，**我們做高禮價值投資研究院也是出於同樣的理念，就是找一羣靠譜的人，大家一起做有意思的事，只不過這個有意思的事是終身學習。**這就是高禮價值投資研究院跟現在市場上的各種私塾班、學院、EMBA 班的最大的區別，學員們來這兒的目的不是簡單地做社交，搞關係（network）。咱們學院裏面所有學員學習的主要方式之一就是做作業。邱總你指導過很多次作業，你給大家講講平均每次作業要做多長時間、幹多少活，給大家一個概念。

　　邱國鷺：我們每個月都有案例分析作業，而且選取的案例都屬於比較有結構性變化或者關鍵變化的、有「長長的坡」「厚厚的雪」的那種關鍵行業。在很多的案例分析當中，學員會分小組，要做 PPT 和 Presentation[①]，很多學員都要做到截止日期前一天的後半夜兩三點，最後才把作業交了，但他們確實會在做的過程中形成對案例的很好的第一手認識。**我們想要在一個喧囂的市場中擺一張安靜的書桌，讓大家真正靜下心來關注第一性原理，讓大家知道一個行業的規律到底是甚麼，如果你是這家公司的 CEO 應該怎麼做。**我們會共同探討這種最本質、最原始的問題。

　　張磊：對，我覺得你講得特別對，在喧囂的市場中擺一張安靜的書桌，這句話講得太好了。這是一種堅持，這種堅持就是一個

---

① 指公開的陳述和展示，一般以 PPT（幻燈片）為輔助工具。——編者註

413

自我選擇的過程。我們的錄取率比哈佛大學、耶魯大學的都低，很多朋友托朋友，説「我要進來，聽聽課就可以了」。聽課實際上只佔我們學員的不到三分之一的精力，三分之二以上是用於做作業和討論，而且每次作業都是實戰，不是説做一個簡化版的假公司，讓大家在裏面搭搭模型。這個世界就是複雜的，對不起，我們絕對不會粉飾任何一個難的挑戰，不會粉飾任何一個有挑戰的作業。當然我們也不是想把大家給「累死」，儘管我們的作業越來越多，難度越來越深，很多人都搞到凌晨幾點。我們主要是通過這樣的自我選擇，把那些真正願意「折磨自己」、真正熱衷學習的人給篩選出來。如果有人出於搞關係的目的而來，那肯定就不適合了。

這其實關乎自我反思（Self-reflection），就是你能不能拿出這麼長時間來做作業，而且要做出高質量的作業，因為你的作業是要拿來跟大家討論的，別人都做，只有你不做，整個學習氛圍就被破壞了，對你的聲譽也不好。所以很多時候我都是不鼓勵別人參加的，我會説：「你不適合申請，做作業很煩的，你願不願意做？」對於喜歡研究的人來講他一點都不覺得做作業煩，他會享受其中；對於不喜歡的人來講，這就是折磨。

有很多人問，你們這樣不是給高瓴和高毅培養了很多競爭對手嗎？我們專門招了很多很年輕的人，長江後浪推前浪，這是最牛的「後浪」，而我們已經「死」在沙灘上了，或者説我們正在去往沙灘的路上。

邱國鷺：我們給很多競爭對手培養了投資經理和研究員。

張磊：對，而且這些人將來也可以去做更好的投資經理，我相信肯定有很多人會超過我們，這是必然的，而不只是一個可能性，後浪一定能夠比我們學習更多的東西。在這點上他們比我們兩個運氣還好，能夠比較早地有機會接觸到一個小環境、小宇宙，和大家一起去系統性地學習，我們篩選出的這些人，都互相從對方身上得到了正能量。每個人都那麼努力，有的學員把家裏的先生或者夫人都帶動起來了，來跟我們討論問題，這叫「上陣夫妻兵」，這是很好的現象。我總強調的就是，**格局觀的第一定位，是你能否為社會不斷地瘋狂地創造長期價值，如果高禮價值投資研究院最後能為社會不斷地瘋狂地創造長期價值，那麼它一定能讓我們這些人也從中受益**。我們受益於偉大祖國的崛起，受益於越來越多人做價值投資的環境，也受益於每一個年輕的學員。我覺得咱們做的這些事情是一個正和遊戲，是大家一起創造價值，一起把蛋糕做大，一起把路越走越寬，而且我們是很高興地在做這件事。每年我都會組織我們的學員跟我去海上走一趟 —— 出海。本來今年還安排了滑雪之旅，希望明年能成行。到時會為大家準備有「雪圈王者」之稱的 Burton 的單板，期待明年的滑雪之行，白天看皚皚雪山，晚上「煮酒論投資」。非常期待。

投資人比的是品質與心性，企業家比的是品質與格局觀

邱國鷺：高瓴是真正地把一級市場投資、二級市場投資結合得很好，把投資跟實業結合得很好，是提供解決方案的資本。這個

能力圈的拓展是全方位的，不止於見解跟學識。下面我問你幾個問題，這些問題都是從高禮價值投資研究院的學員中收集來的。其中有一個學員問：「假如你能夠『穿越』回 15 年以前，遇到當時剛剛創建高瓴的張磊，你可以跟他說一句話，你會說甚麼？」

邱國鷺：你會告訴他要在北京買房對吧？

張磊：太多話要說了。不是在北京買房的事。**我覺得最重要的一句，還是要精心選擇自己的同事，選擇合作夥伴，選擇投資人，把選擇做好。**這些精心的選擇，只要有一點點偏差，都有可能帶來不一樣的結果。其實高瓴的成功，很多時候是帶有一點偶然性的，很多時候我在做選擇時並沒有真正地主觀上把很多東西都想透。今天我回想起來，覺得自己應該更主觀地、更清晰地按照這個邏輯走 —— 把選擇做好。用我跟學員們講的話就是，「不要輕易地出賣自己」，不要誰給你點錢，給你點利益，就甚麼都幹了，不斷地去妥協，去違反自己的原則，只為了簡單地跟別人比資金規模，或者其他一些表面的東西。我覺得要能夠永遠保持住心靈的寧靜，至少也要在前三到五年保持住。

邱國鷺：我記得你說過一句流傳甚廣的話，叫作「看人就是在做最大的風控」。我記得美國導演史提芬・史匹堡（Steven Spielberg）也說過這麼一句類似的話，他說，「導演 90% 的工作其實就是選藝人」（90% of directing is casting），你把選藝人的事情做好了，90% 導演的工作已經做完了。你在投資的過程中也選擇了很多的創始人或者企業家，這是一個雙向選擇的過程。有個學員

問了這樣一個問題：「在企業裏能見到一個現象，很多人當二把手的時候能夠做到 120 分，但是當一把手的時候卻不一定能夠做得好。你覺得如何選擇一名一把手，他最重要的品質是甚麼？能夠獨當一面的創業者和企業家，他們最大的特質是甚麼，跟普通的管理層有甚麼本質上的區別？」

張磊：格局觀。最大的本質上的區別就是格局觀，就是看他有沒有格局，看事情是不是長遠，能不能從長遠的視角衡量自己。同時，格局觀不光在於看事情是否長遠，還在於能否看清事情的本質，能否看清人的本質，對組織是否有通透的理解，這些都反映出一個人的格局。**到最後，投資人比的是品質和心性，企業家比的是品質和格局觀。**

邱國鷺：是的，有格局觀的企業家其實是稀有動物，找到要好好珍惜。

張磊：對，稀有動物。當然也有很多人有格局，但沒有執行力。

邱國鷺：這兩者要相結合。還有一個學員提問：「是認知影響了研究質量，還是研究的顆粒度粗細影響了認知的質量，從而影響了長期持有的決心？在高瓴的研究框架體系中是否包含像波特五力模型、PEST 模型[①]、競爭格局分析這些傳統分析方法和工具？

---

① PEST 模型是幫助企業分析所處宏觀環境的模型。所謂 PEST，即政治（Politics）、經濟（Economy）、社會（Society）、技術（Technology）。——編者註

你們的分析框架和工具跟其他公司相比有甚麼不同點和獨到之處嗎?」

　　張磊:我覺得沒甚麼獨到之處,大家用到的簡單的工具都是一樣的。你的每個微小的判斷背後都反映出你是怎麼看待這個世界的,反映出你的格局觀、價值觀、世界觀,我想高瓴在這上面是比較堅持的。要說我們很獨特的地方,還是建立了一個自己的分析框架(framework),這個分析框架最早叫人與生意,我們想投資好人、好生意;後來進化到人、生意和環境,我們會將人與生意放到環境中去考量;最後我們的分析框架又拓展為人、生意、環境和組織,我們會進一步思考它是甚麼樣的組織。我們的分析框架在逐漸地演變。但我想這些都不「本質」,我說的這些全都是常識,只不過我們把它總結出來,也願意與大家共勉。

　　邱國鷺:其實真正把常識應用好,也需要很深的功力。

　　張磊:我覺得把常識運用好,最重要的不在於個人修行,而在於這家公司有沒有好的企業文化和價值觀。好的企業文化和價值觀能夠幫助常識戰勝市場上的那些噪聲。

打造教育與人才的正向循環

　　邱國鷺:由於時間關係,我問你最後一個問題,這個問題也來自高禮價值投資研究院的學員:「張總,你在過去 15 年帶領高瓴

取得了巨大的成功，在未來也肯定會不斷地勇攀高峰，那麼你最希望世界怎麼去看待和記住你自己和高瓴？你認為自己在未來最值得驕傲的事情會是甚麼？」

張磊：我希望大家最後記住我們是有趣的人，做的是有趣的事情，是創造長期價值的事情。我希望我們最後被看作一個很好的老師（mentor），能夠教育和帶領更多人獲得成功，能夠讓更多的人把自己最好的一面表達出來，那麼高瓴就成功了。

邱國鷺：就像您說的，教育是永遠不需要退出的投資，您不僅自己瘋狂地創造長期價值，還希望能夠培養一批人一起瘋狂地創造長期價值。

張磊：我希望能夠把我們收益的一部分回報社會。我們的目標是打造一個完整的、完好的循環，不管是中國人民大學、西湖大學、百年職校，我們投資的許多各種各樣的機構都跟教育有關係，我希望打造一個教育與人才的許多正向循環。當教育能帶給大家更多的希望，給大家提供更好的「一扇門」的時候，我們的社會就會有更好的未來，就會有更美好的明天。

邱國鷺：讀書可以改變命運，教育可以改變人生。今天特別開心有機會跟張總對話。

張磊：感謝，希望再會，我們的下一次在雪山或大海上。

2020 年 6 月 21 日，高禮價值投資研究院公開課實錄。

以價值投資理念優化市場資源配置

　　我國經濟發展正處於新舊動能轉換的關鍵階段，實體經濟也面臨向高質量發展轉型升級的歷史命題，迫切需要將私募股權投資（以下簡稱 PE 投資）放在優化整體市場資源配置、完善金融市場發展的戰略高度，進一步推動產業結構調整和國家創新戰略實施，切實服務實體經濟，推動其高質量發展。本文也分享了高瓴積累的堅持長期結構性價值投資的實踐經驗。

　　實體經濟是一國經濟的立身之本，是財富創造的根本源泉，是國家強盛的重要支柱。實體經濟不興，資本市場就是無源之水、無本之木。

　　中國作為一個 13 多億人口的發展中大國，從歷史經驗來看，相對完整的工農業經濟體系，是我們長期健康發展的最重要基礎。從未來發展來看，要緊緊抓住新一輪技術革命和產業變革的歷史機遇，走上高質量發展之路，仍然要依靠堅實的實體經濟基礎。

　　PE 投資作為一項重要的金融創新和重要的融資手段，其創立的首要目的就是服務實體經濟。今天，在新一輪技術和產業變革加速演進過程中，我國迫切需要通過 PE 投資進一步推動產業結構調整和國家創新戰略實施，切實服務實體經濟，推動其高質量發展。

PE 投資應發揮優化市場資源配置的重要職能

我國 PE 投資行業經過多年發展，已經成為全球私募股權市
場重要的組成部分。公開數據顯示，截至 2018 年底，中國證券投
資基金業協會已登記私募基金管理人 24,448 家，已備案私募基金
74,642 隻，管理基金規模 12.71 萬億元，其中私募股權投資基金
7.71 萬億元，加上創業投資基金則超過 8.6 萬億元。然而，PE 投
資在我國金融和實體經濟中的重要戰略性地位，仍然有待確立。
我認為，從優化資源配置的角度，PE 投資在我國金融市場中應發
揮以下重大作用。

第一，PE 投資應該成為主流的市場融資渠道。

通常來說，PE 投資總量佔 GDP 比例，是衡量一個國家 PE
投資整體發展水平的一個重要指標。按照這一指標，近年來，中國
PE 行業經歷了一個快速發展的時期，其投資總量佔 GDP 比重不
斷增長。根據清科研究中心發佈的數據，2017 年中國股權投資市
場投資總量佔我國 GDP 比重已經達到了創紀錄的 1.5%。但是，同
期在美國市場，這一數字已經達到了 3.6%。可見，與 PE 投資發展
更為完善的美國相比，我國股權投資市場的發展仍然任重而道遠。

實際上，PE 投資已經成為全球發達經濟體最重要的融資手段
之一。以美國為例，其私募股權融資規模早已超過公開市場。但
在我國，私募股權融資只是公開市場和銀行信貸融資的補充角色。
如果能將 PE 定位為市場主流的融資渠道，我國就可以突破多年來

直接融資比例偏低、廣大實體企業過於依賴銀行信貸融資的困境，彌補金融有效供給不足，為金融支持實體經濟發展開闢更加廣闊的空間。

第二，PE 投資應該成為培育戰略性新興產業的重要力量。

改革開放走過 40 年，創新發展也進入 2.0 階段。以生命科學、新能源、人工智能等前沿技術為代表的原發創新成為主流。在這一趨勢下，加快培育對經濟轉型升級具有戰略引領作用、本身又有巨大市場需求潛力的戰略新興產業，就成為實體經濟整體振興的重要組成部分。我認為，在這一進程中，政府要為新興產業發展創造良好條件，發揮市場配置資源的基礎作用，尤其要鼓勵以 PE 投資為代表的資本力量與產業創新的積極融合。因為 PE 投資作為最活躍的市場力量，可以以更加靈活的機制，更加深入產業的專業研究，為各類「風口」或新興產業作出更準確的風險定價，從而成為支持、培育新興產業的基礎性力量之一。在這個方面，美國通過私募股權市場引導資金不斷調整產業結構並推動新興產業發展的經驗尤其值得借鑒。

第三，PE 投資應該成為實體經濟技術和管理升級的推動者。

PE 投資絕不僅僅是企業的一種融資渠道，其激活企業創新活力、促進科技創新成果轉化、實現高技術產業化的強大作用，也逐漸得到社會認可。越來越多的 PE 投資機構開始探索不同領域的傳統產業應用人工智能、大數據等先進技術，完成成本效率結構

提升，實現信息化、數字化升級的現實路徑，從而讓技術變革和科技創新惠及更多的行業，讓更廣泛的人羣可以分享技術進步的成果。從發達國家的經驗來看，PE 投資不僅依靠靈活的機制建立起了強大的融資能力，更重要的是，其深入企業生命週期，積極地通過管理和技術賦能，成為推動企業成長、提升企業競爭力的重要力量。

第四，PE 投資應該成為我國金融市場的穩定器之一。

我國民間資本數額龐大，由於缺乏合適的投資渠道，長期盤桓於一些虛擬經濟領域，不僅對實體經濟的貢獻有限，其游離、炒作的性質，也不利於國家宏觀調控和金融市場的穩定。而 PE 投資的發展，有望成為民間資本的蓄水池，將游離於主流融資體系外的民間資本，系統性地引入 PE 投資「蓄水池」，對於助推實體經濟發展，降低金融風險，都有巨大的價值。中國證券投資基金業協會數據顯示，截至 2018 年 12 月底，私募股權投資基金和創業投資基金規模較 2017 年底增長 1.51 萬億元，同比增幅 21.3%，貢獻了私募基金 2018 年全年規模增量的近 90%，成為私募規模增長的最大動力。這一趨勢說明，PE 投資的「蓄水池」作用正在逐步顯現，未來，其導流支持實體經濟的作用也更加可期。

價值投資成為 PE 服務實體經濟的重要組成部分

PE 要真正服務好實體經濟，就必須秉持價值投資的理念，摒

棄「賺快錢」的投機性心理，要通過深入研究，洞察不同行業具體企業的真實需求，並在此基礎上，有針對性地去支持其最迫切、最有價值的創新實踐，幫助企業增加效益，與企業一起創造長期價值。

接下來本文以高瓴積累的實踐經驗，介紹一些可供業界分享和探討的理論和經驗，介紹如何做具有獨立投資視角的長期投資者，如何堅持長期結構性價值投資。

所謂長期結構性價值投資，是相對於週期性思維和機會主義而言的，核心是反套利、反投機、反零和遊戲、反博弈思維。對服務實體經濟來說，價值投資發揮作用的關鍵就是，在敏銳洞察技術和產業變革趨勢的基礎上，找到企業轉型升級的可行路徑，通過整合資源借助資本、人才、技術賦能，幫助企業形成可持續、難模仿的動態護城河，完成企業核心生產、管理和供應鏈系統的優化迭代。

具體來說，在價值投資理念指導下，結合最新的技術和產業變革趨勢，以及企業不同發展階段的具體訴求，PE 投資服務實體經濟的實踐，包括以下幾個維度。

第一，長期支持原發性創新企業。

PE 投資的關鍵在於有效認知風險，為風險定價。誰能掌握更全面的信息，誰的研究更深刻，誰就能賺到風險的溢價。以生物醫藥領域為例，近年來《我不是藥神》等影視作品的火爆，讓該領域

受到了越來越多的關注。但實際上，原研藥的研發因為資金投入大、回報週期長、成藥比例低，長期以來存在一個巨大的「創新漏斗」，令很多投資企業「望而卻步」。這時候我們就一直強調從第一性原理去思考，也即從本質上去研究行業，去獲得對行業發展規律的深刻理解。對生物醫藥行業研究深、研究透，可以跳出單純的風險維度，面向未來去發現這個領域的巨大潛力，從而去挖掘優秀生物醫藥企業中的「潛力股」。

例如，專注於研發分子靶向和免疫抗癌藥物的百濟神州，是國內第一批致力於原研藥開發的企業之一，目前已經被視為中國創新藥物研發企業的典範。高瓴從 2014 年的種子期（A 輪）開始，參與和支持了百濟神州的每一輪融資，是百濟神州在中國唯一的全程投資人。

服務實體經濟推動其創新升級的目標，決定了對於百濟神州這樣的創新企業，不僅要提供長期、全程的資金支持，還要能夠參與到企業創新研究、快速發展的整個過程中，與企業一同成長。這就需要以 PE 投資為代表的資本力量，既要了解企業發展的瓶頸和訴求，又要有廣泛的行業資源，甚至站在全球視野，進行更高層次的資源整合，在企業發展的關鍵階段，給予及時有效的戰略支持。

比如，近些年來，國際醫藥巨頭們出於將研發的外部性向外擴散、分散風險的考慮，常常會採取併購、購買許可等方式，來適時引入優質的外部資源。行業巨頭的開放式創新，就為其同擁有

425

核心研發能力的行業新貴的合作提供了可能。但由於行業封閉式
開發的慣性，以及同行之間的隔閡，要達成合作，常常需要一個中
介。PE 投資就有望成為促進戰略合作的媒介。高瓴推動了百濟神
州與美國製藥巨頭新基公司高達近 14 億美元（當時約合 95 億元人
民幣）的戰略合作，就是一個典型案例。

第二，積極投入新一代核心技術，創新驅動產業升級。

數字化、智能化已經成為實體經濟轉型升級的重要方向。在
數據化過程中，實體經濟將實現虛擬世界和物理世界的緊密融合，
並通過新的協同作用，創造出實體經濟的新模式、新業態和新價
值鏈體系。但是，這一過程是要在各個產業、地區數字化程度參
差不齊的前提下進行的。因此，這場產業變革的首要任務，就是要
加大投入，加強信息技術基礎設施建設，彌合不同產業、地區間的
數字鴻溝。

傳統產業原有基礎設施的數字化改造，需要巨大的資本投入，
並且不能很快帶來投資收益，所以，除了依靠政府政策引導和公共
投入，也需要鼓勵包括 PE 投資在內的秉持長期主義投資理念的社
會資本的參與，才能加快各個行業的數字化進程，為讓更多行業受
益於技術創新，讓更多人享受產業變革的福利，打下堅實基礎。

在這一領域，高瓴的實踐中不僅投資了芯片、大數據等原發
技術公司，還以技術驅動管理賦能的方式，參與了許多行業的數據
化、智能化改造。例如，我們在實踐中借助前沿技術，引入精益管

理，對時尚零售集團百麗國際進行全供應鏈的升級，正是基於這樣的方向。

百麗國際於 2007 年在中國香港掛牌上市。它不僅是全球最大的非運動鞋鞋類生產商之一，按銷量排名，也是世界最大的運動鞋服零售商之一。但隨着近年來消費科技、電子商務等新興技術對傳統零售行業的衝擊，百麗國際遭遇了經營困難，最近幾年利潤開始下降。

可以說，百麗國際遇到的問題，在我國實體經濟的歷史發展中具有普遍性：最初依靠創業者敢想敢幹的企業家精神，以及上下一心多年的努力奮鬥，構築了完整的生產、營銷、供應體系，積累了厚實的用戶基礎，建立了強大的品牌影響力。但是這樣系統化的、曾經包打天下的核心競爭力，在數字化時代卻讓企業越來越步履沉重。

實際上，以百麗國際為代表的大型實體經濟企業，在多年的發展中，積累了最豐厚的數據資源。這樣的資源積累，加上多年市場搏殺中練就的系統反應能力，是它們重塑輝煌的最重要基礎。我一直認為，百麗國際這樣的企業依靠強大的、管理完善的零售網絡，兩萬多家直營店，特別是八萬多名一線零售員工，是最有希望在數字化時代打造 C2M 模式的企業。

而數據資源只有在企業的原有系統中運轉起來，才能發揮其應有的作用，儲存起來、沉睡的數據只有研究價值，卻無法直接創

造價值。因此，賦能百麗國際的重要方向之一，就是要激活其數據寶藏。

2017 年 7 月，高瓴在成為百麗國際的控股股東後，與百麗國際開啟企業數字化轉型：無論是構築線上線下全渠道系統，還是利用科技創新重塑線下傳統門店，借助數據化工具賦能百麗國際基層店員，都是在推動百麗國際信息化、激活數據寶藏方向上的探索。讓百麗國際擁有更多維的數據沉澱和洞察能力，也給其為消費者提供更好的服務、創造更大的價值帶來了可能。

第三，作為實體經濟與科技企業融合媒介，「啞鈴理論」不斷創造價值。

新一代產業變革的主要方向就是，實體經濟實現技術系統升級，科技企業前沿創新找到落地場景。在這個過程中，如何推動實體產業與新技術融合，加快新舊發展動能接續轉換，打造新產業、新業態，成為產業界和投資界必須共同面對的歷史任務。

以 PE 為代表的資本力量，要在科技企業與實體經濟的啞鈴兩端發揮融合創新的媒介作用，就需要在投資圖譜中既包括科技企業又包括傳統產業，才有機會通過深入研究，對兩者都做出深入洞察，進而成為連接技術與需求、算法與場景的重要媒介，推動新技術與傳統產業有效結合，幫助和支持傳統企業進行跨地域、跨時間、跨行業的創新升級，加快科技成果的產業化進程，實現商業模式和管理創新，從而培育出新模式和新業態，來推動整個企業和行

業的發展，推動實體經濟的轉型升級。

這裏需要特別指出的是，對所有的實體行業來説，技術創新和產業升級不是「休克療法」，而是在飛行中換發動機，必須直接為業務帶來增量，為行業創造價值。因此，PE 投資在直接資本賦能之外，要吸引、「説服」實體企業，一起進行對數字化解決方案的探索，必須讓企業看到技術創新帶來的實際效益提升。

比如，借助技術賦能，百麗國際旗下某品牌的前端店，通過試穿率等數據收集研究，創造出了一款銷售過千萬的楦型，就是技術賦能創造直接價值的有益探索。

秉持長期結構性價值投資理念，我們在實踐中服務了消費與零售、科技創新、生命健康、企業服務等領域的一大批國內優秀企業，推動其實現創新式發展。未來，需要堅持從實體經濟的真正需求出發，發揮好資本靈活、優化資源配置的作用，成為促進國內資本市場與實體經濟共同繁榮的重要力量，為實體經濟的振興提供源源不斷的支持。

關於價值投資助力實體經濟的思考，原載於 2019 年 3 月《清華金融評論》。

「科技創新 2.0」助力
構建經濟新格局

經過數十年的改革開放，中國已經成為世界第二大經濟體。近年來，從二十國集團工商峰會，到亞太經合組織領導人會議，再到世界經濟論壇 2017 年年會，中國作為經濟全球化的主要推動者，始終強調合作共贏，並推動經濟全球化朝着普惠共贏的方向發展。

2017 年 10 月召開的中國共產黨第十九次全國代表大會強調「中國開放的大門不會關閉，只會越開越大」，同時提出「加快建設創新型國家」，明確「創新是引領發展的第一動力，是建設現代化經濟體系的戰略支撐」。這既是源於中國發展階段的戰略判斷，也是中國對於堅持創新和全球化的承諾。

當前，全球經濟格局正在發生深刻調整，創新革命在全球範圍內興起，而中國正在成為全球創新和科技發展的核心之一，世界主要國家都在尋找科技創新的突破口，並在竭力搶佔新興產業和前沿技術的戰略制高點。不久前，我在參加烏鎮舉行的第四屆世界互聯網大會和廣州舉行的《財富》全球論壇時，提到一個觀點，即在新時代下，新科技應該更多地與傳統產業融合，以包容性、有溫度的創新，帶動更多人搭乘科技快車，享受創新成果。

在當前經濟全球化的背景下，我認為中國構建經濟新格局所需要的創新不是簡單地複製別人的經驗，也不是簡單地疊加各方面的要素，而是一種在創新的思路和創新的模式上具有原發創造力的創新。中國在過去的十年尤其是過去五年中，創新已經發生了非常大的變化，C2C 向 IFC 發展的時代已經來臨。

如何理解 C2C 向 IFC 的這種轉變？

在我看來，一方面，構建全球經濟格局中發揮重要作用的創新要素不再是過去創新 1.0 時代裏存在的簡單取巧式的商業模式的創新，而應該是立足於硬科技、黑科技、原發科技的「科技創新 2.0」。當今是屬於硬科技、黑科技的時代，因此立足於科技創新的競爭與合作才是大勢所趨。另一方面，科技是可以賦能、改造傳統企業的，真正的科技創新能夠幫助傳統企業轉型，支持實體經濟發展，同時兼具包容性和普惠性，從而能夠讓更多人參與到科技創新中來，並享受到科技帶來的成果。簡而言之，「科技創新 2.0」，是真正來自基礎科學和基礎科技的創新，科技從原有的顛覆者被賦予再造重生的價值，將以全領域、深結合的創新來改變傳統產業，是真正的黑科技、硬科技與傳統產業融合，實現長遠價值創造、共同發展的創新，同時兼具溫度、包容等特性，從而可以推動更多人搭乘科技快車，普惠大眾。

高瓴從 2005 年創辦伊始就有創新的基因，這十幾年來，我對創新的內涵也在不斷思考並產生新的理解。作為堅持長期價值投資的投資機構，我認為我們有責任用高科技的力量幫助傳統產業

通過科技驅動實現產業升級。過去一段時間，科技愈發進步的同時，也對實體經濟和傳統企業造成了巨大衝擊，甚至有人擔心人工智能、自動駕駛等技術的發展將使許多工廠以機器取代人力。我認為，實體經濟是國家的根本，在創造就業崗位方面不可取代，而就業與勞動是人生而享有的權利，勞動帶來的愉悦感和成就感不可剝奪。在「科技創新 2.0」的時代裏，高科技應該是有溫度的、普惠的，它不再是顛覆者的角色，而應該是社會和諧發展的調節器。

作為投資人，我們選擇投資和支持百麗國際、美的、藍月亮和江小白這樣的傳統企業，就是希望用高科技手段讓更多的傳統企業和更多的人有機會參與到社會創新中來，為社會創造更大的長期價值。比如我們今年牽頭完成對女鞋巨頭百麗國際的私有化，就是因為看到近年來百麗國際受到消費科技、電子商務等新興事物的衝擊，遭遇經營困難，利潤開始下降。但是百麗國際這樣一個擁有兩萬家門店、12 萬員工的傳統企業，不應該因高科技的發展而被剝奪掉發展的機會。

我認為百麗國際的八萬多名一線店長和員工是最好的 UI/UE，這樣的一家公司，我們有責任讓它擁有長期資本的支持，並結合我們在數字化和公司運營方面的深厚經驗，通過高科技手段幫助它和消費者產生更好的連接，使其有機會涅槃重生、再造輝煌。當然，這個過程極具挑戰，但是能夠幫助更廣大的人羣參與到社會創新當中，形成一個高科技賦能與價值創造的正循環，對我來

說這就是非常有價值的事情，也是對我提倡的「科技創新 2.0」理念最好的詮釋。

當今世界科技發展迎來爆發式跨越，許多領域，如人工智能、量子技術、基因編輯技術等正向着全新方向邁進，中國未來的發展是創新驅動的發展，是全面開放、互利共贏的發展。在此發展趨勢下，我們應該有秉持文化自信的氣度，有勇氣、有智慧地把「科技創新 2.0」投入實踐，通過推動實體經濟和傳統產業的創新和升級，創造更大的長期價值，真正造福社會。

關於科技創新的思考，原載於 2017 年 12 月 18 日《中國證券報》。

大學籌資核心在於廣泛性和永續性

在人類社會的發展中，教育始終是最為重要的推動因素之一。大學作為引領社會發展的燈塔，正在塑造世界的未來。我對於教育和人才培養情有獨鍾，既是源於感恩之心，又是源於對教育價值的思考。

在今天的中國，許多人都是憑藉教育改變了自身命運。同時，這個時代也讓人們更加相信，只有更多胸懷理想、學貫中西的年輕人脫穎而出，才能夠推動各個領域的重大創新。因此，2010 年，我向母校中國人民大學和耶魯大學做了捐贈，並於次年在人大捐建了高禮研究院；2017 年，我再次向人大捐贈 3 億元人民幣，同年，作為創始捐贈人，我捐贈支持創立中國第一所聚焦基礎性前沿科學的創新型研究大學 —— 西湖大學，成為西湖大學創校校董，並擔任西湖大學發展委員會主席，幫助西湖大學擴大對外交往、整合社會資源、募集社會資金以支持學校更好地發展。這些捐贈不僅僅是對學校長期發展的支持，也希望能夠成為教育與社會相互促進的開端。

我們可以看到，中國的教育基金事業正在以更加多元化的方式，鼓勵和引導更多校友和社會各界人士參與進來，為學校的科研、教學和社會服務凝心助力。與西方相比，中國的教育基金會

更具包容性和探索性，捐贈人不僅可以捐贈資金，還可以引入更靈活的人才培養機制、教學科研方式和產學研合作模式，把西方大學多年來的實踐成果迅速吸收轉化，成為中國高等教育發展的助推器。這使得中國的高校基金會不僅僅為學校提供有力的財務支持，也在逐漸成為信息匯聚、校友交流、社會資源共享的創新型事業發展平台。

其實，大學捐贈並不是西方的原創，我國早在宋代就有「學田」制度，以官府和民眾鄉紳賜予和捐贈的田地收益作為辦學經費，我們可視之為現代教育捐贈制度的雛形。無論東方還是西方，教育捐贈的核心均在於其廣泛性和永續性。因此，探索更加專業化的教育基金募集機制，成為提高我國高校多元化籌資能力的關鍵路徑。

在我看來，未來有兩個方向值得探索。

其一是引入更多「另類指標」，如校友捐贈率、最早捐贈時點、學生捐贈率，提高教育捐贈的廣泛性。衡量大學捐贈不僅要看單筆捐贈金額或捐贈規模，還應該看捐贈參與人數量或校友參與比例。設計更加便利的籌資方式，與學校教學科研活動結合起來，滿足不同企業、不同校友及社會人士的捐贈需求，把受捐贈的高校和捐贈人的基數做大。

其二是建立更加靈活的捐贈人服務模式，提高教育捐贈的持續性。可以設計更加完善的籌資體系，把校友識別、需求分析、

溝通聯絡、感謝反饋、動態跟蹤等一系列環節結合起來。關注在校學生、普通校友及其他潛在捐贈人的個人發展和全生命週期價值，建立與捐贈人的長期夥伴關係和動態維護機制，追求相同的價值觀，從而形成有着內涵更加豐富和中國哲學底蘊更加深厚的捐贈文化。

作為一名投資人，我經常說「教育是永不退出的投資，是最具幸福感的投資」，就是因為，教育捐贈能夠引導學校回歸教育的本質，不僅僅要培養學生的知識和技能，還要培養學生獨立思考、追求真理和不斷創新的精神。正所謂「大學之道，在明明德，在親民，在止於至善」。只要有這個精神在，就能夠帶動基礎科學、商業實踐和人文關懷等各領域的創新發展，催生出更加偉大的科學家、企業家、政治家，從而形成教育、人才和社會發展的正向循環。

關於大學籌資的思考，原載於 2019 年 12 月 10 日《光明日報》。

致敬雪山之魂

我至今仍然記得，在新西蘭與「雪神」傑克·伯頓·卡彭特（Jake Burton Carpenter）偶遇的場景。自從愛上了滑雪這項運動，即使再忙，我都會抽空飛往處在冬天的半球，挑戰當地最美的雪山。與我們一同滑雪的有許多世界冠軍，但最讓我興奮的還是遇到傑克。他的不修邊幅、桀驁不馴不僅成就了他的人生傳奇，更塑造了單板滑雪這項勇敢者的運動。

1977 年，傑克在佛蒙特州創立了滑雪公司 Burton。他既像一位狂野不羈的牛仔，將單板滑雪這項「勇敢者的地下運動」帶到了陽光下，又像一位目光遠大的部落首領，引領單板滑雪運動進入世界級的舞台。設計滑雪產品，改良滑雪設備，推廣滑雪運動，建立競賽標準，創辦舉世矚目的單板滑雪美國公開賽（Burton US Open），促成單板滑雪成為冬奧會競賽項目，傑克做每一件事都飄逸灑脫。

我敬佩他將滑雪這項小眾運動，變成了世界性的運動項目，更欣賞他憑藉一個偶然的靈感，做成了一家偉大的企業。我始終要感謝他，在我第一次拜訪的時候，他專業、熱情地指導我學習單板滑雪，他告訴我：「只要踏上單板，你就能感受到忘我和自由。」

　　傑克曾説：「無論單板如何變化，它的精神一直沒有改變。踏上單板，與巍巍羣山為伴，這實在是一項充滿樂趣的運動。我想每個人都會愛上它，因為它如此純粹。」傑克是現代單板滑雪運動的奠基人，沒有傑克的非凡創造、不懈堅持和慷慨無私，單板滑雪運動難以像今天這樣受人矚目。雖然一直受到傷病和癌症的折磨，但他樂觀、積極地接受治療，不允許病痛干擾他熱愛的事業和人生。

　　中國有句古詩「會當凌絕頂，一覽眾山小」，當我們對高峰充滿好奇和興奮，一起從山頂的雪道向下俯衝的時候，特別能感受到這種意境。所以在上次見到傑克時，我將一幅字——「會當凌絕頂」贈予傑克。「會當凌絕頂」，這既是體育家精神，也是創業家精神，更是他賦予這項運動的精神。

　　他從未停下腳步，一直將拓展中國市場的想法付諸實踐。當他第一次來到中國時，他的眼睛裏閃爍着興奮的光芒，就像糖果店裏的孩子一樣快樂。他希望有更多的孩子能愛上這項運動，還計劃將更多滑雪板贈送給北京的小學生們作為禮物。

　　世界上總有這樣一種人，在他們微笑着揮手道別後，這個世界仍感覺他們從未離開。2019 年 11 月 21 日，我的摯友傑克・伯頓・卡彭特先生永遠離開了我們。對我們來説，傑克・伯頓・卡彭特所代表的自由、創新和勇於獻身的單板滑雪運動精神永存。

　　我想用 Burton 公司聯席 CEO 約翰・萊西（John Lacy）緬懷

傑克的話鼓舞所有熱愛單板滑雪運動的人們：「當我們致敬傑克的傳奇人生時，最好的方式就是跟隨傑克，永遠在雪中滑翔！」

滑翔吧傑克，永遠滑翔！

2019 年 11 月 21 日，撰文悼念現代單板滑雪運動的奠基人、Burton 公司創始人傑克・伯頓・卡彭特。

「守正用奇」，
論耶魯捐贈基金的投資哲學

1999 年，在耶魯大學讀書的我，從不放過任何一次勤工儉學的機會，從做本科生經濟學助教到擔任漢語陪聊，來者不拒。因一次偶然的機會，我去一座不起眼的維多利亞式老樓應聘耶魯投資辦公室的工作，不想竟有幸師從大衛・史文森先生，自此與投資結下了不解之緣。

我加入耶魯投資辦公室的時候，美國資本市場正如火如荼地上演着一場非理性繁榮的大戲。我的同學、朋友大多活躍於華爾街，從事衍生品投資等熱門項目。而我的第一份工作任務，竟然是分析無人關注的森林（Timber）和其他實物資產（Real Assets）。然而，正是這貌似簡單的實物資產給了我關於投資產品本質的啟蒙：風險及內生收益。現在想來，雖然少了那些在資本市場中摸爬滾打練來的立竿見影的招招式式，我卻獨得了長期投資理念及風險管理的意識，並對投資的組織構架及資產配置有了更深刻的認識。

作為一個遠自東方而來的年輕學子，我近距離地參悟西方機構投資教父大衛・史文森的投資實踐，驚喜地發現史文森的投資哲學其實可以用老子的思想一語概括，那就是「以正治國，以奇用兵」，或曰「守正用奇」。

440

　　先説「守正」。「正」首先體現在投資人的品格上。史文森先生在《機構投資的創新之路》一書中用大量的篇幅論述了受託人應該如何服務於受益人的需要，代理問題發生的根源、表現以及應對方法。在當今的資本市場上，價值鏈的分割和金融工具的濫用，導致信息極不對稱，投資管理機構與最終受益人的利益嚴重背離，代理問題成為金融危機的罪魁禍首。相比之下，史文森無視外面的高薪誘惑，三十年如一日為耶魯大學工作，體現了一個受託人「正」的境界。耶魯捐贈基金在對外部經理的選擇上，也把品格作為第一位的標準，這有力地保障了耶魯捐贈基金的利益。史文森在書中以大量的反面案例對業界的代理問題進行了毫不留情的剖析和痛斥，令人印象深刻。他的疾惡如仇、直言不諱也着實令人敬佩。

　　「正」還體現在投資原則上。耶魯捐贈基金投資模式的一個顯著成就就是構建了一套完整的機構投資流程和不受市場情緒左右的嚴謹的投資原則，包括投資目的的設定、資金的進出、資產負債的配比、資產類別的劃分及配置、投資品種和投資工具的選擇、風險控制、基金經理的選擇等。史文森所強調的基本概念是：追求風險調整後的長期、可持續的投資回報，投資收益由資產配置驅動，採用嚴格的資產再平衡策略，以及避免擇時操作。恪守這樣的投資準則可以使投資人在瞬息萬變、充滿機會和陷阱的資本市場中，克服恐懼和貪婪，抓住投資的本質，獲得合理的回報。對於「風險」這個在金融學中被談到令人麻木的概念，大多數人的評判標準是看投資收益的波動方差，而我從入行第一天起就被要求看

出數字背後的本質並忽略那些從「後視鏡」中觀測到的標準方差：到底是甚麼樣的自上而下／自下而上的基本面在驅動收益的產生及波動？又有哪些因素會使預期的資本收益發生偏差？而這些基本面因素本質上有哪些相關性及聯動性？從史文森那裏我理解了，只有把本質的基本面風險看清楚，才有可能贏到投資收益實現的那一天。這就是所謂的「管理好風險，收益自然就有了」。

再談「用奇」。在「守正」的基礎上，史文森在具體資產類別及投資策略上絕對是「用奇」的典範。他本質上是一個懷疑「羊羣效應」的人，喜歡並鼓勵逆向思維，在形成每一個新投資策略時總是先去理解與傳統市場不同的收益驅動因素及內生風險。歷史上，美國大多數機構投資者會把資產集中於流通股投資和債券投資這樣的傳統資產類別。而史文森則認為，越是市場定價機制相對薄弱的資產類別，越有成功的機會。基於對市場的深刻理解，耶魯捐贈基金先於絕大多數機構投資者進入私募股權市場，1973 年開始投資槓桿收購業務，1976 年開始投資風險投資基金，20 世紀 80 年代創立絕對收益資產類別。另類投資為先覺者耶魯捐贈基金帶來了碩果纍纍的回報，也因此越來越為機構投資者所重視。史文森在外部投資經理的選擇上也不走尋常路。他欣賞那些有創新精神的基金經理，鼓勵他們術業有專攻並逆勢而為。他摒棄那些追求規模，明哲保身，「寧願依循傳統而失敗，也不願打破傳統而成功」的投資機構。

今天，在耶魯捐贈基金支持下創建的高瓴，在短短的四五年

中發展到 35 億美元的資產規模，成立以來年均複合收益率達到 56%，在亞洲各國及其他新興市場國家多有建樹。這是踐行「守正用奇」投資理念後的結果。

目前國內出版的投資書籍，內容大多是教「股民」擇時和選股。而對於一個機構投資者來說，重要的首先是資產及負債的配比分析，其次是資產配置和風險管理。據我們所知，機構投資中約 90% 的絕對收益來自資產配置，而指導機構投資的資產配置和風險管理的著述非常有限。2002 年，我和幾位好友把大衞・史文森這本書的第一版介紹到中國，當時中國的機構投資方興未艾，一些西方的投資理念在國內就連很多業內人士也聞所未聞，很多關鍵的專業詞彙甚至沒有對應的中文譯法。今天中國的機構投資已經發展得生機勃勃，各種基金應運而生。在我們這個日新月異、充滿機會的國家，每天都有無數投資建議撲面而來，各種投資學說在市面上盛行。在網絡時代，人們可以接觸到大量的投資信息，而在我看來那些質樸而有力、歷經時間考驗的投資理念卻往往被蕪雜所淹沒，去蕪存精、化繁為簡的「守正」在今天尤為重要。我非常感謝我多年的好友楊巧智，東方證券研究所的梁宇峰、張惠娜和我一起完成艱苦的翻譯工作。我們非常榮幸能把大衞・史文森的這本書帶給大家。

2010 年，《機構投資的創新之路》譯者序。

心靈寧靜，「延遲滿足」

天下武林，林林總總。名門正宗如少林武當，誠然名揚天下，而武林之大，但凡修得暗鏢神劍者，亦可獨步江湖。所以門派無尊貴，只有適合不適合。本序開宗明義：即使最成功的投資人，也要心胸坦蕩，認識到自我局限，不可以名門正宗自居，須認識到獲得真理是一個學無止境、永遠追求的過程。

十八般武藝樣樣精通，僅出現在武俠傳說中。對一個普通理性投資者來說，如何走出一條心靈寧靜（peace of mind）、越走越寬的康莊大道，國鷺這本《投資中最簡單的事》呈現了一個最直白、最真實、最給力的闡述。

我對國鷺的景仰，除了他追求真理的真性情以外，便是其極強的自我約束力和發自內心的受託人責任感。我記得看過一份研究報告，發現成功與智商等關係都不大，但與兒時就展現的自我控制力有極大的關係。實驗中幾個小朋友每人分得一個糖果，並被告知如果現在不吃，等到幾個小時後大人回來，可以拿到更多的糖果。結果有的忍不住，就先吃了眼前的一個，後來再也沒有糖果吃。而能夠忍住眼前誘惑，等到最後的，則得到了幾倍的收穫。跟蹤研究發現，那些兒時就展現出自我約束力的小朋友後期成功的可能性更高。在多數人都醉心於「即時滿足」的世界裏時，懂得「延

遲滿足」道理的人，已先勝一籌了。

「我寧願丟掉客戶，也不願丟掉客戶的錢。」這種極致的受託人理念不是每個投資人都有勇氣踐行的，但是路遙知馬力，堅持下去，必會得到出資人的長期支持和信賴。正如國鷺所言：「理性只會遲到，但不會缺席。」

高瓴的成立初衷就是選擇一羣有意思的人做一些有意思的事。我們所堅持的「守正用奇」在書中得到了最好的印證：堅持價值投資的理念，但同時對主流觀點保持質疑和求證的精神；清醒地認識到能力圈的邊界，但同時不斷地挑戰自我，去開拓新的未知世界。所以我們提出了「投資團隊的好奇、獨立、誠實」。在熱點紛呈的中國一、二級資本市場，如果沒有定力，不能保持智力上的獨立與誠實，很難不隨波逐流。同時，如果不始終保持和發掘好奇心，很難在這麼高強度的工作中保持青春與活力。

投資這個遊戲的第一條規則就是得能夠玩下去。再好的投資理念都要放到實踐中去驗證。長期投資、逆向投資最大的敵人是價值陷阱。即使再偉大的投資人，犯錯誤都是必然的。能否把犯錯誤的代價控制在一定風險範圍內，是甄選一個成熟投資人需要考慮的關鍵因素。「君子不立危牆之下。」雖然各種投資方法都有可能產生好的投資回報，但其中隱含的風險是大不相同的。大多數情況下，國鷺書中所闡述的價值投資和逆向投資理念都是減少風險（derisk）的好方法。

最後，還是要有個好心境、好家庭、好身體。投資這項事業進行到最後，反映的是你個人的真實性情和價值觀。健康的環境和心情是長期修行的結果。成功誠然需要運氣和際遇的配合，但能否幸福地去做投資，則掌握在你自己手裏。

如果有機會的話，這本書希望孩子們也來讀。

2014 年 8 月，《投資中最簡單的事》推薦序。

敍事：理解過去與未來

在傳統經濟學的研究範式中，有兩個最基本的假設：理性人假設和完全信息假設。經濟學家習慣用量化分析的方式，把許多易感知、易追蹤、易整理的定量指標作為經濟研究的重要參數。然而，耶魯大學經濟學教授羅伯特・希勒（Robert Shiller）在《敍事經濟學》（*Narrative Economics*）一書中，獨闢蹊徑地將「敍事」引入經濟學領域，將過去依賴於抽象建模和數理統計的經濟學還原到有溫度、有感知的生活切片或歷史場景中，人們的言談、議題和故事，成為解構經濟現象的重要維度。比研究成果更為難得的是，這位 2013 年諾貝爾經濟學獎獲得者特有的跨學科思維、開放式思考以及具有人文關懷意義的道德精神，尤為令人敬仰。

「敍事」一詞的含義不止於故事或者講述，歸根結底，敍事是歷史、文化、時代精神以及個體選擇相結合的載體，甚至是一種集體共情。某種程度上，它是在解釋或說明一個社會、一個時期的重要公共信念，而信念一旦形成，將潛移默化或者直接影響每個人的經濟行為。正是這些特性，使敍事傳播成為一個非常重要的經濟變化機制和關鍵預測變量。諸如對市場下跌的恐慌、對未來經濟增長的信心、對技術替代的批判以及投資的情緒波動等，這些長期的、變化的敍事載體，無論是對消費者、企業家、投資人，

還是對決策者，都將產生非常重要的影響。上述敘事經濟學的核心要旨，以參與者而不是旁觀者的視角，將時代中的重要事件作為背景，將人們複雜變化的信念作為研究核心，將事實背後的深層社會心理因素、情感因素，納入可感知的範疇。理解了敘事，就有可能理解普遍的價值認同，從而獲得真正理解經濟運行機制的能力。

第一，敘事是理解時代與環境變化的重要門徑，而洞察變化是經濟活動非常重要的分析維度。在商業實踐中，環境是一個關鍵變量，尋找環境中的關鍵時點和關鍵變化，是重大決策的前提。而關鍵時點和關鍵變化，很大程度上來源於重大敘事，因為敘事永遠是針對當下的，不僅是不斷沉澱和更迭的新價值主張，包含了時代特質、觀念潮流、思想變革，還可以影響和塑造人們的共同信念。尤其是隨着信息時代、智能時代的發展，環境尤其是輿論傳播環境，正在成為決定商業成敗的關鍵所在。口碑傳播、社羣傳播正在成為新零售的推廣模式，傳統品牌和新品牌廠商正在用各種有趣的方式搶佔人們的心智，流行事件發生時的快速商業決策正在成為打造企業影響力的重要手段。一旦理解了時代中的關鍵敘事，就能夠判斷一種商業模式的底層價值觀是否符合消費者的精神訴求，是否具有真正的可持續性，是否真正在創造價值。

第二，敘事將枯燥的信息還原到系統中，理解信息傳播的原因比理解信息的真相更為關鍵。羅伯特‧希勒在書中說道，人們並非簡單地喜歡好記的或者漂亮的話，而是喜歡深層次的故事。深層次的故事之所以能夠廣泛傳播，一定是觸動了人們最原始的

情感本能，而不一定是故事簡單的真相。商業世界無法像科學實驗那樣，在純粹理想的空間中，甚至通過設置對照組來驗證決策是否正確。我們需要做的是，把決策放在動態環境中，借助「傳播」來測試，篩選出符合商業規律的行動策略。我們永遠無法預測，只能不斷試錯。這種思維模式就是第一性原理，不局限於理論上的推想，而是在真實的系統中定義問題，通過對現實環境的動態觀察，挖掘真正重要的原理，把問題研究深、研究透。

第三，敍事是建立同理心的橋樑，而同理心在未來愈加重要。一直以來，人文科學的意義在於尋找共同的價值觀基礎，而敍事的要義在於構建並提煉人們的精神指引。對於企業家而言，理解敍事的核心在於具備同理心。好比產品經理不僅要從功用主義考慮產品的功能屬性，還要從美學意義考慮產品的設計、交互和體驗；好比醫生對病人不僅僅是治癒，還要寬慰；好比人工智能科學家，不僅要從效率和安全上思考技術的革新，還要以有溫度的方式思考勞動者的長遠價值。一旦企業家掌握了影響商業波動的集體情緒密碼，就能夠把產品的價值回歸到客戶真正需要的價值區間。同樣，同理心能夠幫助投資人，在更大的格局上獲得與未來對話的可能。這種深層次的信念，來源於敍事經濟學的源起，用貼近人生經歷的本質來指導思維與決策。

《敍事經濟學》的閱讀體驗，是一場不折不扣的知識融通與精神共鳴之旅，它對經濟學的反思、對商業世界的追問以及對金融投資領域的關切，讓人們感受到熾熱的人文精神。像羅伯特・希

勒教授打破經濟學的一般假設，運用不同的學科模型，在更寬泛的研究空間裏尋求敘事之於經濟的啟示一樣，我們在價值投資的旅途中，也在不斷反思。究竟甚麼是企業真正的護城河？究竟甚麼是真正創造價值的企業家精神？究竟怎樣的投資能夠穿越週期、不論「天氣」？這一切都來源於對價值本質的理解。無論是傳統產業的升級，還是新興產業的崛起，最終創造的價值都是為了人們更美好的生活。我們希望企業家追求的偉大格局觀，核心就是擁有在變化的時代中構築宏大敘事的能力，這是一種超長期主義。我們也希望為投資賦予更多人文關懷上的意義，做提供解決方案的資本和良善資本，通過長期投資、賦能投資為社會創造更多的普惠價值。

感謝羅伯特・希勒教授，這是一本理解過去和未來的書，相信每個人都能從敘事經濟學中找到理解這個時代的答案。

2020 年 4 月，《敘事經濟學》推薦序。